图解 育儿宝典
幼儿篇（1~3岁）

主编 徐 萍 王华英 苑 薇 孙荣花

U0304934

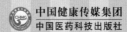

中国健康传媒集团

中国医药科技出版社

内 容 提 要

本书用图文并茂的方式详尽记录了 1～3 岁幼儿的养育指南，从幼儿的生长发育特点、日常看护要点、营养饮食、身心健康、运动指导到幼儿期的早期教育等诸多方面，给予新手父母以全面、科学的优育指导。本书图文并茂、清晰易懂、方法实用，是一本真正适合中国家庭的专业育儿指南。

图书在版编目（CIP）数据

图解育儿宝典. 幼儿篇 / 徐萍，王华英，苑薇，孙荣花主编. —北京：中国医药科技出版社，2019.3
（育儿宝典丛书）
ISBN 978-7-5214-0670-2

Ⅰ. ①图… Ⅱ. ①徐… ②王… ③苑… ④孙… Ⅲ. ①婴幼儿—哺育—图解 Ⅳ. ①TS976.31-64

中国版本图书馆 CIP 数据核字（2019）第 028761 号

美术编辑 陈君杞
版式设计 南博文化

出版 **中国健康传媒集团**｜中国医药科技出版社
地址 北京市海淀区文慧园北路甲 22 号
邮编 100082
电话 发行：010-62227427 邮购：010-62236938
网址 www.cmstp.com
规格 880×1230mm $^1/_{32}$
印张 14
字数 282 千字
版次 2019 年 3 月第 1 版
印次 2019 年 3 月第 1 次印刷
印刷 北京盛通印刷股份有限公司
经销 全国各地新华书店
书号 ISBN 978-7-5214-0670-2
定价 48.00 元

编委会

前言

　　作为一名工作在临床一线的医务人员，每天都能看到并体会到新手父母的忙乱与恐惧，其实很多育儿问题都是新手爸妈们想出来的，正因为不统一的育儿观念和缺乏常识才导致家长们的焦虑和恐慌。本书是作者积累了多年的临床经验，用图文并茂的方式详尽地阐述了1～3幼儿的养育之南，包括幼儿的生长发育指标、营养需求、喂养方法、日常看护的注意事项、运动及心理的正确引导、早期开发及教育等方面的内容，都是父母们所不了解的、迫切想了解的知识，其中一些还是平时很容易被忽略的问题。本书图文并茂、清晰易懂、方法实用，是一本真正适合中国家庭的专业育儿指南。由于编者水平有限，书中不妥之处恳请读者批评指正。

总　论

十三个月

十四个月

十 五 个 月

十六个月

十 七 个 月

十八个月

十九个月

二 十 个 月

二十一个月

二 十 二 个 月

二 十 三 个 月

二十四个月

二十五个月

二十六个月

二十七个月

二十八个月

二十九个月

三 十 个 月

三十一至三十三个月

总　论

1. 幼儿期发育有哪些特点?

生后第2和第3年为幼儿期。幼儿的体格生长速度较婴儿缓慢,神经精神发育较迅速,语言和动作能力明显发展,自己会走动,又正处在断奶期,如果不注意膳食质量,供给充足的营养,则容易发生体重增长缓慢,甚至出现营养不良。此期与成年人接触增多,在正确教育下可以开始养成良好的生活习惯和卫生习惯,由于活动范围扩大,又没有安全感,易发生意外事故,又由于接触感染的机会较以前多,必须注意预防传染病。

2. 幼儿期如何判断体重增长是否正常?

体重增长是体格发育的重要指标之一。出生后体重增加速度在第一年比较快,在幼儿期体重增长的速度就逐渐减慢了,体重常用的计算公式为:1 ~ 10岁体重(kg)=年龄(岁)×2+7(或8)

定期测量体重是儿童保健的基本内容,家长在家就可以自测,但尽量力求正确,除去衣服鞋帽的重量才能做出正确的判断。在生长快的年龄阶段最好每个月称重1次。

3. 幼儿期如何判断身高增长是否正常?

身高受种族、遗传和环境的影响较为明显,受营养的短期影响不明显，但与长期营养状况有关。身高的增加也在第1年最快，到出生后第2年和第3年平均增加10cm，常用的身高计算公式为：

1 ～ 10岁身高（cm）=年龄（岁）×7+70（cm）

身高的异常要考虑内分泌激素和骨、软骨发育不全的影响，如甲状腺功能低下引起的呆小病既矮又呆：软骨发育不全的小儿既矮又有四肢畸形；垂体性巨人症表现为小儿过度生长，身材高大。

4. 幼儿期如何判断头围增长是否正常?

婴儿出生后头部发育最快为出生后头半年，第2年增加2cm，第3年增加1 ～ 2cm，3岁时头围约48cm，6岁时49 ～ 50cm。小儿的头型各人不同，有因新生儿整天仰睡而呈扁头，也有遗传的后头较扁，也有前后长似椰头，也有头型较圆。

随着年龄的增长，脑和颅骨的发育而致骨缝闭合。前囟由额骨和顶骨的骨缝构成，出生时斜径约2.5cm，正常健康幼儿前囟门在出生后12 ～ 18个月闭合。

5. 幼儿期视觉发育有什么特点?

新生儿的眼对光反应敏感，出生时已有闪眼及瞳孔对光反应，眼外肌的协调调节差，12个月时才完善。出生时为远视，一直持续到6岁左右，所以6岁前视力不可能达到1.0。12 ～ 18个月时已能区别各种形状，对展示的图片有兴趣，但视深度感觉仍较差。18～24个月两眼调节作用好，视力为0.5。2～3岁时两眼辐辏调节更好，可注视小物体及图画，能维持50秒。视力筛查根据《儿童弱视防治技术服务规范》中的规定，1岁半以前用选择观看法，1岁半至3岁儿童用点视力检查仪检查，3岁以上儿童用儿童视力表或标准对数视力表检查。发现双眼视力差异≥2行或双眼视力均低于正常时，应及时就医。

6. 幼儿期听觉发育有什么特点?

幼儿期也就是12个月之后的孩子，对声音反应是可以控制的，18个月时开始粗略地区别高度不同的声音如犬吠声与汽车喇叭声。24个月区别"f"与"th"，或"f"与"s"。小儿的听力在13岁之前一直在增长。

幼儿期能听及0～20dB的响度，倘若只能听及21～35dB范围为轻度听觉障碍，36～55dB为中度听觉障碍，56～70dB为中等重度听觉障碍，71～90dB为严重度听觉障碍，91dB以上为极重度听觉障碍。

7. 幼儿期嗅觉和味觉发育有什么特点?

进入幼儿期幼儿的嗅觉发育已经相对成熟了，但因为其常常没有安全感，每到一个陌生地方总是不安，且他们只能通过嗅觉分辨熟人和陌生人。所以，妈妈要带幼儿去陌生的地方，最好带个幼儿平时常用的东西，例如毛毯子，这样幼儿就会觉得周围环境是熟悉和安全的。

　　进入幼儿期后幼儿的舌头发育很快，味觉发达，喜欢把家里的小东西放在嘴巴里，例如小玩具、小被子等等，因为他们是通过这个来感觉事物的性质和味道。但是这个时候幼儿的消化系统没有发育完好，妈妈也不要经常给幼儿吃冰淇淋等凉性食物，难消化的东西也不要吃。

8. 幼儿期皮肤感觉和知觉发育有什么特点？

　　皮肤感觉包括痛觉、触觉、温度觉及深感觉。痛觉从出生就已经存在，但不甚敏感，尤其在躯干、眼、腋下部位，痛刺激后出现泛化的现象。触觉的发育在新生儿阶段就具有高灵敏性，尤其在眼、前额、口周、手掌、足底等部位尤其敏感。温度觉在出生3个月应该可以正确地区分31.5℃～33℃的水温，在幼儿期最明显的皮肤感觉发育主要体现在辨别各种物体的属性上面，通过皮的接触去感觉软、硬、冷、热等。

　　知觉是人体对各种物质属性的综合反映。知觉的发展与视、听、皮肤等感觉的发育有着密切的关系。在空间知觉方面，幼儿喜欢看图像清晰、有图案的画面，因为早已有物体大小及深度的知觉，所以到幼儿期家长应该有意识地让其辨认上、下、前、后，逐渐让其了解今天、明天、昨天，早上、中午、晚上。观察是一种有目的、有计划的比较持久的知觉过程，是知觉的高级形态。观察力的发展从无目的观察转为有目的的观察，观察的时间逐渐延长，先观察到事物的表面、明显的、大的，然后观察到隐蔽的和细微的，逐渐会整体观察事物内在的联系。

9. 幼儿期运动发育有什么特点？

运动的发育与脑的形态及功能，脊髓的发育及肌肉的功能有着密切的联系，人类运动的发育具有一定的规律性，由头到足，由近到远，由泛化到集中，正面动作先于反面的动作等。进入幼儿期，孩子的爬行动作变为了手、膝合用，在1.5岁的时候能开始爬上台阶。学习爬行动作有助于胸部及臂力的发展，并能提早接触周围的环境，对神经心理发育也存在帮助。大多数的孩子在15个月的时候，可以独立完成行走并具有稳定性，18个月时已经能跑及倒退走了，在2岁的时候能并足跳跃，一足独立1～2秒，2.5岁的时候能独足跳跃，跳1～2次。3岁的时候可以做到双脚交替下楼梯。

在精细动作方面，15个月孩子可以做到用汤匙取物，会一页一页的翻书，18个月可以叠加2～3块积木，会拉脱手套、袜子。2岁的孩子能叠加6～7块积木，能握杯子喝水，用筷子进餐。在3岁的时候，可以叠加9～10块积木，在家长的帮助下会穿衣服，喜欢玩具中的精细操作。

画画是训练孩子精细动作和眼手动作协调的好方法，13～15个月左右可以让孩子用蜡笔在纸上乱涂，2岁左右模仿画垂直线和圆，2.5岁的时候能画出直线和水平线，3岁的时候临摹圆形。

10. 幼儿期语言发育有什么特点?

语言是人类所特有的一种高级神经活动,成人理解幼儿单词句时要和说话时的情景及其他动作相结合进行理解,在1.5 ~ 2岁时出现"电报句",即2个或3个词组成句子,例如"妈妈排排(坐)","外外去",表达的意思比单字词明确些,但句子断续、简略、不完整。1.5岁的时候幼儿的词汇量大概100个左右,2岁时300 ~ 400个,3岁时能达到1000 ~ 1100个左右。2岁的孩子大部分可以说出完整的句子,3岁时说出的基本都是完整句了,并逐渐从完整句发展为复合完整句。幼儿的性别也与掌握语言的能力有关,女孩倾向比男孩说话早,可以说出50个左右词的平均年龄:男孩为22个月时,女孩为18个月时。

11. 幼儿期注意力发育有什么特点?

当人们的心理活动集中于一定的人或物时,这就是注意。注意是一切认识过程的开始。注意分为无意注意和有意注意,无意注意是自然发生的,不需要任何的努力和注意。有意注意是指自觉的,有目的的注意,有时还需要一定的努力,但二者在一定的条件下可以相互转化。婴儿期以无意注意为主,随着年龄的增长、生活内容的丰富、活动范围的扩大、语言的发育,幼儿就逐渐出现有意注意了,但幼儿期的注意仍然是稳定性较差,容易分散,注意的范围不大,注意容易转移。

12. 幼儿期记忆发育有什么特点?

记忆是指过去人们在生活实践中经历过的事物在大脑中遗留的印迹,印迹的保持和再现,表示记忆的存在。记忆是一个复杂的心理过程,新生儿出生后第2周出现哺乳姿势的条件反射是最早的记忆。1岁的幼儿可以再认几天或10天前的事物,3岁时可再认几个月以前的事,幼儿期的记忆属于记得快、忘得快的阶段,记忆的内容和效果很大程度上依赖于事物外部的特点,如颜色鲜艳、内容新奇及儿童的兴趣。幼儿期的记忆是不精确,呈片段的、不完整的,记不住主要的、本质的内容,而对于情绪色彩浓厚、无关重要的内容却记得很牢,正所谓"丢了西瓜、捡了芝麻",常常把事实的真相理解错误。

13. 幼儿期思维发育有什么特点?

思维是客观事物在人脑中概括的、间接的反应,是借助语言实现的,属认识的高级阶段,人类智力活动的核心。思维过程的发展经过直觉行动思维、具体形象思维及抽象概念思维三个阶段。幼儿期以具体形象思维为主要特点,表现为:具体形象性;进行初步抽象概括的可能性;也就是说此时的思维主要依赖事物的具体形象或表象以及它们的彼此联系来进行;也并不依赖对事物内部或本质之间的理解,不凭借概念、判断和推理来进行。即使对事物有所概括,亦仅凭外部特征而并非内在的联系，因此，幼儿期还没有形成抽象的概念。

14. 幼儿期情绪和情感发育有什么特点？

情绪是人们从事某种活动时产生的兴奋心理状态，是一种原始的简单的情感。情绪持续时间短暂，外部表现特别显著，容易观察。幼儿期的情绪表现有以下特点：短暂性，产生情绪的时间较短；强烈性，微小的刺激可引起强烈的反应；易变性，情绪可在短期内有很大的改变；真实性和外显性，情绪毫不掩饰、完全表现在外面；反应不一致，同一刺激有时反应强烈，有时则无反应；容易冲动，遇到激动的事短期内不能平静，听不进别人的劝告。随着年龄的增长，情绪逐渐趋向稳定，有意识地控制自己的情绪的能力逐渐增强。

15. 幼儿期依恋关系发育有什么特点？

依恋，是小儿与其双亲间一种特殊、持久的感情联结，属小儿早期重要情绪之一。小儿喜欢和其依恋的人接近，感到舒适和愉快；遇到陌生环境和人时，双亲的存在使之感到安全。依恋感建立后，小儿会感到无后顾之忧，更加自由地去探索周围的新鲜事物，愿意与别人相互接近，从而对今后的认知发展和社会适应产生良好影响。随着年龄的增长，这种依恋将逐步发展成一种安全性依恋。它不仅促进小儿智力的发育，而且还能较容易地在成年后产生自信心和对别人的信赖，建立良好人际关系，并在将来依恋自己的家庭、社会团体和后代。如双亲能满足小儿的需要，和他经常交流，给予各种愉快的刺激，依恋容易形成。如果双亲不能很好照料小儿，不注意与其感情交流，很少提供各种刺激，甚至因夫妇失和而使小儿失去安全感，就会出现各种不安全依恋或无依恋。这些小儿易在童年时出现心理行为问题，成年后也多不能正确面对现实或与人建立良好的人际关系。

16. 幼儿期意志力发育有什么特点?

意志是自觉地克服困难来完成预期的目的、任务的心理过程。新生儿及婴儿期不存在意志力，幼儿期在言语发展、词的调节下，在有意行动或抑制某些行动的时候，就出现了意志的最初形态。在孩子2~3岁左右，出现"自己来"的行动时，这是意志行动开始发展的标志。培养幼儿具有创造性的思维活动或行动，首先应从培养坚强的意志着手，培养的目的要稳定，不要随意改变，要反复讲明，为幼儿所了解、接受；培养自制能力，可通过游戏活动，达到此要求；培养独立性，嘱做力所能及的事情，并注重培养其责任感。

17. 幼儿期性格发育有什么特点?

性格是人们个性心理特征的重要方面。性格和能力是个性心理特征。性格并非由先天决定，而是在后天生活环境中形成的。但一个人的性格形成之后，就有相对的稳定性（但也有一定的可塑性），幼儿期性格发展阶段处于自主感－羞愧及怀疑阶段，在幼儿期饮食、大小便均有一定的自理能力了，又能听懂一些成人的语言，扩展了认识范围，培养了独立能力，幼儿感到了自己的力量，感到自己有影响环境的能力，如果家长对幼儿的行为限制过多、批评过多或者惩罚过多，往往使幼儿产生一种羞耻感或者自认为无能的怀疑感。

18. 幼儿期怎样合理安排膳食?

幼儿的膳食必须要能供给足够的热能和各种营养素，以满足体格的生长、神经精神发育和活动增多的需要，但幼儿在2～2.5岁以前，乳牙尚未出齐，咀嚼和胃肠消化力较弱，因而食物宜细、软、烂，要为他们安排平衡膳食。还要注意培养良好的进食习惯。

平衡膳食是由多种食物组成，它不仅能提供足够数量的热能和各种营养素，以满足机体正常的生理需要，还能保持各种营养素之间的数量平衡，以利于他们的吸收和利用，达到合理营养的目的。

制备平衡膳食所需要达到的要求包括质量优良，膳食中有营养价值较高的各类食品；数量充足，能满足机体生长发育需要量的足够进食量和达到供给量标准80%以上的营养素的摄入量；各种营养素之间的比例适当、合理，三种主要产生热量的营养素之间的正确比例是：蛋白质供给热能应占总热能的12%～15%，脂肪占20%～30%，碳水化合物占50%～60%。幼儿膳食每日以4次进餐较好，全日热能在4餐中合理分配有利于幼儿生长发育。一般1日热能的分配大致是：早餐占25%，午餐占35%，午点10%，晚餐30%。进餐时间，一般是早餐在上午7：00左右，午餐在11：00，午点在午后15：00，晚餐在下午18：00，还要注意培养良好的饮食习惯。

19. 幼儿期为什么要安排生活作息制度?

生活作息制度，是指合理安排小儿充足的睡眠、适当的游戏（学习）时间、足够的户外活动和定时的进餐。人体的生理活动和神经-内分泌调节都循守所谓的"生物钟"时间规律。儿童年龄越小，生长发育越受生物钟支配。例如，在小儿睡眠中生长激素以脉冲方式分泌，分泌量远高于白天，且与睡眠是否定时关系很大。俗话说"睡一睡、长一长"，提示在合理的生活制度下，包括大脑在内的全身各部分活动和休息都得到有规律的交替，神经-内分泌调节有节奏地进行，小儿身体就像一架以正常负荷和速度运作的机器那样轻快转动，新陈代谢活动自然加快，从而得到充分、均衡的发育。

20. 家庭生活质量对幼儿的发育有什么影响?

家庭是幼儿重要的生活环境。家庭生活质量具体表现在家庭经济状况、父母素质、家庭气氛、父母育儿方式、对子女期望程度等方面。年龄越小，生长发育受家庭经济状况的影响越大。因其直接影响到为小儿提供的居住环境、膳食营养水平，社交活动和智力投资等。

富裕的双亲无温饱之虞，能更多向小儿提供玩具，读物、视听条件、学习用具，使小儿生活充满感官刺激，有利开阔思维和想象，促进身心发展。经济拮据的双亲要为基本生活奔波，居住拥挤，卫生差。有些甚至因生活困难而对小儿采取小病不治、大病尽量拖的不得已办法，使小儿的生长和健康受阻。家庭气氛指成员间的亲密程度，双亲感情是否融洽，语言交流是否频繁，以及双亲能否经常和孩子游戏、启迪学习等。父母感情不和，经常争吵，亲子情感淡薄，甚至故意虐待儿童，会使小儿的身心发育受到阻遏。最严重的表现为"社会心理型侏儒"，出现生长迟滞，青春期突增不出现，情感自闭、智力低下、性格扭曲等症状。父母离异、单亲家庭、孤儿、寄养环境不良的小儿，都是身心发育迟滞的高危儿童。其他家庭生活质量因素的影响也很大。父母望子成龙心切的，尽管生活不富裕，也会在生活上把向孩子提供物质和精神支持放在首位。父母自身品学兼优，即使不严加督促，孩子也会在日常生活中耳濡目染，懂得学习的重要。双亲育儿方式良好，在对孩子要求上配合默契，小儿的体格及智力发育均可具备良好保障。尽管家庭环境对小儿发育影响很大，结果并非绝对。有些小儿自幼失去双亲，没有亲情，却有社会和亲友的关怀照顾。他们在感受这种关怀时，常更能造就富有弹性的气质。有的小儿父亲从军戍边，没有直接爱抚，却从母亲的言谈中同样能感受父亲的亲情，从而严格要求自己。有的小儿家庭贫寒，但父母节衣缩食为他们创造生活学习条件，衣食简陋但充满温暖。另一些小儿家境优裕，双亲可提供丰富物质条件，但其自身不良的品行素质却助长小儿好逸恶劳的恶习。后一类孩子在发育方面往往比前一类处于不利状况。

21. 社会环境对幼儿的发育有什么影响?

经济、文化、教育等多种社会因素相互交织,形成比家庭更复杂的社会环境。有些因素较直接,有些因素则通过疾病、营养等中间环节对生长发育发挥间接影响。发展中国家普遍的问题是贫穷、生育多、营养不良、居住环境恶劣和保健设施差;发达国家普遍的问题有酗酒、吸毒、离婚、弃婴、少女妊娠、性病和艾滋病流行等。因失业、通货膨胀、经济危机、高犯罪率等对双亲造成的巨大心理压力,也是影响小儿正常发育的重要不良因素。小儿是不良社会环境因素首当其冲的受害者。每年仅在非洲,死于战乱、饥荒和营养不良的小儿即超过500万。在发展中国家内每年死于腹泻、肺炎、意外事故和烈性传染病的5岁以下小儿分别是450万、280万、345万和300万。在每年全世界新出现的百万以上盲童中,有1/4~1/3是因出生时通过母亲的产道而被感染淋病性眼炎的。艾滋病的主要传播途径之一是母婴垂直传播。小儿或在胎内,或在分娩时,或在哺乳中感染艾滋病病毒。

22. 环境污染对幼儿的发育有什么影响?

环境污染,是影响小儿生长发育的重要环境因素之一。如噪声严重伤害儿童耳蜗中的听毛细胞;自幼暴露于噪声环境的小儿易致听力障碍。化工产品污染空气,发生光化学烟雾，导致小儿发生支气管哮喘及其他过敏性疾病。二氧化硫和烃类等飘尘，城市中大量排放的汽车尾气等，损害小儿免疫功能，使肺炎、支气管炎、咽喉炎等患儿人数急剧增加。污染的河湖水中有大量镉、铅、汞等重金属毒物，对小儿特别敏感，中毒剂量有时仅为成人的1/10。在成人和小儿同时饮用污染水时，成人短期内尚可耐受，而小儿可能已出现永久性的身心发育障碍。铅中毒已成为国内外儿童保健领域的重点防治内容。不仅高浓度铅有害，近年来低浓度铅对小儿智力、体格、听力的有害影响也日益引起重视。

23. 母乳喂养对促进幼儿健康和生长发育的重要意义是什么？

母乳对幼儿来说是最理想的食物，美国儿科学会建议至少喂到1岁以后；而世界卫生组织和中国营养学会推荐喂养到2岁及以后。其优越性表现在：

（1）母乳含有婴儿所需比例最适当的营养素。蛋白质以白蛋白为主，较以酪蛋白为主的牛乳易消化，吸收利用率高。母乳多为不饱和脂肪酸，颗粒小，易吸收，很少引起消化不良性腹泻。母乳的乳糖含量多，有助钙的吸收，促进乳酸杆菌生长，抑制有害大肠杆菌繁殖。

（2）母乳营养成分颗粒小，消化酶多，容易被吸收利用。

（3）母乳对婴幼儿的脑发育有明显促进作用。其中的优良蛋白质、必需脂肪酸、乳糖等促进中枢神经发育；卵磷脂

（乙酰胆碱的前体）促进神经介质合成，鞘磷脂促进神经髓鞘形成，牛磺酸促进脑细胞分化；半乳糖及多不饱和脂肪酸等为脑细胞的增殖提供了物质基础。

（4）母乳有很强的免疫功能：大量的免疫球蛋白保护婴儿消化道、呼吸道和泌尿道；溶菌酶、吞噬细胞、补体等有较强的抗菌、抗病毒作用。因此，母乳喂养儿抗感染能力较强。

（5）母乳不会引起变态反应。

（6）母乳喂养可密切母亲和子女之间的感情，有利于培养小儿良好的性格，促进智能发育。

24. 判断幼儿营养不良的临床证据有哪些？

以体格指标建立的年龄别体重、年龄别身（长）高、身高别体重标准进行营养评价，只是筛查性的。被筛出的营养不良小儿应通过病史询问、体格检查和实验室检查，获得准确和客观的证据，才能最终确定是否有营养不良。

（1）营养不良史和体格检查：首先，应注意收集出生史、喂养史、患病史等。询问同时应注意观察小儿有无消瘦、夜盲、夜啼、烦躁、出汗、面色苍白和乏力等症状。体格检查时需注意小儿体型胖瘦、皮下脂肪多少，有无水肿；观察皮肤、毛发、眼睛、口角、骨骼、神经反射等变化；获得有关营养不良，肥胖，维生素或微量元素缺乏的阳性体征，有些患儿的营养不良往往是多种营养素的综合缺乏，如营养不良和缺铁性贫血并存。同类营养不良者间也有性质和程度差异，须通过仔细鉴别才能得出结论。

（2）营养不良的实验室检查：实验室检查通过测定体液、组织、排泄物中的营养素、中间代谢产物或化学成分，了解饮食营养素被吸收和利用的情况。根据实验室检查发现的营养素缺乏表现，比体征和症状的出现更早、更敏感。测定蛋白质缺乏症时主要以肝脏合成的蛋白质（如前白蛋白、运铁蛋白、白蛋白、视黄醇结合蛋白等）为指标。其中血清前白蛋白最敏感，可在蛋白质摄入不足的4～5天内即显现。其他指标如：血清中维生素A、B族、C，微量元素锌、铁、铜等排出量下降，亦提示这些元素缺乏。测定血红蛋白及血清铁，了解是否存在缺铁性贫血。有时可专门针对某些营养素作中间代谢产物测定，以早期发现营养素缺乏，因为其比在尿、血中营养素水平的下降出现更早。缺乏上述实验室条件的基层单位，可采用试验性治疗，即给可疑的营养素缺乏儿分别提供维生素A、B_1、B_2、B_6、C、K、叶酸等，或铁、锌、铜等。如患儿症状很快获得改善，诊断可确立，并籍以调整治疗方案。

25. 幼儿期如何促进动作和语言的发展？

幼儿期，1～1.5岁学会走路，2岁以后能够、并且喜欢跑、跳、爬高。与此同时，手的精细动作也发展起来，初步学会用玩具做游戏。幼儿开始自己走路时走不稳，头向前，步子显得僵硬，走得很快，常常跌跤，往往需要家长牵着一只手领着走，由于此时期幼儿走路容易跌倒，应注意预防跌倒而出现的意外事故。同时为小儿学走路腾出一定的空间，刚学会走路时穿软底鞋，以利于脚趾和脚板的发育。

1.5～2岁，小儿逐渐学会拿各种玩具的动作，他不再只是敲敲打打，会拿小钥匙把食物送到嘴里，端起杯子喝水，能用积木搭"高塔"。2.5岁以后，能拿笔"画画"，学会用小毛巾洗脸。可以说，这是人开始使用工具的年龄。当小儿学习拿玩具和使用物品的各种动作时，要正确引导，不要急于求成，要尽量避免消极制止。

生后第2年、第3年是小儿语言发展的关键时期，及时教会小儿说话是这个时期的重要任务。1岁以后，小儿理解语言的能力发展很快，如果家长用同样的词来反复说明一个物体或某个动作，经过若干次训练他虽然说不出来但能理解。因此，要经常结合日常生活中接触的事物多和小儿说话，借机会教他说话，鼓励他模仿着说话。

2岁左右，能用2～5个词组成一句话，说话的积极性很高，但常常用词不当，发音也往往不正确。成人应正面示范予以纠正，不能因小儿年龄小就听之任之。

2～3岁是小儿掌握基本语言的阶段。随着生活经验的积累，在家长教育下掌握的词汇增多很快，3岁时能开始说一些复合句。小儿学会说话以后，理解水平就有所提高，如开始能懂一些道理，很爱问"为什么"、"怎么了"等，靠语言的帮助记忆力也提高了。家长要认真地回答小儿提出的问题，要爱护小儿的好奇心、求知欲。

26. 如何做好幼儿期的心理保健?

（1）帮助小儿建立正确的自我意识。首先应让他们摆正自己在家庭中的地位，"扮演"好他应担当的角色。这对于小儿形成良好的性格十分关键。有些独生子女成为整个家庭的核心，爸爸、妈妈、爷爷、奶奶甘居从属地位；娇生惯养，随心所欲。这种扮错角色的孩子容易养成任性和自我为中心的不良性格。进幼儿园后，失去父母的依持，在同伴间无法扮演中心角色，很快就会变得胆怯、畏缩，心理上遭受创伤。

（2）鼓励小儿多做游戏，以游戏为主的方式学习。和他们一起玩时，可有意识地设置些"障碍"，鼓励孩子克服困难，培养坚毅和勇敢精神。小儿在游戏中既有成功，也有挫折。这种挫折不会造成心理压力。相反，它使孩子"吃一堑、长一智"，磨炼自己，学到经验，使自已的情绪变得稳定。对孩子和别的小伙伴的游戏应多加鼓励，因为它本身就是一种学习人际交往的最佳手段。

（3）创造一个温暖和睦的家庭环境，使小儿建立安全感，发展良好个性。在不和睦的家庭中，小儿患口吃、挤眉弄眼、遗尿症者较多。在破裂的家庭中，少年犯罪、出走、吸毒和反社会行为多见。

（4）注意保护小儿的独立性。3岁的小儿最爱说"不"，表现出反抗和违拗。这实际上是他们有了自尊、自信和出现了正常的独立性。不要强行压服孩子的"不听话"，或因为他的过失而斥责、打骂。强行压制，容易挫伤小儿的自尊心，或者在高压下勉强服从，暗地却滋生说谎、是非混淆、曲意奉迎等不良品性。保护独立性，还表现在对淘气的孩子要循循善诱，但不能管束过严。淘气小儿往往兴趣广泛，善于思考，心理比较健康，相反，有些小儿特别听话和安静，从不吵闹，一切按吩咐做，成为大人钟爱的"标准儿童"。这样的"乖"孩子反倒可能有心理问题。因为他们的"懂事"和"听话"是一种心理过度防卫的表现。随着年龄增大，成人的指点慢慢减少，他们会茫然不知所措，不能独立适应环境，智力发育也受到束缚。这些心理不够健康的小儿，反而应该是心理保健的重点对象。

27.　幼儿期如何预防传染病的发生？

急性传染病在幼儿期疾病中占重要位置，家长一定要采取综合措施，做到防治结合，就可以有效控制传染病的传播。很多传染病在发病早期传染性最强，因而如果幼儿的玩伴出现了咳嗽、发热、腹泻等传染性症状时，就要隔离分开，暂不一起玩耍，如果是自己的孩子有上述症状，也应远离小儿群体，避免大面积的交叉感染，并及时就医。

28.　幼儿期怎样预防意外事故？

幼儿期的小儿喜欢活动，动作的发育又尚不完善，并且缺少生活经验，非常容易发生意外事故，家长一定要积极采取预防措施。首先要有幼儿固定的游戏的地方，不要让其单独行动，如热水瓶、剪刀、危险的电器等要放到幼儿拿不到的地方，电源要装安全保护插座，药品要上锁，窗户要按住插销，并且门一定要装好防撞垫，避免幼儿开关门的压手，幼儿活动的区域内，要在边边角角贴好防撞条，避免走路不稳跌倒时撞伤。

29. 幼儿期怎样开展早期教育?

生后第2年、第3年是幼儿的动作和语言发展的重要时期，在早期教育的方面家长要注意，根据不同的年龄选择玩具，玩具是早期教育的工具，可以发展小儿的感官、动作和语言，也可以帮助小儿认识周围事物，对于1～3岁的小儿，要选择发展走、跳、投掷、攀登和发展小肌肉活动的玩具，如球类、拖拉车、积木、插棍、滑梯等。2～3岁的小儿要选择适合发展动作、注意、想象、思维等能力的玩具，如球类、形象玩具（积木、娃娃等）、能拆能装的玩具、三轮车、攀登架等。玩玩具时成人要教会幼儿对不同玩具的玩法，注意不要同时给太多的玩具，可以经常多次更换玩具。还要注意时常改变游戏内容或运动方式，由于幼儿大脑皮质细胞脆弱，持续做一个动作或游戏，小儿可陷入疲劳而哭闹。

十三个月

30. 13个月幼儿体格发育的正常值应该是多少?

体重：9.52 ~ 10.16kg；身高：75.9 ~ 77.3cm；

头围：45.4 ~ 46.5cm；胸围：45.2 ~ 46.3cm；

前囟：（0 ~ 1）cm×1cm；出牙：2 ~ 8颗。

31. 13个月幼儿智能应发育到什么水平?

这个时候孩子的手已经很发达，可以进行一些比较精确的活动，所以大人可以给他一些玩具，让他放进大口的箱子里，或者放到指定的人手中，来锻炼他的手、眼配合协调能力。还可以给他一支笔，一大张纸，让他涂涂画画，他会非常开心的。

13个月的幼儿对理性教育缺乏兴趣，对记忆性、理解性的东西，很快就会忘记。幼儿在3岁以前是大脑神经建立广泛联系的时候，认知能力很强，让幼儿更多地接触自然，更多地接受各种信息，在日常生活中通过一些令幼儿感兴趣的游戏和娱乐项目来实现智力和潜能开发。

13个月的幼儿注意力时间比较短。越小的幼儿集中注意力的时间越短，对一件事情和物品，包括玩具，保持兴趣的时间也越短。但有一个现象与此恰恰相反，就是幼儿越小，对感兴趣的事物和现象越容易着迷，喜欢长时间重复它。

32. 13个月幼儿语言发育能力应达到什么水平?

有的幼儿能够说出一两个成人能听懂的句子。大多数幼儿在1岁左右说出人生中的第一句话,这是成长的里程碑。在幼儿语言发展的最初时期,父母不要泛泛地和幼儿说话。比如,当幼儿闹着要到外面去玩,而这时外面正在刮风下雨,暂时不能带幼儿到户外活动,父母不要说:幼儿是个乖幼儿,要听爸爸妈妈的话。

而是要具体地告诉幼儿:外面正在下雨,刮很大的风,现在不能出去玩,等到雨停了,我们再出去玩。如果幼儿不理解妈妈的话,可以带幼儿到外面亲自看一看下雨的场面。

这个年龄段的幼儿,绝大多数能够听懂成人一些话的意思了。但是,大多数幼儿还不能用语言来回应父母,常常通过动作、手势、声音等表示他的意思。幼儿通过肢体语言,能做出一两个让成人明白的示意。

33. 13个月幼儿身体发育技能应达到什么水平?

会调整身体配合父母穿衣、吃饭;能堆积木2块以上,能翻书,能投球;会爬楼梯,喜欢爬到高的地方去。

这个时候孩子的手已经很发达,可以进行一些比较精确的活动,所以大人可以给他一些玩具,让他放进大口的箱子里,或者放到指定的人手中,来锻炼他的手、眼配合协调能力。站着时,能单手把小球扔出去。还可以给他一支笔,一

大张纸，让他涂涂画画，他会非常开心的。（见图2-1）

图2-1 13个月把球放入筐

34. 13个月幼儿运动能力应达到什么水平？

到了这个月龄，绝大多数幼儿不需要大人搀扶，就能够单独稳稳地站立了，并向前迈步独立行走了，但是在熟练掌握走路技巧之前，他迈出的步子总是很大，姿势也是东倒西歪，爸爸妈妈不在前面接着，幼儿可能会向前摔倒。当爸爸妈妈牵着幼儿的手，大多数幼儿都能比较顺利地往前走。

幼儿在初学走路的阶段，大多数幼儿用脚尖走路，一只脚可能还会有些拖拉，像是跛行。有的幼儿会出现"内八字"或"外八字"。这些都不是异常的表现，随着幼儿走路越来越稳，这些现象也会慢慢消失的。

1岁以后的幼儿大多数能够自由自在地爬行着向各个方向前进或后退。但还不会自由爬的幼儿并不少见，父母不必焦虑和担忧，幼儿爬得晚，并不意味着发育落后。往往会出现这样的情况：爬得晚的幼儿，会站和会走的时间大大提前。（见图2-2）

图2-2　13个月自己走

35. 13个月幼儿的视力应发育到什么水平？

经过几个月的成长，幼儿们的视力已经有了很大的进步，能够较好地看清楚，并且对于快速移动的物体迅速对焦。对于13个月的幼儿来说，已经可以将动态与视线相结合，并且他能够发现房间里的玩具、靠近它、试着拿起来，或者以各种属于自己的方式来接触并玩耍。熟悉并且充满关爱的面容仍然是这个阶段的幼儿最爱凝视的画面之一，但同时，他也会很喜欢看图画书，并且专注于熟悉的画面。幼儿可能会喜欢相对较小，或一块一块的物体，方便他们拿起来，还会花很多时间盯着或"控制"这些物件。也许小家伙们会试着理解它们是怎样使用的。父母不妨带上孩子去新颖、有趣的景点参观，同时指出地名、风景物的名称，这样做不仅能丰富幼儿的视觉效果，同样还会启发他们的语言能力，并激发对

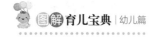

周围世界的兴趣。

36. 13个月幼儿的听力应发育到什么水平?

幼儿自出生起,已经对声音聆听了很久,并且已经开始识别一些常用的字词,如:球、杯子、瓶子。父母们当然也知道孩子能够听懂并且理解自己的简单话语,当妈妈说:"爸爸在哪?"幼儿可能会盯着爸爸在的位置看过去;或者对他说"把球找到",小家伙会迅速朝球爬过去。幼儿会对自己的名字有很好的反应,此外,在听到"不"时,他会本能地抬起头,或者暂停此刻的动作。父母不妨对日常用品,尤其是幼儿常接触的东西标上简单的命名标签,幼儿会学习着熟悉这些物件,同步存储相关的信息,直到他们能够用语言表达出来。在13个月的阶段,幼儿会发出越来越多的常用音,如"巴巴"、"哒哒"。

37. 13个月幼儿的嗅觉、味觉和触觉应发育到什么水平?

当幼儿成长到这个阶段,会发展并表现出对食物的偏好。父母需要为孩子持续提供各种各样味道和口感的食物,如果小家伙在刚开始表现出排斥的话,别放弃。专家建议通过十次以上的接触,开发幼儿的味觉。同时,将幼儿接触的各种味道、口感标示出来,进而更好地了解。

这个时期的婴儿们开始尝试着学习走、跑、跳，这意味着小家伙已经可以接触到他想拿或触碰感兴趣的物品，因此，父母必须确保在他们可接触的范围内，没有危险物件，以便鼓励孩子努力探索并积极尝试各种活动。

38. 13个月的幼儿如何合理喂养？

（1）继续吃母乳（配方奶）。这时期有的婴儿已经停止母乳喂养了，有人认为离乳是连配方奶都要停止吃，这是错误的。因为幼儿在生长发育的过程中，无论如何都不能缺少蛋白质。虽然在幼儿的食谱中有动物性食品的安排，但量不足，而从配方奶中补充是最佳的补充方法。至于配方奶的量可根据幼儿吃鱼、肉、蛋的量来决定。一般来说，幼儿每天补充配方奶的量不应该低于250ml。

（2）幼儿离乳后，谷类食品成为幼儿的主食，热能的来源大部分也靠谷类食品提供。因此，幼儿的膳食安排要以米、面为主，同时搭配动物食品及蔬菜、豆制品等。

（3）随着幼儿消化功能的逐渐完善，在食物的搭配制作上也可以多样化，最好能经常更换花样，如小包子、小饺子、馄饨、馒头、花卷等，以提高幼儿进食的兴趣。

（4）培养幼儿自己用勺进食。

（5）该月龄幼儿的食谱可参照如下标准制定：

早晨7点：粥1小碗，肉饼或面包1块。

上午9点：牛奶150ml。

中午12点：煨饭（米25g、肉末25g、蔬菜25g）。

下午3点：牛奶100ml，豆沙小包1个。

晚上7点：烂饭1小碗，鱼、蛋、蔬菜或豆腐。

晚上9点：水果。

39. 13个月的幼儿日常养护的要点是什么？

此月龄的幼儿还小，很难和他讲通道理，因此特别淘气的时候，讲很多大道理，或者打骂都是无济于事的，只会增加他不耐烦或反抗的程度，让情况更加失控。对于特别小的孩子应当采取直接指令的方式，也就是他可以听懂的方式来沟通，分散他的注意力，或者用眼神和语气制止他的方式，有时较安静的方式更容易使幼儿降下温来。家长越生气他们会越淘气。另外，也可以实行奖励的方式，比如当他好长一段时间没有淘气时，就奖励他喜欢的小点心或者一小段动画时间，告诉他因为他专心玩玩具很乖，所以奖励他。不过此时的孩子好奇心都很重，淘气是难免的，一定要分清楚他是否是故意淘气，还是在探索新事物，对于这个年龄阶段，能够对周围发生兴趣是值得高兴的事情，而大人看起来的淘气和破坏，实际上很可能是他创造力和想象力的锻炼机会，所以不可事事不允许，相对孩子人身安全的淘气，还是应该适当接受的，只要不过于影响他人。当影响到周围人时，可以用缓和的语气，好好商量着降低他的兴奋度。

40. 13个月的幼儿不宜多吃什么食物?

再好的食物都不能吃过量，以下几种食物是比较常见且营养丰富的食物，是幼儿生长发育必备的食物，因此，很多家长在饮食上存在误区，总认为好的食物就可以多给孩子吃。

动物肝脏：动物的肝脏虽然营养丰富，但其含有的有毒物质和其他化学物质的含量，要比肌肉中多好几倍。如果过多地给幼儿食用，会对其健康不利。建议对于13个月的幼儿，应每月选用猪肝75g，或鸡肝50g，或羊肝25g，做成肝泥，分次服用，以增加维生素A摄入量。新鲜的动物肝脏中往往残存了不少有毒的血液，烹饪前一定要长时间的冲洗，并在水中浸泡1个小时，以清除肝脏内的毒物。

酸奶：酸奶虽然是以新鲜奶为原料，经过乳酸菌发酵制成的奶制品，富含维生素A，但其脂肪、蛋白质以及钙含量较少，只是更容易被人体消化吸收，却达不到配方奶的营养水平，也不符合幼儿的营养需求。另外，酸奶喝的越多，会使乳酸菌摄入的太多，反倒可能会引起肠道菌群失调而影响正常的消化吸收功能，而且过早地给幼儿喝酸奶容易养成对甜食的偏好。对于幼儿来讲，酸奶作为一种饮食上的调剂是可以的，但一定要注意控制酸奶的进食量，而不能取代纯奶。

菠菜：家长们普遍认为菠菜含铁量高，是给幼儿补血最好的蔬菜，于是几乎很多家长总给幼儿做菠菜食用。其实，菠菜中含有大量的草酸，进入人体后，容易与胃肠道里的钙相遇，凝固形成不易溶解和吸收的草酸钙。所以，菠菜吃得过多容易使幼儿缺钙，还会影响锌的吸收，不利于幼儿骨骼和牙齿的发育，而且还会影响智力。

给幼儿补铁，可以多吃一些肉类、枣泥、鱼泥、蛋黄等。幼儿的饮食中最好安排多种蔬菜，交替食用。在烹饪菠菜时，最好先用开水焯一下，以便将其大部分的草酸去除。

41. 13个月的幼儿吃鸡蛋时的注意事项是什么？

鸡蛋是老少皆宜的营养佳品，也是婴幼儿生长发育所必需的辅助食物。因为鸡蛋除含优质蛋白质和脂肪外，还含有多量的维生素A、胡萝卜素、卵磷脂及矿物质等，无疑对幼儿的营养价值很大，不过，幼儿吃鸡蛋要注意几点：

（1）计算好食量：13个月的幼儿，每天需要蛋白质40克左右，除普通食物外，每天添加1个或1个半鸡蛋就足够了。如果吃得太多超过了幼儿的需要，造成肠胃负担不了，就会导致消化和吸收功能障碍，引起消化不良和营养不良。

（2）计算好煮鸡蛋的时间：煮鸡蛋的时间一定要掌握好，一般8～10分钟。煮得太生，鸡蛋中的抗生物蛋白不能被破坏，使生物素失去活性，影响机体对生物素的吸收，易引起生物素缺乏症，发生疲倦、食欲下降、肌肉疼痛，甚至发生毛发脱落、皮炎等，也不利于消灭鸡蛋中的细菌和寄生虫；煮得太老也不好，由于煮沸时间长，蛋白质的结构变得紧密，不易和胃液接触，因此难消化。

（3）最营养的烹饪方法：鸡蛋吃法多种多样，就营养的吸收和消化率来讲，煮蛋为100%，炒蛋为97%，嫩炸为98%，老炸为81.1%，开水、牛奶冲蛋为92.5%，生吃为30% ～ 50%。由此说来，煮鸡蛋是最佳的吃法，但要注意细嚼慢咽，否则会影响吸收和消化。不过，对幼儿来说，还是蒸蛋羹、蛋花汤最合适，因为这两种做法能使蛋白质松解，极易被幼儿消化吸收。

（4）正在出疹的幼儿千万不要吃鸡蛋，因为鸡蛋会加重幼儿的过敏反应，如果幼儿的辅食中添加鸡蛋后，粪便中发现有形状如蛋白的物质，这表明幼儿未消化吸收蛋白质，这时要把蛋黄拌到其他食物中一起喂食。

42. 13个月幼儿吃鸡蛋有三个"不宜"你知道吗?

13个月幼儿吃鸡蛋时，煮鸡蛋的时间不宜过长。为防止鸡蛋在烧沸中蛋壳爆裂，将鸡蛋洗净后，放在盛水的锅内浸泡1分钟，用小火烧开。开后改用小火煮8分钟即可。煮的时间太长的话，蛋黄中的亚铁离子会与硫产生化学反应，形成硫化亚铁褐色沉淀，妨碍人体对铁的吸收。鸡蛋不宜与豆浆同食。早上喝豆浆的时候吃个鸡蛋，或是把鸡蛋打在豆浆里煮，是许多人的饮食习惯。但是，这种饮食习惯会造成营养成分的损失，降低二者的营养价值。鸡蛋不宜与白糖同煮。很多幼儿喜欢放了糖的鸡蛋汤，于是很多家长在煮鸡蛋的时候就会加入一些糖，以满足幼儿的口感。但是，鸡蛋和白糖同煮，会对健康产生不良作用。如果必须要放糖幼儿才吃的话，家长可以在鸡蛋煮熟后再加入适量糖。

43. 13个月的幼儿缺钙的表现有什么?

此月龄的幼儿,身体长得飞快,骨骼、肌肉和牙齿都开始快速发育,需要大量的钙,因而对钙的需求量非常大。如未及时补充,会很容易造成缺钙。缺钙的具体表现有:

(1)常表现为多汗,即使气温不高,也会出汗,尤其是入睡后头部出汗,并伴有夜间啼哭、惊叫,哭后出汗更明显。部分幼儿头颅不断摩擦枕头,颅后可见枕秃圈。

(2)偶见手足抽搐症,幼儿缺钙,血钙低时,可引起手足痉挛抽搐。

(3)人体消化液中含有大量钙,如果人体钙元素摄入不足,容易导致食欲不振、智力低下、免疫功能下降等。

(4)易发湿疹,在此月龄的幼儿比较多见,有的到儿童或成人期发展成亚急性、慢性湿疹,或表现为异位性皮炎。

(5)出牙晚或出牙不齐,有的幼儿一岁半仍未出牙,前囟门闭合延迟。

(6)前额高突,形成方颅。

(7)常有串珠肋,是由于缺乏维生素D,肋软骨增生,各个肋骨的软骨增生连起似串珠样。常压迫肺脏,使幼儿通气不畅,容易患气管炎、肺炎。

44. 13个月的幼儿应吃哪些含钙多的食物?

在幼儿期,尤其是长牙的时候,家长要多给孩子吃一些补钙的食物，其中包括：牛奶，250ml牛奶含钙300mg，还含有多种氨基酸、乳酸、矿物质及维生素，促进钙的消化和吸收。而且牛奶中的钙质人体更易吸收，因此，牛奶应该作为幼儿日常补钙的主要食品。其他奶类制品如酸奶、奶酪、奶片，都是良好钙的来源；海带和虾皮，海带和虾皮是高钙海产品，每天吃25g，就可以补钙300mg。海带和肉类同煮或是煮熟后凉拌，都是不错的美食。虾皮中含钙量更高，25g虾皮就含有500mg的钙，所以，用虾皮做汤或做馅都是日常补钙的不错选择。需要注意的是，容易对海制品过敏的幼儿要小心食用；豆制品，大豆是高蛋白食物，含钙量也很高，其他豆制品也是补钙的良品。豆浆需要反复煮开几次，才能够食用，而豆腐则不可与某些蔬菜同吃，比如菠菜，因为菠菜中含有草酸，他可以和钙相结合生成草酸钙，从而妨碍人体对钙的吸收，所以豆腐以及其他豆制品均不宜与菠菜一起烹制，但豆制品若与肉类一起烹制，则会味道可口、营养丰富。动物骨头，动物骨头里80%以上都是钙，但是不溶于水，难以吸收，因此在制作成食物时可以事先敲碎，加醋后用小火慢煮。吃时去掉浮油，放些青菜即可做成一道美味鲜汤。另外，鱼骨也能补钙，但要注意选择合适的做法。干炸鱼、焖酥鱼都能使鱼骨酥软，更方便钙质吸收，而且可以直接食用。蔬菜，蔬菜中也有许多高钙的品种。雪里蕻100g含钙230mg，小白菜、油菜、茴香、香菜、芹菜等每100g钙含量也很高。

　　家长在给幼儿食物补钙时，最好荤素搭配；比如豆腐炖鱼，鱼肉中含维生素D，豆腐含钙丰富。维生素D可促进钙的吸收，使豆腐中的钙的利用率大大提高。另外，主食讲究谷豆类混食，不仅能使氨基酸互补达到最理想化，还能促进钙的吸收。

45. 13个月的幼儿补充钙剂的注意事项有哪些?

目前市场上的补钙药物，适合于依赖食物摄入不能满足钙需求的幼儿。它的优点是操作简单，并且容易控制补充量。但是，在服用时需要严格遵守医嘱，以免服用过量，反而对身体造成不良影响。另外，还需要注意几点事项：

（1）"少量多次"的原则，一般来说，任何时候都可以服用钙片，但人体每次摄入钙低于或等于50mg时，钙的吸收率最高。所以，给幼儿服钙片时，尽量采取"少量多次"的原则，以达到最好的吸收效果。

（2）碳酸钙的最佳服用时间是饭后半小时，此时服用钙制剂，吸收率最高，利用率最好，能充分发挥钙剂的各种效能。而进餐时胃会分泌较多的胃酸，有利于补钙剂的吸收率达到最高点。

（3）钙剂不可与植物性的食物同吃，植物性的食物比如蔬菜中多数含有草酸盐、磷酸盐等盐类，他们可以和钙相结合生成多聚体而沉淀，从而妨碍钙剂的吸收。所以钙剂不可与植物性的食物同吃，这与豆制品不宜与蔬菜一起烹制是一样的道理。

（4）钙剂不可与油脂类食物同吃，油脂分解后生成的脂肪酸与钙结合形成奶块，不容易被肠道吸收，最终会随大便排出体外。所以给幼儿补充钙剂的时候，不要同时吃油脂类食物。

（5）补钙应注意的适当剂量，通常2岁以下的幼儿每天需要400～600mg钙。按照正常的饮食，幼儿每天从食物中摄取得钙只有需要量的2/3，所以每天必须再额外补钙，以填补欠缺的1/3钙剂。

幼儿所需要的钙，是各种钙制剂中的钙元素而不是制剂本身，制剂本身仅作为钙的载体。因此选用钙制剂，主要应看钙在制剂中占多少百分比。所占百分比越高，说明含钙量越高。

46. 13个月幼儿鱼肝油吃多了能中毒吗？

鱼肝油吃多了，肯定要中毒，并且中毒的危害要大于缺乏。在给幼儿补充维生素D的时候，一定要根据病情、饮食状况，计算好用量，密切观察用药后反应，随时调整剂量。用药的原则是食补最好，既安全又有效，能口服不用注射，利于随时调整药量。

吃母乳的幼儿可以从母乳中获得足够的钙，因此，妈妈的母乳很重要。要多吃一些含维生素D的食物，如肝类、鱼子、蛋黄等，促进钙的吸收，保证母乳中钙的含量，可预防幼儿患佝偻病。吃配方奶的幼儿，可以考虑在6个月后喂菜汁等，多晒太阳，减少用药量。

47. 13个月幼儿头发稀少发黄是缺锌吗?

这种说法是不正确的。幼儿期头发长得不好,是一种正常现象。随着身体的生长发育和年龄的增大,会逐渐好转,从稀到密,由黄变黑。头发的好坏、稀疏还与遗传、营养、疾病有关。营养不良、体质虚弱、气血不足、患急慢性疾病等的幼儿头发都会出现稀少、缺乏营养的表现。缺锌也是由于营养不良造成的,头发黄、脆只是症状之一,但不是唯一的表现。

所以当头发稀少时,要综合分析原因,治疗原发病。

48. 13个月幼儿大便干燥怎么办?

如果是吃母乳的幼儿很少会出现大便干燥,如果确实出现了这种情况,妈妈要多吃一些粗纤维的蔬菜水果,多喝水,必要时服用一些缓泻剂。但是,不要给幼儿吃泻药,慢慢地随着妈妈大便的改善,幼儿也会自然好转。当幼儿吃配方奶出现大便干燥的时候,需要检查一下配方奶配比浓度是否正确,是否需要及时加菜汁果汁,另外,不要频繁地更换奶粉的品牌,否则幼儿会因为不适应而出现大便干燥。

49. 13个月的幼儿用摇晃的方法哄睡觉好吗?

最好不要,用摇晃的方式让幼儿睡觉是家长的习惯性动作。这种在怀里来来回回晃动或是让幼儿躺在过于颠簸的车内的做法，都可以使幼儿头部受到一定程度的震动，轻者可造成脑震荡，严重者可引起脑损伤，留下永久性的后遗症。因为幼儿的头相对大而重，颈部肌肉还比较无力，遇到大的震动，自身反射性保护技能差，所以容易造成脑损伤。

50. 13个月的幼儿说话"大舌头"怎么办？

13个月的幼儿因为语言发育的不完善，说话时常发音不准，咬字不清，有的可能"口吃"，遇到这种情况不必急着纠正，随着生长发育（约3 ~ 4岁），幼儿的发音功能会逐渐完善，自己就能纠正不准的语音。但是，有的幼儿却一直表现为说话含糊不清，像嘴里含颗枣，这有可能是舌系带或悬雍垂有问题，需要带幼儿到医院检查。

51. 幼儿走路早就是很聪明吗？

幼儿会走路的时间早，将来就聪明，这种说法没有科学道理。正常的幼儿在1岁左右开始学会走路，有的可能早些（约3%的婴儿在9个月就能做到），有的可能晚一些（可以晚到2岁），排出神经系统或骨骼肌肉方面的疾病，以上情况都属于正常。因为走得早的幼儿家族中其他人可能也会走路早。走得晚的幼儿多数情况也不一定就是不会走，可能是胆子小或曾经摔过害怕了，再一个原因还可能是家长过分呵护，幼儿依赖家长的牵扶。

52. 奶瓶龋齿是怎么形成的?

这个月龄的幼儿,在哭闹或睡前,有很多是妈妈习惯性地把一瓶奶喂给幼儿,或者幼儿含着妈妈的乳头睡觉,这样一来,奶渍、糖液包绕着牙齿,细菌繁殖加上糖发酵产酸,时间长了牙齿被腐蚀,变黑变脆,形成蛀牙。乳牙蛀坏了,影响将来恒牙的整齐美观。奶瓶龋齿通常在1岁半左右发生,但是预防最好提早做起。

自孩子出生后,就不要养成含着乳头或奶嘴睡觉的习惯,未出牙前,可以用湿纱布抹去口腔内奶渍,出牙后,可用软的毛刷刷牙。不要用牙膏,牙刷蘸水空刷,目的是为了养成刷牙的好习惯。睡前喝奶后可以喂一点白开水,达到清洁口腔的作用。并且在一岁后注意定期检查牙齿。

53. 13个月的幼儿怎么做到营养平衡?

营养平衡就是指摄入的营养素与消耗的营养素要基本保持平衡。吃得多,消耗的少,即多吃少动,剩余的能量储存下来变成脂肪,将来发展的趋势就是小胖子。而吃得少,消耗得多,像生病、有肠道寄生虫的孩子,就会因为营养不良而发育缓慢。饮食习惯不好,偏食挑食的幼儿因营养素摄入的不平衡,比如不爱吃菜,喜欢吃肉吃鱼,只要精细食品等,更容易出现营养失衡方面的问题。因此,安排幼儿的食谱时,食物的品种要尽量多,粗粮、细粮、肉、菜、奶、蛋、油、盐等要合理搭配，经常翻新食品的花样，提高幼儿的进食兴趣。

54. 13个月的幼儿舌苔很白可以刮吗?

舌苔是由咀嚼后的食物残渣、脱落的上皮、唾液等混合而成的。它附着在舌头表面，呈白色的，很薄的一层。这是正常现象，可以随食物脱落咽下，不需要去刮它，否则会造成感染。人们习惯看舌苔判断疾病，当幼儿机体出现内热时，大便干燥，舌苔黄、厚、腻。配方奶喂养的幼儿舌苔较白、厚，所以可以喂一些水，舌苔厚也不要刮。

55. 13个月的幼儿为什么不可以硬灌药?

给幼儿吃药，苦涩的药味很难使其愉快地接受，有的家长会想出很多方法，有些甚至采取简单粗暴的做法，按住幼儿硬性灌药，这是非常错误的做法。硬灌时，幼儿肯定要哭闹，咽喉部、气管的通道都是打开的，药液刺激容易造成呛咳，进入气管导致窒息，这是极其危险的。用这种生硬的做法，很容易让幼儿产生恐惧心理，对精神心理的危害同样不可轻视。

家长可以将药放在小汤匙内（最好是那种有凹槽的、带把的汤匙），用手拿住匙头，将匙把慢慢顺着幼儿嘴角把药顺进口腔，必要时，可在药内加少许糖。

56. 家长如何给13个月的幼儿滴眼药水?

在操作前。家长需洗净双手,让幼儿头稍微后仰,家长将幼儿的下眼皮向下拉,将药液轻轻滴于眼皮内1 ~ 2滴,将眼皮合上,再轻拉上眼皮使药液扩散。滴药水时轻压眼内角,为了防止药液进入鼻腔。还要注意药水瓶口距离眼睛1cm左右。避免伤到眼睛。

57. 13个月的幼儿家长需要做哪些方面的训练教育?

13个月的幼儿已经形成了一定的饮食卫生习惯,应每天在固定的地方、位置让他吃饭,并且提供一个安静的就餐环境,因为安静的环境不容易分散他的注意力,会让他专心吃饭,充分品尝食物。

要让他养成按时睡觉的习惯。睡觉前,不做使幼儿过度兴奋的游戏,居室光线最好调暗,为使幼儿睡得香甜,最好不要睡前让他吃的过饱。

此月龄的幼儿已经可以理解部分成人的感情了,也知道控制自己的行为。家长可以尽量满足他的合理化要求,而对于不合理的要求要反复强调"不",逐渐让他清晰"对"与"错"的意义。(见图2-3,图2-4)

图2-3　13个月吃饭　　　　图2-4　13个月睡觉

58. 13个月的幼儿坐车出去玩应该注意什么？

明媚的阳光，新鲜的空气，五彩的世界都能促进幼儿的健康发育。坐车带幼儿出游时应注意：

（1）坐公交车时不要选择交通高峰拥挤时。

（2）带好食物和水，提前换好尿布。

（3）不论是公交车还是自驾车都要注意空气质量，避免污染，注意安全。

图2-5　13个月坐安全座椅

（4）防止车突然停或突然发动，幼儿最好自己坐安全座椅，以免损伤发生。（见图2-5）

59. 为什么不要对13个月的幼儿一连串的说"不可以"？

此月龄的幼儿活泼好动，如爬上椅子，家长说"不可以"，要拿书本又说："不可以"，要出去玩又说"不可以"。如此每个"不可以"都在幼儿大脑皮质上形成一个抑制过程，而幼儿的抑制过程又是很难形成的。一连串的"不可以"，又没有一个兴奋过程来代替它（没有允许幼儿可以做什么），终于使幼儿神经细胞的工作失常，陷入过度抑制或低下，甚至可形成反常现象，在行动上就会出现越不让做得他越去做，让他做时他反而不去了的逆反心理。此外，家长如果要求幼儿完成一种力所不能及的抑制状态，如"不要动"，"不许去"等，都是对幼儿有害的。

60. 为什么13个月的幼儿经常会发脾气、不听话？

此月龄的幼儿对各种事情都很感兴趣，处于喜欢探索的阶段，如果幼儿站在窗前有兴趣看什么的时候，这时他的大脑皮质是处于兴奋状态，但这时如果家长无理由地叫他离开窗前不要看，这句话的效果就是在幼儿大脑皮质形成一个抑制信号。于是兴奋与抑制过程发生冲突，幼儿控制不了自己的情绪就会出现发脾气的现象。

61. 13个月大的幼儿睡觉为什么老是哼唧？

婴儿晚餐吃得过饱，吃完间隔时间不长就睡觉，临睡前和家长疯闹、逗笑等，这些都是引起婴儿睡不沉的原因之一。

食物不完全消化，可以在肠管内异常发酵，产生气体，婴儿在浅睡眠时就会不舒服，或哼唧，或哭闹等。临睡前逗笑、疯闹，让孩子过于兴奋，也会睡不沉。

62. 13个月的幼儿玩什么玩具合适？

这月龄的幼儿对发光物体很感兴趣，13个月的小孩从科学角度来说已经学会了撒娇和撒谎了，既然是女孩子，文静一点比较好，什么玩具汽车啥的就不要了，建议洋娃娃，还有如果将来孩子想向气质型美女培养的话，建议小时候可以放些音乐给她听，培养乐感和对音乐的兴趣，由兴趣来调动小孩的积极性无疑会让将来的教育变得轻松很多。

63. 13个月幼儿最近老是咬人是怎么回事？

这个时期的幼儿，除了长牙，还有模仿能力强，好奇心重。幼儿还没有是非观念，有时候，咬人是想引起别人的重视，看见家长龇牙咧嘴，或者连玩带笑说他，他越发觉得好玩，并乐此不疲。家长可以告诉幼儿，妈妈或者爸爸很痛，这么大的幼儿会和家长做简单地沟通了，只要反复多次提醒告诉他，最终幼儿会改掉咬人这种习惯的。

64. 13个月幼儿为什么害怕坐电梯？

婴儿在不会走路之前基本没有距离感，对于被举高或者突然放下来的失重感觉并不存有太大恐惧，所以大部分幼儿对于举高高这种游戏乐此不疲，但是等到会走路了很多幼儿却开始表现出恐惧。有可能是因为幼儿对于电梯下降时的感觉始终害怕，慢慢适应就会好了。

65. 13个月的幼儿可以吃什么零食?

13个月的幼儿可以吃的零食很多，像苹果、香蕉，有益的饼干，面包、蛋糕等。还有一些坚果，如果怕卡到，可以弄成碎末。还有平常让孩子吃点硬的东西，可以帮助牙齿出来的，比如：小麻花、小饼干之类的小食品，不过记住这些东西尽量少吃，多喝水，不然容易上火的。

66. 13个月的幼儿可以喝蜂蜜水吗?

每天不要给幼儿吃太多，而且注意要吃一段时间，停一段时间。一般幼儿日常蜂蜜的摄入量控制在20g以内比较好。以汤匙衡量每天不要超过2汤匙。 蜂蜜可能会引起过敏，因此给幼儿初次食用蜂蜜一定要小心。第一次食用可以用温开水少调一点，在早上给幼儿喂食。白天密切注意观察幼儿的情况，看有没有不适、皮疹、腹泻等。隔一两天再少量喂一点儿，认真观察。确实没有异常反应后，再逐步加量。

十四个月

67. 14个月幼儿体格发育的正常值应该是多少?

体重：9.47 ~ 10.21kg；身高：75.85 ~ 77.4cm；
头围：45.4 ~ 46.47cm；胸围：45.37 ~ 46.5cm；
前囟：（0 ~ 1）cm×1cm；出牙：4 ~ 12颗。

68. 14个月幼儿智能应发育到什么水平?

14个月的幼儿能指认成人说的物品，可以按照指令做一些简单的动作，并且会用动作和发出音节回答成人的问话，认识生活中常见的几种动植物。当会说的词语增多了，不必借助手势就能够理解大人用语言发出的简单指令。此阶段孩子的模仿能力进一步增强，吃饭时喜欢自己动手。

图3-1 14个月指认物品

这时，大人就可让他自己吃，培养他的独立生活的能力。孩子已明显表现出个性特征。 自我意识进一步增强。常爱说"不"，越不让他做的事他就越感兴趣。（见图3-1）

69. 14个月幼儿语言发育能力应达到什么水平?

此月龄的幼儿可以用音节回答家长的问话，能简单地叫出生活中的一些单音节简单的词语，用来表达自己的意思。如果家长想让孩子更流畅地说话，那么你平时就可以多和孩子说话，训练孩子的语言表达能力。注意不要教孩子"儿语"，而是要像和成年人说话一样和孩子说话，这样他才能进步的更快。

70. 14个月幼儿身体发育技能应达到什么水平?

此月龄的幼儿手指可以捏起物品了，能比较熟练而准确地用手指捏起物品，拇指与食指、中指能很好地配合，不再是大把抓。注意：小的物件，幼儿仍有可能放进嘴里，造成危险，因此爸爸妈妈要特别注意。幼儿情感依赖越来越强，幼儿对妈妈的依赖感越来越强，直到4岁以后，这种依赖感才有所减弱。会运用简单的词语，甚至有的幼儿会用单音字代表句子，可以

图3-2 14个月手指捏东西

学习儿歌中一些押韵的词，为背诵儿歌打基础。能用自己已经学会的简短词语表达自己的需要。幼儿现在什么事情都喜欢模仿大人，吃饭的时候也总愿意自己动手，这是让幼儿学习自己吃饭的好时机。(见图3-2)

71. 14个月幼儿运动能力应达到什么水平？

此月龄孩子摔倒时能自己爬起来、能站直、能站着弯腰捡东西。牵着孩子的小手，让孩子体验到自然的、放松的和真心的爱。通过拥抱、亲吻和游戏与孩子进行充分的接触。每天与孩子进行亲切交谈，和他一起唱歌和阅读，通过对孩子的密切关注和你给予的充分的爱，孩子会感到特别安全，为他自尊的形成奠定牢固的基础。

图3-3　14个月平衡

此阶段幼儿的平衡能力明显增强，走得越来越稳当了，摔倒的次数也少了，甚至还可能学着倒退着走路。他可以弯腰捡东西，站起来不摔倒，摔倒了也能自己爬起来。幼儿开始试探着往更高、更危险的地方爬。他会爬上椅子、再登上桌子够取玩具；挣脱你的束缚爬楼梯等，越有刺激的地方，幼儿越是要去。（见图3-3）

72. 14个月幼儿的视力应发育到什么水平？

随着年龄增长，神经系统机能的完善，眼球本身形态不断发育，视力随之完善。一般来说，新生儿期的视力只有成人的20%，可以注视和追踪活动目标：1岁时相当于成人的10%（0.1～0.2），2岁时相当于成人的40%（0.4），以后每增加1岁，视力大约增加0.2，5岁时视力发育基本完善，应达到1.0。此月龄的幼儿视力0.2左右，3岁以前的视力变化很大，由于小儿表达困难，视力检查可靠性小，主要是通过观察其视觉行为来了解。

73. 14个月幼儿的听力应发育到什么水平？

此月龄的幼儿听觉能力已经基本接近成人水平，言语的理解能力和表达能力也进一步发展，有的已经学会了简短的句子，学会用简单语言表达自己想法。婴儿在10个月以前，视觉神经还没有发育完全，和外界的交流和接触主要是依靠听力来传输。有人认为孩子的听觉和视觉是自然形成的，在这方面不需要花太多的功夫，其实并不是这样的。所以，我们主要通过对婴儿听觉的训练使他感知外界，并在接收大量信息的过程中充分刺激其听觉神经进一步快速发育。

74. 14个月的幼儿如何合理喂养？

学步的孩子大约每天需要1000卡的热量才能满足生长发育、旺盛的精力和良好的营养的需要。家长要把孩子一天的食物分成3小餐和两次水果，这样就更加精细了。另外每天早晚的两餐奶是必不可少的。

可以给孩子一天吃三餐，在上午和下午时各加一份点心。三餐要注意营养，蛋白质、脂肪、淀粉、维生素、矿物质等都不可少，同时应让孩子多吃些蔬菜，因为蔬菜中纤维素比较多，并且含有丰富的矿物质和各种维生素、蛋白质等，这些都是幼儿生长发育不可缺少的物质。

75. 14个月的幼儿日常养护的要点有哪些?

孩子常用的物品要注意保持清洁，经常清洗。尤其是玩具，和小朋友之间相互交换，会从中产生交叉感染的危险，但也不鼓励过分的消毒，不建议使用高浓度的消毒剂进行擦拭清洗，保持清洁卫生足已。

可以定时提醒孩子排便，或教孩子学坐便盆，但不要勉强。因为孩子的控制能力仍不强，需要大人提醒。要多给予鼓励，这阶段的幼儿已经存在很强的自尊心了。

可以有意识地多带孩子到婴幼儿比较集中的地方去玩，结识一些小朋友，这有利于培养孩子的社会性，让他明白自己要去适应周围的人和环境，培养孩子的情商，有利于孩子身心的发展。

76. 如何给14个月的幼儿建立生活时间表?

如果幼儿在很小的时候，生物钟就被打乱，作息没有规律，有晚上不睡、早上不起的坏毛病，那么幼儿将会很难适应以后的幼儿园或学校的生活。家长应该在这一阶段就为幼儿建立生活时间表，这样会让幼儿每天在同一时间想做同一件事情，慢慢养成习惯。

6：30 ～ 7：00　起床，大、小便

7：00 ～ 7：30　刷牙、洗脸

7：30 ～ 8：00　吃早饭

8：00 ～ 9：00　户内外活动，喝水，大、小便

9：00 ～ 10：30　睡眠

10：30 ～ 11：00　起床，听音乐，洗手

11：00 ～ 11：30　吃午饭

12：00 ～ 14：00　睡午觉

14：00 ～ 14：30　起床，洗手，小便

14：30 ～ 15：30　吃水果，看书，玩玩具

15：30 ～ 17：00　可户外活动

17：00 ～ 17：30　小便，洗手，饭前准备

17：30 ～ 18：00　吃晚饭

18：00 ～ 19：30　户内外活动

19：30 ～ 20：00　喝奶，洗漱，小便，准备睡觉

20：00 ～次日晨　睡觉

77. 14个月的幼儿可以进行冷水浴吗?

这个阶段的幼儿。除了进行户外活动、开窗睡眠、做操及进行空气浴、日光浴以外，使用稍凉的水沐浴也是增强体质、防病抗病的好方法。

冷水洗手、洗脸的时候，幼儿身体的局部受寒冷刺激，会反射性地引起全身一系列复杂的反应，能有效地增强幼儿的耐寒能力，少得感冒。水温以20℃~30℃为宜。但晚上洗浴仍要用32℃~40℃的温水，避免刺激幼儿神经引起兴奋，影响睡眠。

家长在给幼儿进行"冷水浴"时，可以一边说话一边进行，还可以在室内放些轻音乐，或是妈妈给幼儿哼几句，以分散幼儿的注意力，使幼儿乖乖配合。

78. 家长如何教14个月的幼儿洗手？

手接触外界环境的机会最多，尤其是手闲不住的幼儿，哪儿都想摸一摸，因此也最容易沾上各种病原菌。如果再用这双小脏手抓食物、揉眼睛、摸鼻子，病菌就会趁机进入幼儿体内，引起各种疾病。

病菌无处不在，对付病菌最简单的一招就是勤洗手，洗手的正确方法分为5步：

（1）用温水彻底打湿双手。

（2）在手掌上涂上肥皂或倒入一定量的洗手液。

（3）两手掌相对揉搓数秒钟，产生丰富的泡沫，然后彻底搓洗双手至少10~15秒，特别注意手背、手指尖、指甲缝等部位，也别忘了手腕部。

（4）用流动的水冲洗双手，直到把所有的肥皂或洗手液残留物都彻底冲洗干净。

（5）用纸巾或毛巾擦干双手，或者用热风机吹干双手，这步是必须要做的。

很多时候我们洗手只是蜻蜓点水，蘸点水，涂上肥皂，马上就冲掉，整个过程3～5秒钟就完事，甚至用手在水里蘸一下就算洗过了，这样洗手很不到位。每次洗手需要双手涂满肥皂反复揉搓10秒钟以上，然后再用流动水冲洗干净。（见图3-4）

图3-4　14个月洗手

79. 14个月的幼儿家长如何避免事故的发生?

幼儿一旦能自己扶着行走或脱手独自行走，其活动范围马上就变大了，加上好奇心强烈，家长是无法预测到幼儿会干出什么事情来的。因而往往容易发生一些意外的事故。

在这一阶段最易发生的事故是：摔倒、从楼梯上滚下去、烫伤、吸或吃进异物。因此，必须将一切可能导致幼儿危险的物品放到不易够到的地方或者锁进抽屉里，防止幼儿触碰。特别是香烟、药品、化妆品等万一被幼儿吞下，会发生生命危险。那些刀、剪子、针等缝衣工具更是幼儿感兴趣的东西，很容易发生扎伤。

如果发生这种情况，不要慌慌张张地逼着幼儿放手，越这样他越不松手。可以用其他玩具转移幼儿的注意力，然后若无其事地从幼儿手中将危险品换下来。假如看见幼儿想用手去摸烫的东西时，家长应赶快先用自己的手触碰一下后急忙缩回，装着很疼很烫的样子喊："疼……""烫……"给幼儿看。这样，幼儿就不会动手去摸了。

这阶段的幼儿脚步还不稳，头重脚轻，很容易摔跟头，而且头也容易碰撞桌椅的棱角。因此，如果条件允许，可让幼儿在空旷的房间玩耍，并在危险的地方贴上防撞条，可以达到防止危险的目的。

80. 如何做好14个月的幼儿玩具的卫生？

玩具是幼儿日常生活中必不可少的好伙伴。不过，幼儿在玩耍时常常喜欢把玩具放在地上，这样，玩具就很可能受到细菌、病毒和寄生虫的污染，成为传播疾病的"帮凶"。根据专家的一次测定，把消过毒的玩具给幼儿玩10天以后，塑料玩具上的细菌集落数可达3000多个，木制玩具上达近5000个，而毛皮制作的玩具上竟多达2万多个。可见，玩具的卫生不可忽视，家长要定期对玩具进行清洁。

（1）一般情况下，皮毛、棉布制作的玩具，可放在日光下暴晒几个小时；木制玩具，可用煮沸的水烫洗；铁皮制作的玩具，可先用清水擦拭，再放在日光下暴晒；塑料和橡胶玩具，可用市场上常见的幼儿可以使用的消毒剂洗涤，然后用水清洗、晒干。

（2）防止幼儿用嘴直接咬嚼未清洁后的玩具。

（3）摆弄玩具时，不要让幼儿揉眼睛，更不能用手抓东西吃，边吃边玩。

（4）幼儿玩过玩具后，要及时洗手。

家长要教育幼儿不要把玩具随便乱丢乱放，家里要有一个相对固定的幼儿玩耍的场所。有条件的家庭可准备一个玩具柜或玩具箱，将玩具集中存放，不要把玩具拿到厨房或卫生间玩。

81. 14个月的幼儿发生误食药物怎样解决？

此阶段的幼儿不能分辨哪些东西能吃，哪些不能吃，所以常常会把外形好看、色彩鲜艳的药片当作糖果吃进肚子。遇到这种情况时。家长一定不要手忙脚乱，或是受情绪影响，打骂幼儿。这个时期的幼儿好奇心强，又不懂事，家长平时应该管理好家里的药物，放在幼儿不能拿到的地方。

发生这种情况家长不要一味地训斥幼儿或惊慌失措，这样只能使幼儿更加恐惧和哭闹，影响急救。家长应该耐心细致地查看和想方设法了解清楚：幼儿到底误吃了什么药，吃了多少，是否已经发生危险等，确定幼儿误服了何种药物后，应该马上送往医院。下面介绍几种在家可以进行的几种药物误食的急救措施：

（1）如果误服维生素、止咳糖浆等不良反应（或毒性）较小的药物，可让幼儿多喝凉开水，使药物稀释并及时排出体外。

（2）如果误服了安眠药、某些解痉药（阿托品、颠茄合剂）、退热镇痛药、抗生素及避孕药等，家长应该用手指轻轻刺激幼儿的咽部，引起发呕，让幼儿将误服的药物吐出来。

（3）如果误服的是药水，可先给幼儿喝一点浓茶或米汤后再引吐，反复进行，直到呕出物无药水色为止。最后还是要送医院做进一步的观察和处理。

家长要注意，家里所有的药瓶应写清药名、有效时间、使用量及禁忌证，这样，第一可以防止用药错误，第二可以防幼儿误食药物后分不清药品。

82. 是不是多给幼儿补充维生素C就会增强免疫力?

当然不是。临床研究发现，在维生素C的饱和试验时，可以发现每日给予一定量的维生素C，在经过一段时间后，很大部分会从尿中排出，这说明体内组织在维生素C达饱和程度时，就不再储存。在大剂量补充维生素C时，可使钙磷从骨中移出，并在尿中排出大量胶原前质，不利于骨骼发育。大量的维生素C与含有维生素B_{12}膳食同时摄入可损坏相当量的B_{12}，大剂量维生素C还使红细胞易于溶血，有可能导致幼儿贫血。大量的维生素C会使尿内排出大量草酸盐，有形成肾结石的可能。大剂量补充维生素C，也可引起脑电图的改变。缺乏维生素C容易抵抗力下降，但是大剂量并不能减少发病率和缩短病程，而且大剂量可形成维生素C的依赖性。

83. 哪些植物不适宜养在幼儿的居室里?

美丽的鲜花给生活增彩添光，有的花虽好但不适合养在居室内，尤其是幼儿的居室内。长有针刺的植物，刺内含有毒素，刺伤皮肤后会引起感染、化脓、溃烂等。

含有毒素的汁液果类的植物。像马蹄莲、夹竹桃、杜鹃等。幼儿接触或误食后，中毒症状轻者皮肤过敏，重者出现呕吐、腹疼腹泻、呼吸急促、四肢麻木、昏迷休克等症状。

能释放有毒气体的植物，如夜来香、郁金香、含羞草等，它们释放出来的气体，会引起头晕、呼吸困难、发烧、咳嗽、毛发稀疏、毛发脱落等中毒症状。

84. 14个月的幼儿为什么会出现偏食？

孩子出生的时候就想一张洁白无瑕的纸，所以对接触到的第一个感觉印象最深。随着慢慢长大，机体器官技能的不断完善，对新事物的认识面也在不断扩大。可是，对新事物的认识和接受，每个孩子都有一个敏感期，很容易接受新事物、新感觉。在尝试新鲜的食物阶段，成败也取决于敏感期是否及时正确的操作，是否遵循了科学、合理、平衡、营养的原则。家长要根据营养需要及时添加各种食品，让幼儿品尝到各种味道，在大脑建立起各种味道的信息库，如果此阶段未形成良好的习惯，偏食、挑食的不良饮食习惯能影响幼儿的正常生长发育，并且要纠正已经形成的习惯会非常困难。

85. 14个月的幼儿为什么要吃富含粗纤维的食品？

虽然人体不能消化吸收膳食纤维素，但是它的作用不可小视，它可促进肠道有益菌繁殖，从而抑制有害菌产生毒素。

膳食纤维素刺激大肠蠕动，加快粪便排出，减少肠道对有毒物质的吸收。膳食纤维素能吸收肠道中的胆固醇，加速排出，对预防成年的高血压、冠心病等有积极作用。所以要适当添加纤维素，含纤维素较多的食品有小油菜、小白菜、竹笋、梨、粗粮等。

86. 14个月的幼儿头发稀少怎么办？

有的孩子出生时头发就比较稀少，有的数周后出现明显的脱发，这种俗称"童秃"的现象是一种正常的发育过程。多数孩子数月后，有的到1岁左右，就会逐渐长出头发，到2岁时基本能与其他小朋友媲美，不需要治疗。

但有时也要具体情况具体分析。贫血的幼儿，或者因病导致营养不良的幼儿，头发干枯、断裂、稀少则属病理现象。要及时纠正幼儿的贫血，补充营养，保证一定的蛋白质。可适量服用一些B族维生素，不但有利于多长头发，还可以使干黄的头发变得乌亮、柔软而有弹性。也可每天用手轻轻按摩幼儿的头皮，用手指梳理头发，都能刺激头皮血液循环，促进皮脂腺分泌，改善头皮养分供应，促进头发的生长发育。

87. 怎样通过幼儿的表情来判断是否生病了？

家长可以通过观察幼儿的各种各样的表情，来判断是否生病，哪里不舒服了。

（1）幼儿面色潮红、口唇干燥、喘粗气、哭闹不安，可能是发烧了。

（2）面色㿠白、精神不振、经常生病，可能是营养不良性疾病，如贫血、佝偻病等。

（3）发烧、鼻翼煽动、呼吸急促，可能患了肺炎。

（4）拒绝吃奶、流口水，口腔炎症的可能性大。

（5）经常用手抓耳朵、一碰到耳朵就哭，耳朵内有液体流出，可能是中耳炎或疖肿。

（6）排尿时哭闹加重，要检查是否患尿道炎或包皮炎。

（7）大便呈现绿色水样、血性黏液、柏油样改变，或次数和量的异常变化，都说明消化系统有问题了。

总之，仔细观察幼儿的微小变化，能早期发现疾病，早期治疗。

88. 家长可以通过哪些症状观察幼儿是否生病了?

对于幼儿，喜怒哀乐全部都写在他的脸上。身体健康，幼儿活泼好动，吃喝拉撒无异常改变。一旦生病了，幼儿就会出现打蔫，精神萎靡不振、嗜睡不醒、惊厥或烦躁不安等反常的情绪变化。不爱吃饭或者不思饮食，甚至恶心呕吐，大便干燥或频繁，便中带血、恶臭或酸败的异常气味。面色随患病不同而变化，正常时应该是红润、有光泽、富有弹性。如果幼儿生病不舒服了，例如发烧、面色是潮红，贫血面色是苍白灰暗，肝胆或急性中毒等疾病可出现皮肤黄染等。有些疾病表现在皮肤上可见的皮疹、红斑、水疱、脓痂等。幼儿所出现的反常现象，预示着可能患病了。当幼儿出现反常变化了，要及时到医院就诊，明确诊断，及时治疗。

89. 14个月幼儿缺锌有哪些表现？家长应该怎么办？

幼儿缺锌最初出现食欲减退的症状，表现为吃饭不香。如果不及时补充锌元素，症状加重，反复不愈合的口腔溃疡、生长缓慢或停滞，常有异食癖（即吃土、吃纸等不能吃的东西）。抵抗力变弱，反复感冒，伤口不易愈合。

补锌最好的方法就是食补。含锌比较多的食物有贝壳海鲜、深颜色的肉（瘦的牛、羊、猪肉）、豆类、干果类、牛奶、鸡蛋等。食物中不但含锌高，食物中的蛋白质还能促进锌的充分吸收。单纯服锌剂效果不仅差，而且还会影响其他元素的吸收。锌属于微量元素，不可少，也不能多。因此，为了幼儿的健康还是选择食补为佳。

90. 14个月的幼儿怎么补充蛋白质？

这个阶段的幼儿发育较快，蛋白质的需要量多，大约每天每千克体重3.5g左右。蛋白质供应有两种来源，既动物和植物食品。动物蛋白质和豆类蛋白质属于优质蛋白，幼儿的生长发育主要是靠优质蛋白质。在饮食的调配时，动物和植物的食品互相搭配，或植物性食品互相搭配，能提高蛋白质的营养价值。在安排饮食时，可以牛奶和豆浆交替喝，每天的食谱要有一定比例的蛋、肉、鱼、菜和豆制品。可以单独制作，也可以几种食品混合制作。

91. 幼儿吃退烧药后要多喝水吗?

幼儿发烧时，心跳和呼吸的频率比平时要快，代谢也加快，机体的需氧量、需水量随之增大，此时要及时补充足够的水，用以维持机体代谢，促进机体的痊愈，缩短病程。为了降温要使用退烧药或用物理方法降温，随着大量的出汗，体温逐渐下降，此时更要及时补充水分。防止因机体缺水，导致病情加重。在保证幼儿每天应喝水量的基础上（每日每 kg 体重 120 ～ 150ml），再根据出汗和小便的情况适当补充。还可以通过观察幼儿的皮肤弹性、口唇干裂等判断是否缺水。不能等幼儿口渴时再给，那时体内有可能已经严重缺水了。

92. 幼儿出现烂嘴角家长应该怎么办?

幼儿偏食、挑食，造成的维生素缺乏，尤其是维生素 B_2 的缺乏，是造成嘴角溃烂的主要原因。不良行为习惯，如吸吮手指、长期应用安抚奶嘴、咬指甲等，都能使口角发炎。

当幼儿发生嘴角溃烂时，家长首先要查找原因，及时纠正，这是防治口角炎的重要原则，多吃新鲜水果、蔬菜、适当增加肉、蛋食品，必要时补充维生素。还要纠正幼儿的不良习惯，减少患病机会。

93. 14个月幼儿摸着肝大是有病了吗?

幼儿因为肚皮比较薄。腹部肌肉松软，肝脏很容易在右边的肋下摸到，但是，一般不超过肋下2cm，质地软，边缘清楚。有时营养不良、佝偻病、贫血的幼儿肝脏也会稍大，肝功能正常。待原发病治愈后，肝脏可恢复至正常。所以肝脏大，并不一定都是病理性的。病毒性肝炎、寄生虫、胆道闭锁等疾病引起的肝大都有相应的临床症状，多表现有持续进行性加重的黄疸，肝脏肿大超过2cm，质地硬、表面不平有压痛，都有肝功能的损害。

94. 14个月的幼儿配方奶喝得越多越好吗?

配方奶的营养丰富，适合幼儿的生长发育，但是，也不是越多越好。过多的配方奶可能会影响幼儿对正餐的兴趣，并且配方奶中含铁量少，如果正餐的摄入再不足，容易导致贫血。还有部分幼儿对乳糖的消化功能差，容易出现腹胀、产气、腹痛等症状。那么幼儿到底喝多少配方奶合适呢? 有一个简单的计算方法，既每天每千克体重约需要100 ~ 120ml左右。

95. 为什么要给幼儿增加肉制品?

此月龄的幼儿已经长出10颗左右的牙齿，消化功能基本完善，在吃肉泥的基础上完全可以接受肉末及碎肉。给幼儿增加一些有硬度、含纤维的食物，有利于更好地锻炼咀嚼功能，肉末中的肌肉纤维可以促进肠蠕动，减少便秘的发生。通过对碎肉、肉末的品尝，服用的感受可以增加幼儿对食物的兴趣。给幼儿选择新鲜的羊肉、鸡肉、猪肉等均可，洗净去筋皮，剁碎作肉馅或者丸子都可以，根据需要调节口味即可。

96. 14个月的幼儿为什么要多吃胡萝卜？

胡萝卜不仅甜脆可口，还含有丰富的胡萝卜素。胡萝卜素被吸收到体内后，经过一系列的化学反应，能转化成维生素A。维生素A与眼睛的视觉发育有关，具有保持人体上皮细胞的完整与健全，促进骨骼与牙齿的正常生长的作用。所以，当维生素A缺乏时，幼儿可能出现眼角膜干燥、软化、甚至穿孔，体质虚弱，反复感冒等。

97. 14个月的幼儿总吃手要纠正吗？

幼儿吸吮手是想了解自己的能力，他能把物体送到嘴里，说明自己支配行动的能力有了很大的提高，手、口动作互相协调的能力已经发展到一定水平，幼儿吸吮手指对稳定情绪起到一定作用。父母此时不要强行阻止，只要不把手指弄破，在清洁安全的前提下，尽可能让他去吸吮，否则会影响幼儿的手眼协调能力和抓握能力的发展，破坏幼儿特有的自信心。

98. 配方奶和鸡蛋可以一起吃吗?

配方奶、鸡蛋因营养丰富而深受家长们的青睐。这两种食品虽然营养丰富,但是,配方奶的蛋白质分子大,不利于吸收消化,钙的含量高,铁和磷的含量少。而鸡蛋则含有人体所需的8种氨基酸,并且比例合适,脂肪酸多为不饱和脂肪酸,利于大脑发育,铁利用率高,钙、磷比例合适,利于吸收。两者混吃,营养可以互补,使营养达到最好。

99. 为什么主张14个月的幼儿喝白开水?

白开水是幼儿最佳饮品。这不仅仅是从口腔卫生和预防龋齿的角度出发,更是因为白开水与机体细胞里的水非常相似,很容易进入细胞内促进新陈代谢,还能增加血液中的血红蛋白,增进免疫功能,提高抗病能力。幼儿喝了纯净的白开水,很快被机体吸收。既解渴又能立即发挥作用,调节体温,输送营养,排泄代谢废物。幼儿每天的饮水量大约是每千克体重120 ~ 150ml,可以根据季节适当调整水量。

100. 适合14个月幼儿进行的亲子活动有哪些?

(1)让我们来跳舞:这主要是训练肢体动作的游戏。

为宝宝播放轻松的音乐让他跳舞,他会左右摇摆或者弯曲双腿蹦蹦。跳舞可以锻炼宝宝的平衡性、协调性,并且充满乐趣。

（2）推拉玩具：这主要是锻炼幼儿的创造力。

让宝宝多玩可以推拉着走的玩具，鼓励他锻炼行走的技巧。

（3）溅水玩：这主要是锻炼幼儿的精细动作。

在浴缸或大的塑料盆里放上海绵玩具、玩具船以及其他可浮起的玩具动物，让宝宝在浴缸或浴盆边玩耍。注意看好你的宝宝，以免发生事故。（见图3-5）

图3-5　14个月溅水玩

101. 家长怎样对幼儿进行音乐启蒙教育?

可以通过"让我们来奏乐"这个小游戏来调动幼儿的兴趣，让他敲击罐子、盖子、木勺。在塑料盒里放米粒或沙子摇晃。收集小的八音盒、柔和的哨子、沙槌，铃铛，小鼓，玩具乐器和其他简单的乐器。把这些东西都放在宝宝的"音乐盒"里，让他通过敲击听辨不同的音调，从而对音乐有一个认识。

102. 怎么增强14个月幼儿的情商?

家长可以把环境中的每一个东西的名称编成故事，唱摇篮曲、儿歌，甚至你喜爱的歌剧。简而言之，让口头言语不断地环绕在你宝宝周围，让他充分感觉到被关爱，使之不断地增加幸福感。

收集幼儿所熟悉的关于家人、朋友、宠物或其他东西的照片，把每张照片都分别贴在索引卡片上，并将所有照片用纸覆盖保护起来。在每张卡片的左上角打个孔，用线或结实的绳子将所有卡片装订成一本书。同幼儿坐在一起，给他讲述每一张照片并让他识别照片上的人，告诉他照片上那个人的故事。然后指着照片问宝宝，"爸爸在哪儿？""妈妈在哪儿？"让他有家庭的归属感，建立起属于自己的社交范围，同样学着去关注身边的每一个人。

103. 14个月的幼儿夜间总趴着睡觉或翻来覆去是怎么回事？

常见的原因如下：幼儿穿睡衣不合体或有异物刺激皮肤、室内温度太高或口渴、憋尿或腹痛、尿湿、缺钙、蛲虫感染引起肛门瘙痒、饥饿，幼儿卧室内光线太亮、周围太噪杂等。作为家长要注意观察，一定要分清幼儿不肯入睡是否有病。但是，幼儿睡觉多少是有个体差异的，如果其精神、饮食、发育一切正常，家长就不必担心。

104. 14个月的幼儿出现咳嗽家长应怎么办？

咳嗽是很正常的一件事情，可如果幼儿出现干咳原因有很多，因此，当宝宝出现干咳的时候，家长首先要学会判断。

（1）要赶紧就医的咳嗽

①孩子突然咳得很严重，并有呼吸困难时，可能有异物堵住了气管，容易误吞的东西有花生、铅笔套、药丸、钮扣、硬币、糖果等，如果能够立刻发现，采取急救措施取出来还好，如果一直没有发现有异物卡在气道就十分危险了。

②发高烧、咳嗽、喘鸣伴呼吸困难时，需立即送医院紧急处理。

③因为幼儿正处于发育阶段，因此抵抗力也是很低的。所以很容易患毛细支气管炎。而幼儿如果患上毛细支气管炎的话，会出现脸色发紫，呼吸增快等现象，这个时候必须要及时送往医院进行救治。

（2）可以先观察，不急于送医院的咳嗽

①虽有咳嗽、发烧，但是精神好，大多是感冒或扁桃体炎。

②感冒、发烧和咳嗽后又一直咳嗽。

③咳嗽、痰多，但不发热，精神好。

④宝宝的干咳现象多发生在早晨起来的时候。

⑤紧张时或运动后会轻微咳嗽。

以上5种咳嗽家长不必过于担心，可以先通过食疗的方法缓解症状，治疗咳嗽。

105. 如何通过食疗来治疗幼儿咳嗽？

因为咳嗽有外感咳嗽和内伤咳嗽之分，而外感咳嗽又分风寒咳嗽和风热咳嗽，不同类型的咳嗽在用药上是完全不同的，那么食疗的方法也是不同的，区分起来比较复杂，在这教给家长一个简单的方法，就是观察孩子的舌苔，如果舌苔是白的，就如同冬天下的雪一样，说明孩子寒重，咳嗽的痰也较稀白，并兼有鼻塞流涕，这时应吃一些温热、化痰止咳的食品。如果孩子的舌苔是黄的，说明孩子内热较大，咳嗽的痰是黄稠，不易咳，并有咽痛，这时应吃一些清肺、化痰止咳作用的食物。内伤咳嗽多为久咳、反复发作的咳嗽，这时家长应注意给孩子吃一些调理脾胃、补肾、补肺气的食物。

（1）萝卜冰糖汁

白萝卜取汁100～200毫升，加冰糖适量隔水炖化，睡前1次饮完，连用3～5次。

（2）葱白梨汁

葱白连须7根，梨1个，冰糖适量，水。

（3）丝瓜花蜜饮

洁净丝瓜花10克，放入瓷杯内，以沸水冲泡，盖盖焖浸10分钟，再调入蜂蜜适量，趁热顿服。

（4）橄榄萝卜饮

橄榄400克，萝卜500～1000克，煎汤代茶饮。

（5）蜂蜜萝卜汁

白皮萝卜1个，洗净，挖空中心，将蜂蜜100克装入，置大碗内，加水蒸熟服。

（6）红萝卜

红皮萝卜洗净（不去皮），切碎后加入麦芽糖2～3匙，搁置一夜，将溶成的萝卜糖水频频饮。

106. 14个月幼儿坐飞机家长应注意什么?

随着生活水平的提高,带幼儿坐飞机旅游也成为非常普遍的现象,家长在带幼儿乘坐飞机时要注意以下几方面:

(1)系好安全带抱紧幼儿:有些旅客将安全带拉长,将孩子和自己一起系在一根安全带内,这样做十分危险。因为飞机在起飞、降落、遭遇强气流等特殊情况时可能发生强烈颠簸,如果安全带把幼儿与大人系在一起,容易把宝宝挤伤。正确的方法是:大人自己先系好安全带,然后再抱紧宝宝。您的双手是宝宝最舒适的安全带。

(2)保护幼儿的耳膜:幼儿的耳膜比成人的薄,能承受的压力也比成人小得多。有的母亲以为给孩子耳朵里塞上纸团和棉花就能防止发生航空性中耳炎,其实这是徒劳无益的,在飞机起飞和降落时哭闹是有利于开启宝宝咽鼓管的,所以不必强行制止。

十五个月

107. 15个月幼儿体格发育的正常值应该是多少?

体重：9.6 ~ 10.21kg；身高：76.96 ~ 78.3cm；

头围：45.6 ~ 46.62cm；胸围：45.62 ~ 46.8cm；

前囟：（0 ~ 1）cm×1cm；出牙：4 ~ 12颗。

108. 15个月幼儿智能应发育到什么水平?

此月龄的幼儿除了会叫爸爸、妈妈以外，还会叫爷爷、奶奶、姑姑等其他常见的家庭成员和亲戚的称呼。幼儿已经能够理解大人的简单话语，并且可以用一些简单的动作来回答，例如当被问到"宝宝是饿了吗？"，他会用点头或摇头来作答。而且，此时幼儿的记忆力已经有了一定的发展，能记住自己用过的东西，以及常和自己玩的小朋友的名字。他还具有一定的生活自理能力，可以自己脱鞋子，找到自己放过的东西。此时的宝宝会翻书和画画，具有很强的好奇心和探索欲。

109. 15个月幼儿语言发育能力应达到什么水平?

此月龄的幼儿语言以不完整的单词句为特征，他们用同一个字表达不同的意思。例如，他们说"饭"时，如果手指着饭，可能是告诉您"这是饭"；如果是在肚子饿时，则可能是"我要吃饭"。因此，父母应根据不同的场合来理解孩子的语言。1岁半至2岁阶段，孩子出现电报句，即说话像发电报，用字极少，二三个词组合成一句，句子断断续续、简略，例如"外外去"、"爸爸坐"，但此时他们表达的意思比单字句时清楚些。孩子1岁半时掌握的词语约为100个，2岁时为300～400个，3岁时为1000～1100个。2岁左右时，孩子说的大部分是完整句，3岁左右时基本上是完整句，并且开始从简单的完整句发展为复合的完整句。

孩子说话的早晚与父母的关注、训练、教育分不开。性别也与掌握语言的能力有关，女孩一般比男孩说话早，例如会说50个字的平均月龄在女孩为18个月，在男孩为22个月。一种有趣的现象是，走路早的孩子说话迟，而说话早的孩子走路迟，这也许是孩子尚无能力在这两方面同步发展的缘故。

110. 15个月幼儿运动能力应达到什么水平？

此月龄的幼儿站立时两脚分得较开，能独站，能小步独走，能爬台阶，一手扶着能下台阶，会用手握杯子，因为握得还不稳，常常会把杯子里的东西泼出去，会慢慢地握匙取菜，但匙中不能装满东西，否则东西会掉落，可以独自叠加2块方积木，站立扔东西时或拐弯时会失去平衡，容易不稳摔倒。

111. 15个月幼儿心理发育应达到什么水平？

到了此阶段的幼儿，会说的词汇越来越多，可以和父母进行简单的交流，并且逐渐形成了自己的主见。在个人情感和社交方面出现了突飞猛进的进步，他会轻拍书中的图画并且说出："请"和"谢谢"。会指出或说出他想要的东西，当衣服弄湿或弄脏时会指出并要求更换，逐渐学会了注意个人的形象。当遭到拒绝或游戏被中止时会扔东西、发脾气，并且经常可能会出现不服从的现象，注意力容易被分散，新鲜的事物特别容易引起他的兴趣。会选择性地结识喜欢的小伙伴，在家庭成员中也会区分出更喜欢的人。总之，此阶段的幼儿心理发育的很快，需要家长花更多的心思去积极的引导。

112. 15个月的幼儿如何合理喂养？

幼儿这阶段的饮食模式可变为以一日三餐为主，早、晚以配方奶（或母乳）为辅食。

幼儿开始有规律地进餐后，父母一定要注意保证宝宝的饮食质量。蛋白质是幼儿身体发育必需的营养元素，可多吃些肉泥、肝泥、豆腐、蛋黄等，主食如米粥、面条等可给宝宝提供热量，各种蔬菜、水果可以补充维生素、纤维素和矿物质，促进宝宝的新陈代谢。

这个时期的幼儿，每天的膳食量大致为：粮食100g左右，可以选择米粥、软饭、馒头、面片、龙须面、馄饨、小饺子、面包、豆包等；奶制品500ml，加糖25g，分成早晚两次食用；鸡蛋1个，猪肝泥20g，瘦肉类30g，蔬菜150～200g，水果150g左右，植物油5g。

如果想让幼儿健康成长，父母必须细心调配宝宝的三餐，将鱼、肉、蛋、菜等与主食进行合理搭配。这时的宝宝，因为牙齿还没有长齐，咀嚼食物还不够细致，所以父母在做菜时要尽量做得细软一些，肉类要做成泥或末，这样宝宝才能够更好地消化和吸收。

113. 15个月的幼儿日常养护的要点有哪些?

此月龄的幼儿已明显表现出不同的气质类型，有的温和安静，有的活泼好动，自我意识进一步增强。虽然走路已经比较稳了，但自己还不会注意脚下，如果路面不平，则容易被绊倒，还经常会爬到沙发或椅子上，然后转过身来，自己坐好。他（她）喜欢能推拉会移动的玩具，喜欢玩球，并且能够成功地把大塑料球扔出去或踢出去。有的幼儿已会倒退着走，喜欢到户外玩耍，做一些户外的游戏，喜欢在小朋友多的地方玩，但一般还是各自玩耍，互不交往。还喜欢做没做过的事，对物体进行深入"探究"。此阶段的幼儿希望被理解，会用手势表达自己的意思。会在想出门时把鞋递给你并说"出去!出去!"，虽然掌握的词很有限，但是非常喜欢对着玩具电话模仿大人打电话。当别人问起熟悉的人或物时，能够很快指出来，会称呼除爸爸妈妈之外的3～5个亲人，如奶奶、爷爷，叔叔等。听名称能够指出身体上的五官及其他一些身体细节。（见图4-1，图4-2）

图4-1　15个月踢球　　　　图4-2　15个月户外玩

114. 15个月的幼儿患眼部疾病的表现是什么?

当幼儿的眼睛不适时,家长一定要留意其是否有眼部疾患,以便及时送到医院进行诊治。家长应从如下几方面注意:

(1)怕光

指幼儿的眼睛不愿睁开,喜欢在阴暗处。这个症状最常见于"红眼病"、麻疹、水痘、风疹和流行性腮腺炎等疾病的初期。

(2)发红

眼睛的球结膜及睑结膜发红,并伴有黄白色的分泌物。这一症状最常见于麻疹初期及流行性感冒、风疹、红眼病和猩红热的发病过程中,也会有不同程度的红眼现象。

(3)流泪

眼睛自然流出泪水,时多时少,这常见于各种上呼吸道传染性疾病。如流行性感冒、麻疹、风疹等,都会因并发炎症,阻塞泪管而出现流泪。鼻炎、鼻窦炎也可能出现流泪不止。

（4）频繁眨眼

幼儿频繁眨眼，应考虑有异物入眼的可能；沙眼、眼睑结石、角膜轻微炎症，也会产生这种现象；频繁眨眼并牵动面部肌肉，同时还伴有精神不集中，从小儿多动症方面考虑。

（5）睑垂

如果幼儿眼睑下垂，就要考虑是否患有重症肌无力，应及时到医院诊断。

（6）无神

如果幼儿的眼睛黯淡，应考虑其体质虚弱，多伴有消化不良、贫血、肝炎和结核等慢性消耗性疾病；假性近视也可出现眼睛无神的现象。

如果发现幼儿眼睛的分泌物非常多，应及时去医院诊治，在治疗时，必须根据具体情况选择用药。对细菌引起的结膜炎去有条件的医院进行诊治，并针对性地遵医嘱选择抗生素眼药水或眼膏局部治疗。

115. 15个月幼儿如何预防发生口腔溃疡？

幼儿的口腔溃疡和成人的溃疡是不一样的，幼儿口腔溃疡是一种口腔黏膜病毒感染性疾病，致病病毒是单纯疱疹病毒，而且有复发的可能性，尤其是6个月~2岁的幼儿很容易受到感染。多见于口腔黏膜及舌的边缘，常是白色溃疡，周围有红晕，特别是遇酸、咸、辣的食物时，疼痛特别厉害。受病毒感染后，幼儿会因疼痛而出现烦躁不安、哭闹、拒食、流涎等症状。

幼儿得了口腔溃疡是一件非常痛苦的事情，不但会影响正常的饮食，心理及情绪也会因此受到影响，所以说，预防幼儿患口腔溃疡远远比治疗来得实际，要想让幼儿远离烂嘴的痛苦，最重要的是在平时注意调节饮食，多给幼儿吃一些富含核黄素的食物，如牛奶、动物肝脏、菠菜、胡萝卜、白菜等。督促幼儿多喝水，注意口腔卫生，并保持大便通畅。

116. 幼儿患口腔溃疡家长应怎么办？

幼儿患了口腔溃疡后，情绪自然会受到影响，常常出现烦躁、哭闹行为。这时家长需要多关心一下孩子，多和他谈心，与他一起游戏，以转移幼儿的注意力，给他创造一个轻松、愉快的生活环境。幼儿患口腔溃疡，家长千万不要给他吃酸、辣或咸的食物，否则这些刺激性较强的食物会刺激溃疡处引发更加剧烈的疼痛。家长应给幼儿吃流食及温和性的食物，以减轻疼痛，也有利于溃疡处的愈合。可以给予幼儿全脂的配方奶，每次一汤匙并加入少许的白糖，用开水冲服，每天2～3次，临睡前冲服效果更佳，通常服用2天后溃疡即可自行愈合，也可以将西红柿洗净榨汁，然后让幼儿把西红柿汁含在口中，每次含数分钟，每日多次，再有就是遵医嘱应用药物治疗。

117. 家长如何做可以和幼儿更亲近？

首先这个月龄的幼儿，肌肤之亲最容易增进感情。家长可以上班前和幼儿亲一亲，对孩子和家长一天的心情都是很有好处的。其实和幼儿亲密接触的方法很多，可以用手指轻刮一下幼儿的脸颊，可以对着幼儿学猫叫，也可将能发声的玩具对着他的耳朵将其叫醒。给幼儿穿衣服时，可在其腋下或背部挠几下，让他体会其中的乐趣。总之，肌肤之亲是让幼儿感到家长关爱的最好途径。

在锻炼幼儿独立吃饭的过程中，家长可帮助其将饭放到勺子里喂给幼儿，同时鼓励他再喂给家长吃。这种互相喂饭的游戏是十分温馨的，还可以同时起到锻炼孩子的目的，初步培养了孝心。

很多妈妈上班前为了避免幼儿的纠缠通常都选择偷偷地离开，这种做法其实对幼儿很不好。因为幼儿会不知情一整天的找妈妈，会因见不到妈妈而心神不宁、注意力不能集中。这种做法持续下去会让幼儿形成整日找妈妈的坏习惯，再见到妈妈更是一刻都不离开了。妈妈应让幼儿接受自己要离开的事实。在去上班的时候，要抱一抱孩子，对他说"再见"，并说好下班就回来，经常跟他讲道理，让他接受和理解。等下班回来后，一边喊着幼儿的名字一边进门，即使幼儿在睡觉也没有关系，当幼儿看到妈妈的时候，要轻轻捏捏他的小脸，通过亲昵的动作来鼓励他真的非常棒，可以乖乖地等妈妈回来。

不管家长会不会唱歌、跳舞，只要是和幼儿在一起，都要学会随着音乐一起哼唱，一起扭动腰肢。同时要拉起幼儿的小手，并与幼儿目光相对，传递家长对他的爱。经常亲自帮幼儿洗澡，给他做抚触按摩，每天在睡前给他讲故事，也可以唱催眠曲，让幼儿在这种安静舒适的氛围中进入梦乡，以上这一系列的做法都会让幼儿觉得非常满足，自然和家长会十分亲近。

118. 为什么说爸爸的教育对15个月的幼儿是非常重要的?

大量的心理学、社会学研究显示，父亲在家教中的重要作用是任何人都不能代替的。

图4-3　15个月与爸爸玩耍

首先，父亲的逻辑思维和创造力、想象力一般优于母亲。他们与幼儿游戏时，善于变换花样，更能满足幼儿们的不同爱好和情趣的需要。一些运动量较大的活动，如骑车、游泳等，有父亲的陪伴和指导，幼儿就能玩得更积极、更科学和更安全。其次，父亲参与家教有利于培养子女的社交能力。爸爸常和幼儿在一起，幼儿在人际关系中就有安全感和自尊心，容易与他人友好相处。总之，如果爸爸和妈妈一起关心培养幼儿，那么无论男孩还是女孩，在语言、理解各种概念和数学计算等方面都发展的比较全面。

作为爸爸，如果你的爱总是受到幼儿的拒绝，那就要好好反省一下自己，是不是陪幼儿的时间太少或对他太多冷漠

或严厉？来看看你可以做出哪些改变，重新赢回幼儿的喜欢。（见图4-3）

119. 15个月幼儿总是拒绝爸爸怎么办？

爸爸可以经常与妈妈一起出现在幼儿的视野里，例如当妈妈为幼儿洗澡时，爸爸应该过去帮助妈妈，不要做旁观者。多与幼儿进行交流，久而久之，幼儿会对这种声音产生亲近感，进而对发出这种声音的人产生亲近感。尽可能多抱一抱幼儿，因为只有当幼儿被大人抱着的时候，他才感觉自己是安全的，所以不论工作多忙、多累，爸爸都应该一回到家就抱抱孩子，用手拍拍他，抚摸他，和他做一些简单的游戏。这样经常性的身体接触会使幼儿增加对爸爸的信任。

爸爸通常是幼儿心中崇拜的对象，所以爸爸要尽可能地将好的一面展现在幼儿的面前，乐观的生活态度，处理问题的冷静表现，对待别人的热情大度等，都是非常值得幼儿学习的。

120. 怎样锻炼15个月幼儿的语言表达能力？

家长想锻炼幼儿语言表达能力可以从以下五方面做起：

（1）家长需要给幼儿创造一个语言环境，不仅要对他多说话，而且要说自己在做的事或看到的景象。比如在吃饭时就说："宝宝要吃饭了！"语言环境是幼儿学习语言的重要条件，听多了也就学会了。

（2）每天有半小时固定的学习语言时间，在这个时间里要直接教。拿着图片，一个词一个词地教，对口型。

（3）在日常生活中，当幼儿发出语音（如母音、子音和拼音）来，都要表示欢迎，并顺着他的发音接着发下去，巩固他发的音，也让他更有自信。

（4）常常随意地说些短的儿歌给幼儿听，由于儿歌有韵律，他会喜欢，偶尔也学会一两个词，慢慢地就爱学整首儿歌了。

（5）家长带幼儿到亲戚家串门，事先和邻居说好，对幼儿讲些简单的、常用的词语，让幼儿多听，也可以拿着图片和幼儿一起看。稍为陌生一点的人教幼儿，有新鲜感，幼儿可能更快接受。

有的幼儿其实会开口说话了，但由于家长总能了解他需要什么，他不开口，家长也会满足他的需求，这样他没有说话的欲望了，也就不开口说话了。所以，在幼儿需要什么时，家长一定要让他说出来才给，哪怕只是一个字，也要鼓励幼儿多说话。

121. 为什么对待15个月的幼儿不要使用叠词?

这个阶段的幼儿，语言正处于单词句阶段，经常会发出一些重叠的音，如"抱抱"、"饭饭"、"果果"、"拿拿"，再结合身体动作来表达他的愿望。比如，他说"抱抱"时，就张开双臂伸向妈妈，表示要妈妈抱。

当幼儿能如此"正常"地跟家长交流时，家长心里会特别高兴，因此，也会喜欢说"宝宝抱抱""宝宝吃饭饭"等这些话，以为幼儿只能听懂这些"宝宝语"，或是觉得只要幼儿愿意说，喜欢说就很好，还能跟幼儿很亲近。但是，总是跟幼儿这样说话很可能延长了幼儿学习语言的过渡期，让幼儿迟迟不能发展到说完整话的阶段。

当幼儿说话时，一定要面对面，尽可能靠近他，让幼儿看清家长的表情和口形。家长要注意自己的表情，夸张一点，丰富一点。有明显的声音起伏，声调比较高，语速放慢一些，这些因素都会增加语言对幼儿的吸引力。

122. 为什么家长不要重复幼儿的错误语音？

这个阶段的幼儿刚刚学会一些简单的词语，并能基本上用语言表达自己的愿望和要求，但是还存在着发音不准的现象，如把"吃"说成"七"，把"狮子"说成"狮几"，把"苹果"说成"苹朵"，等等。这是因为幼儿发音器官发育不够完善，听觉的分辨能力和发音器官的调节能力还比较弱，不能准确地掌握某些发音方法，不会正确运用发音器官的某些部位。

这是大多数幼儿在说话初期都会出现的情况，对此家长不要着急，更不能学幼儿的发音、重复错误的语言，而应当给幼儿示范正确的发音，张开嘴巴让他看说话时舌头放的位置，训练他发出正确的语音。

这个阶段家长尤其要注意不要打断幼儿说话，纠正他的发音。虽然强调不要用"宝宝语"跟幼儿说话，但并不意味这就不让幼儿用此种语言和家长说话，这是幼儿世界的语言，家长没有必要去纠正。对幼儿清晰和正确地说话，是家长提供给他最好的帮助和方案。听多了，幼儿自然会纠正的。

123. 为什么15个月的幼儿出现了独立性与安全感的双重需要？

这个阶段的幼儿正处在一个对周围世界感知和尝试阶段，幼儿独立生活的能力变强了，但对周围世界的恐惧感也随之变大了，他想尝试许多新鲜事物，但又怕没有安全感。其矛盾的心理，表现在生活中的许多地方。

幼儿会尝试着自己独立吃饭，却又不愿意家长在他吃饭的时候离开；幼儿想自己走路，不愿意要家长的帮助和扶持，但是如果家长离开了他的视线范围，他又会感到恐慌，失去练习的兴趣和信心；幼儿喜欢独自摆弄玩具，津津有味地翻阅画册，但是当他感觉不到家长的存在时，就会马上哭闹起来。一般情况下，大胆而又独立的幼儿总是嚷嚷着要自己做事，拒绝爸爸妈妈的帮忙，但同时他又希望爸爸妈妈在自己的身边，能提供安全的保障。这种独立的需要及对安全的要求，就成为幼儿的双重需求。由此可见，安全感在幼儿的精神和感情结构中占有重要地位。

幼儿的双重需求，爸爸妈妈应加以保护。保证他的安全，不仅是指生活中的吃、喝、睡、不要生病、不要发生意外等，还包括家长对他的关心，对幼儿心理的安慰，对幼儿情绪上的理解，甚至对行动上的鼓励与支持，在幼儿的意识中，爸爸妈妈就是安全的象征。幼儿有了安全感，就会变得自信、幸福、勇敢，也可能更加敢于独立地探索新事物。

如果爸爸妈妈认为，既然幼儿想自己干，就完全放手不管，这样也不对，会使幼儿感到被抛弃了，不能满足幼儿潜在的对安全感的需求。相反，如果幼儿已学会了走路，他在前面走，家长在后面跟着，尽管幼儿用不着家长的搀扶，但感到心里踏实，这就是一种心理需求，符合这一阶段的安全愿望。家长此时的存在，对幼儿来说是一种鼓舞，幼儿会相信家长在自己遇到困难时，可以帮助他，幼儿就能安心地干自己的事了。

但是，任何事情都要有一个度。让幼儿有安全感，并不是说一天24小时，家长都是寸步不离的守在他身边，要知道，过分的保护会使幼儿变得胆小、适应力差，加重对家长的依赖。

124. 如何让15个月的幼儿手部动作更灵活？

这个阶段的幼儿在日常接触物体的过程中，由于家长的不断示范，逐渐学会了一些较为复杂的游戏，幼儿能用6块积木搭塔；用纸绳穿1～3个珠子；用木棍当做锤子敲击东西；用笔乱涂乱画，还会模仿画封口的圆；幼儿还乐意把东西交给别人，或从别人那里用手接受东西；幼儿翻书时，不再是一翻好几页，而是能一页页翻书，能翻3页以上；幼儿还能将玩具摆放整齐；家长回家时会为其开关门；自己站累了，还会给自己搬小椅子坐。

　　尽管幼儿已经学会了很多动作，但是由于这个阶段的幼儿神经系统发育仍然不够完善以及缺乏经验，幼儿的姿势控制能力及视觉能力还较差，动作的准确性、灵活性和熟练性都不够。因此，家长要为幼儿创造一个适宜运动的场地，促进幼儿动作的发展。比如，训练幼儿随意抛球和扔小沙袋，教幼儿学会正确握笔、折纸、穿珠子等。还可让幼儿参加一些简单的劳动，如帮爸爸妈妈扫地、自己穿袜子、吃饭、洗手等。（见图4-4，图4-5）

图4-4　15个月扫地　　　图4-5　15个月自己洗手

125. 15个月的幼儿出现独立行动的倾向家长应该怎么办？

　　这个阶段的幼儿，由于能够独立的行走了，而且活动的范围越来越大，所以自主的意识也增强了。幼儿虽然对家长的依赖性仍然很强，但由于活动的空间变大了，并且逐步获得运用物体的动作能力，因此独立行动的倾向也会逐渐发展起来。

这个时期的幼儿比以往任何时期都更加积极、主动地探索和认识周围的世界。这种独立倾向可从"我自己"这个词上表现出来。幼儿对于自己可以完成的动作，总是要自己独立来完成，而不要爸爸妈妈的帮助。比如，当妈妈帮他穿衣服时，幼儿则会说"我自己穿"；当妈妈要喂他吃饭时，幼儿又会说"我自己吃"；当妈妈给幼儿摆好积木，幼儿会把积木翻乱，说"我自己摆"；如果带他去公园玩，他会挣脱家长的手，要自己走。

除了以上这些，让家长感到欣慰的还有，幼儿的生活自理能力确实有了较大的发展。大多数幼儿自己能脱外衣，有的还能试着穿衣服。大多数幼儿能自己较好地吃饭了，也会自己去洗手，还会用毛巾擦干，而且多数的幼儿能在白天完全的自我控制大小便，如果穿的单薄，有的孩子还能自己解开裤子去找坐便器，这种独立行动的倾向，给幼儿有目的、有意识的活动提供了有利的条件。

因此，家长应积极地加以鼓励和引导，给幼儿提供一些力所能及的做事机会，让幼儿体会到自己动脑筋、自己动手做事的乐趣和喜悦。爸爸妈妈千万不要因为幼儿自己做不好，或者怕他动作慢而一切包办代替，这样会阻碍幼儿的独立性的发展。

另外，这个阶段的幼儿，虽然独立行动的愿望越来越强，但独立做事的能力却还很差。因此。家长既要及时给幼儿帮助和鼓励，又要不挫伤他的积极性，允许幼儿在某些方面依赖于大人，以稳定他的情绪，并对他的行动提出适当的要求，如正确的穿衣、吃饭等，从而培养幼儿独立生活的能力。

126. 给幼儿过生日时的注意事项有哪些?

一般来讲，给幼儿过生日，选择在自己家里更合适，一切布置不必过于复杂。装饰要简单明快，可以根据家庭或幼儿的喜好，选择一个主题作为亮点，比如幼儿喜欢的某个卡通形象，或者利用一些气球玩具来烘托气氛。

给幼儿过生日，一般是家里的亲属及亲密的小伙伴，所以切忌客人太多，如果把房间弄得拥挤不堪，会让孩子觉得不舒服。同时过于污浊的空气，对幼儿的健康不利。

给幼儿过生日的时间一定要合适，不能因为安排生日聚会而打乱正常的作息计划。不要因为聚会而影响了幼儿的睡觉及进餐时间，因为此时年龄毕竟还小。整个活动的时间应有所控制，时间不可以拖得太长、太晚，最多一个半小时，以免影响孩子的作息。

这么小的幼儿一般聚会上不安排文艺节目，任何可能会吓着他的表演都不要安排。因为此时的幼儿十分敏感，而且无法预期，可能可以使他高兴的事物，不知什么时候就会吓着他。如果有其他小伙伴一起参加，可以准备一些玩具，而且最好要注意同款的多准备几个，以免出现你争我抢的尴尬局面。

过生日时大多数家庭会为幼儿订一个蛋糕，但对于这个阶段的幼儿，有些蛋糕并不适宜，比如巧克力蛋糕，或是带有果仁、糖和蜂蜜等的蛋糕，都不适合这个阶段的幼儿。另外，蛋糕的形状最好具有某个特殊卡通人物的模样，或用鲜奶油装饰个幼儿喜欢的小动物更能增加趣味。在切蛋糕时，家长需要控制好量，块的大小应与幼儿平日吃的饭量差不多或者稍微少一点。

过生日的活动虽然短暂，但是很有纪念意义。家长可以为幼儿留下珍贵的照片及视频，将活动好好地记录下来，等幼儿长大了再拿出来看看，将是一份非常珍贵的回忆。但是，在照相和录视频时，如果幼儿会对着镜头主动微笑，对为他庆祝生日的人也很友善，并且在打开礼物时也有热情的反应，那是再好不过的了。不过并不是每一个幼儿都有这样的表现，所以，如果幼儿不予配合或配合不好时，也不要指责幼儿，或给幼儿施加任何压力，以免会弄巧成拙。给幼儿过生日是为了精神愉悦，对于幼儿的表现家长要顺其自然，这样留下的纪念才是最真实的，才最有意义。

127. 如何教15个月的幼儿擤鼻涕？

流鼻涕是一种正常的生理现象，患感冒的时候更容易流鼻涕，特别是对于幼儿来说更是如此。在幼儿患感冒之后，由于鼻黏膜发炎而使鼻涕增多，常常造成鼻子堵塞。由于这个月龄的幼儿生活自理能力很差，如果不会自己擤鼻涕，就会用衣服袖子随意一抹，或是使劲一吸又咽回肚子里。由于鼻涕中含有大量的细菌，以上两种现象不仅不卫生而且还会

影响身体健康。

正确地擤鼻涕的方法，是用手绢或卫生纸盖住鼻孔，分别轻轻地擤两个鼻孔，即先按住一侧鼻翼，擤另一侧鼻腔里的鼻涕，然后再用同样的方法擤另一侧的鼻涕。在教幼儿用卫生纸擤鼻涕时，要多用几层纸，以免幼儿把纸弄破，搞得满手都是鼻涕之后再随手擦到身上。

如果同时捏住两个鼻孔用力擤，非常容易把带有细菌的鼻涕，通过连通鼻子和耳朵的咽鼓管，捏到中耳腔内引起中耳炎。中耳炎轻者可能导致幼儿听力减退，严重时引起脑脓肿将会危及生命。因此，教会幼儿正确的擤鼻涕方法是非常必要的。

128. 家长应如何保护15个月幼儿的眼睛？

眼睛是心灵的窗户。进入这个阶段的幼儿，视觉发育到了关键的时期，具有可塑性，也是预防和治疗视觉异常的最佳时期。因此，保护好幼儿的眼睛要从小开始。

根据照明的需求，幼儿居住、玩耍的房间，最好朝南或朝东南方向，窗户要大而且便于采光。如果自然光不足时，可加用人工照明。人工照明最好选用日光灯，一般电灯泡照明最好再加上乳白色的圆球形灯罩，以免光线刺激幼儿的眼睛产生视觉疲倦。此外，幼儿房间的家具和墙壁最好是鲜艳明亮的淡色，如粉色、奶油色等，这样可巧妙用光的折射，增加房间的采光效果。

129. 15个月的幼儿尿床应怎么办?

由于幼儿神经发育还不完善,在熟睡时不能察觉到体内发生的信号,所以才会经常发生夜间尿床的现象,这是每一个幼儿必然经过的一个生理发育阶段,要想让幼儿一次不尿床是不太可能的,但是幼儿尿床也并非不可避免,只要方法得当,尿床的毛病一定会得以克服。

首先,家长要尽量避免可能使幼儿夜间尿床的因素,比如晚餐不能太稀,入睡前半小时不要让幼儿喝水,上床前要让幼儿排尽小便。

其次,家长要掌握好幼儿夜间排尿的规律(一般隔3个小时左右需排一次尿),并定时叫醒幼儿排尿。夜间排尿时,一定要在幼儿清醒后再坐盆,因为不少大孩子还尿床的原因之一就是由于小时候在朦胧状态下排尿造成的。

此外,克服幼儿尿床要有一个过程,只要家长有耐心而且方法得当,时间一长幼儿就不会尿床了,即使偶尔把床尿湿了,家长也不要责怪他,以免伤害幼儿的自尊心,造成心理紧张,反而使尿床的现象转化为尿床病症。

十六个月

130. 16个月幼儿体格发育的正常值应该是多少？

体重：10.09 ～ 10.70kg；身高：78.9 ～ 80.3cm；

头围：46.0 ～ 47.1cm；胸围：46.1 ～ 47.2cm；

前囟：（0 ～ 1）cm×1cm；

出牙：6 ～ 14颗，其中门牙8颗，前臼4颗，尖牙2颗。

131. 16个月幼儿智能应发育到什么水平？

对于这一阶段婴幼儿来说，对玩具的兴趣不取决于玩具价格的高低。几百元的玩具和一分钱不值的小木棍没有什么差别。相比较而言，幼儿更喜欢日常用具，而不是漂亮的玩具。他喜欢各种形状的纸板，这可以使幼儿认识圆形、方形、三角形、半圆形、椭圆形等，从而可以循序渐进地认识各种各样的形状。幼儿此时可以拼简单的拼图了，可以先让他观察、认识图板内容，然后让其把拼图拆开、打乱，再引导宝宝重新拼好。此时的幼儿认识许多动物，但还不知道每种动物的特征是什么。这时家长可以告诉他长颈鹿有长长的脖子，大象有长长的鼻子，兔子有长长的耳朵，老虎身上有许多条纹等。让幼儿学会初步区分动物，掌握初步的概括能力。此时的家长可以慢慢地培养幼儿的自理能力了，因为他每天都把玩具拿出来玩，但往往玩过之后没有收拾。现在妈妈要求幼儿在吃饭前、离家出门前、睡觉前都应该先把玩具整理好，放进固定的收藏玩具的大盒子里或放回固定的位置，让他养

成自己的东西自己收拾的习惯。（见图5-1，图5-2）

图5-1 16个月拼图

图5-2 16个月认动物

132. 16个月幼儿语言发育能力应达到什么水平？

这个阶段的幼儿一天学习约20个单字，50%的幼儿能够掌握60～80个口语词汇。所以，如果幼儿今天突然说出一连串的、家长从来没有听过的词句，并不是件意外的事。而且幼儿的语言含义越来越清晰，饿了，会清晰地说"饿"或"吃"，需要帮助时，会清晰地叫妈妈。

幼儿对周围人的对话开始发生兴趣。妈妈对话或周围小朋友对话时，幼儿会抬起头，两眼盯着说话人的嘴，兴致勃勃地聆听。遇到这种情形，妈妈不要打扰幼儿，不要干预他学习语言的过程。他开始使用语言和周围人打招呼。如果客人要走了，幼儿会向客人说"再见"。

幼儿能够说出身体所有部位的名称，并理解各部位的功能和作用。当家长问，用什么吃饭呀？幼儿会指着嘴巴，同时用语言表述出来。他还能说出哪个物体是那个人的，比如"妈妈鞋"、"宝宝帽"等。能说出自己的名字了，比如自己想要吃水果，不再是"吃果果"，而是"宝宝吃果果"，这反映出幼儿开始意识到自己的存在。语言发育个体差异较大，如幼儿明白大人所说的话，不需进一步检查，属于语言的理解和使用表现较慢。如不理解大人话语，尤其存在不与人交流的情况，应看医生。

133. 16个月幼儿运动能力应达到什么水平？

这个阶段的幼儿已经可以自己蹲下了，蹲下后还能把地上的东西捡起来，并起身行走。但弯腰捡东西时，很可能会在站起来时仰面摔倒。

幼儿会站并且会走，脚越来越稳，摔倒的次数也变少，能够顺利地通过转弯，也能够边走边手里拿着东西。即使地面上有一些障碍或者不太平坦，幼儿也能安全地走过去，这让幼儿变得喜欢四处"游荡"，寻找机会，做自己能做的事。

如果幼儿1岁左右已经会独走，并且现在走得已经相当稳了，到了这个月龄可能会试图跑起来。有的幼儿还可能会眼睛盯着地面，动作不很协调地往前"冲"着跑几步。

或许你的幼儿早在1岁时就开始尝试着向后退着走了，但大多数幼儿要到这个月龄，才能掌握向后退着走的技巧。

134. 16个月幼儿心理发育应达到什么水平?

此阶段的幼儿对陌生人表示新奇,在受挫折时常常发脾气,晚上睡觉前会拿着并且抱紧布娃娃,他对玩具有选择性了,不是家长给什么就玩什么了,会去模仿母亲做家务,有的幼儿在吃饭时走来走去,在睡醒的时候常躺在床上,东看西看,但是不哭不闹了,吮拇指习惯达到高峰,特别在睡觉时,慢慢学会了单独玩或欣赏别人的游戏活动,但是仍然自我主义,对常规的改变和所有的突然变化表示反对。

135. 16个月的幼儿如何合理喂养?

这个阶段的幼儿正处于迅速成长的阶段,幼儿需要更多的认知周围的事物,体力脑力消耗相对增加,需要充足的营养素来帮助身体发育,所以家长必须确保幼儿能够摄取到充足均衡的营养,以帮助他奠定一个良好的健康基础。

有些家长认为,只要给幼儿足够的肉类、蔬菜类食物,幼儿的营养就一定足够了。其实,1~3岁的幼儿,他的食量还很小,消化系统的吸收能力很有限,他根本吃不下也不可能完全从固体食物中消化吸收足够的营养素。

这个阶段的幼儿如果营养素完全由米饭、肉类、蔬菜类等固体食物提供,那么他则需要每天吃3碗米饭,肉类140g,蔬菜210g,水果2~4个,脂肪类3汤匙。想想幼儿能吃下这么多食物吗?

很多调查表明，一岁以上的幼儿微量元素的缺乏依然非常普遍。由于铁质的缺乏，导致缺铁性贫血的发生率在我国高达20%，而钙质的摄入量，普遍只达每日需要量的50%左右。如果幼儿缺钙，会影响骨骼及牙齿的生长发育，如果维生素D不足，严重的则更易发生佝偻病、软骨病。

因此，为保证幼儿的健康，均衡的配方奶类食物仍然是这阶段幼儿饮食的重要部分。奶类食品与固体食物的比例应为2：3。鲜牛奶含铁量非常低，并且缺乏维生素C、D、E，所以并不是幼儿理想的奶类食品。专为幼儿配制的均衡的配方奶制品才是理想的选择。

136. 16个月的幼儿日常养护的要点有哪些？

这个阶段家长要为幼儿建立合理的生活制度，合理安排幼儿的睡眠、吃饭、大小便以及玩耍等生活内容，建立合理的生活制度，从小养成良好的生活习惯，有利于幼儿神经系统与消化系统等协调工作，对幼儿的身体健康和心理发展都具有重要的意义。

就餐规律，由于幼儿消化食物功能较弱，每次食量不宜过多，所以为保证幼儿能从膳食中得到充足的营养，应适当增加就餐次数，一般来说，这个年龄的幼儿每天需就餐5次，包括吃饭和喝奶及吃点心，两餐之间应间隔约3个小时左右。

睡眠规律，由于幼儿的神经系统还没有发育成熟，大脑皮层的特点是既容易兴奋，又容易疲劳，如果得不到及时的休息，就会精神不振，食欲不好，以致容易生病。如果睡眠充足，可以使脑细胞恢复工作能力，而且在睡眠时分泌的生长激素较清晨时多。据有关资料表明，幼儿在熟睡时的生长速度是清醒时生长速度的3倍。所以，在这个年龄，幼儿每天一般需睡13～14个小时，白天睡1～2次，每次1.5～2个小时，晚上睡10个小时左右。

活动规律，幼儿的身体正处在生长发育比较迅速的时期，所以应保证有一定的室内活动及户外活动时间。每天户外活动时间至少应有2个小时左右，从而有利于幼儿的身心发育。

137. 16个月幼儿不爱吃蔬菜怎么办?

到了这个阶段，一些幼儿对饮食流露出明显的好恶倾向，不爱吃蔬菜的幼儿也越来越多。可是不爱吃蔬菜会使幼儿维生素摄入不足，发生营养不良性疾病，影响身体健康。怎么做才能让幼儿喜欢吃蔬菜呢?

首先家长要为幼儿做榜样，带头多吃蔬菜，并表现出津津有味的样子。千万不能在幼儿面前议论自己不爱吃什么菜、什么菜不好吃之类的话题，以免对幼儿产生误导。

应多向幼儿讲吃蔬菜的好处和不吃蔬菜的后果，有意识地通过讲故事的形式让幼儿懂得，吃蔬菜可以使身体长得更结实、更健康。

要注意改善蔬菜的烹调方法。给幼儿做的菜应该比为成人做的菜细一些、碎一些，便于幼儿咀嚼，同时注意色、香、味、形的搭配，以增进幼儿食欲。也可以把蔬菜做成馅，包在包子、饺子或小馅饼里给幼儿吃，幼儿会更容易接受。

138. 16个月幼儿吃什么容易长高?

很多家长都会问:"有没有什么食物能有效地让幼儿身体长得够高?"如果真的有这样的食物,那世界上就没有个矮的人了。其实,均衡摄取五种营养物质,不挑食,按时吃饭都是长个最有效的方法。

虽然没有针对身高的特效食物,但是有些食物确实对生长有帮助。下面这些食物就对幼儿长高有非常好的促进作用,是在幼儿生长阶段必须给予补充的食物。

牛奶:牛奶中富含制造骨骼的营养物质—钙,而且容易被处于成长期的幼儿吸收。虽然喝牛奶不能保证一定会长高,但是身体缺乏钙质肯定是长不高的。所以多喝牛奶是不会有坏处的,每天喝3杯牛奶就可以摄取到成长期必需的钙质。

鸡蛋:鸡蛋是最容易购买到的高蛋白食物。很多幼儿都喜欢吃鸡蛋,特别是蛋清含有丰富的蛋白质,非常有利于幼儿的成长。有些家长担心蛋黄中的胆固醇对幼儿不好,但是处于成长期的幼儿不用担心胆固醇值,每天吃1~2个鸡蛋是比较合适的。

黑豆:大豆是公认的高蛋白食物,尤其黑大豆的蛋白质含量更高,是有利于成长的好食品。做米饭时加进去,或者磨成豆浆喝都可以。

橘子:富含维生素C,有利于钙的吸收。但是橘子是秋冬的应季水果,所以根据不同的季节可以选择草莓、菠萝、葡萄、猕猴桃等其他应季水果。这样可以很好地摄取维生素。

沙丁鱼：沙丁鱼中富含蛋白质和钙。沙丁鱼中的钙比其他海藻类中含有的植物性钙更容易消化吸收，对幼儿成长很有帮助。此外，凤尾鱼、银鱼等连骨头带肉一起吃的海鲜类都是很好的食物。如果银鱼当菜吃量有限的话，可以磨成银鱼粉在喝牛奶时一起喝。

菠菜：菠菜中富含铁和钙。很多幼儿都不喜欢吃菠菜，所以不要做成凉拌菜，可以切成细丝炒饭，或者加在紫菜包饭里面。

与此同时，幼儿不要喝可乐、果汁、汽水、冰激凌、调味汁，家长尽量少给其甜点、火腿、香肠、汉堡、肉松、油炸食品、膨化食品等，这些食物吃多了会影响食欲，不利于幼儿生长发育。

139. 16个月幼儿吃什么对大脑发育有益?

科学的饮食能够改善大脑的发育，家长要多给幼儿提供一些健脑食品，为幼儿提供大脑发育所需要的足够营养素。幼儿可以经常食用的健脑食品有：动物内脏，如肝、肾、脑等既能补血，又能健脑；豆类，如黄豆、豌豆、花生豆以及豆制品；糙米杂粮，包括糯米、玉米、小米、红小豆等，粗细粮搭配食用，更有利于大脑的发育；鱼类、瘦肉、蛋黄，最好让幼儿每天吃点蛋黄和鱼肉；蔬菜和海鲜；水果和硬壳食物（核桃、松子等）。

140. 有损幼儿大脑发育的食物有哪些？

合理地给幼儿补充一些营养食物可以起到健脑益智的作用。反之，如果不注意食物的选择，幼儿爱吃什么就给他吃什么，反而会有损大脑的发育。哪些食物有损于大脑的发育呢？

（1）过咸食物：过咸食物不但会引起高血压、动脉硬化等疾病，而且还会损伤动脉血管，影响脑组织的血液供应，造成脑细胞的缺血缺氧，导致记忆力下降、智力迟钝。人体对食盐的需要量，成人每天在6g以下，对于1岁以内的婴儿，食品不要额外加盐，1～3岁的幼儿，尽可能少放盐。日常生活中家长应少给幼儿吃含盐较多的食物，如咸菜、榨菜、咸肉、豆瓣酱等。

（2）含味精多的食物：医学研究表明，孕妇如果在妊娠后期经常吃味精会引起胎儿的缺锌，周岁以内的幼儿食用味精过多有引起脑细胞坏死的可能。世界卫生组织提出：成人每天摄取的味精量不能超过4g，孕妇和周岁以内的幼儿应禁食味精。即使幼儿大了也尽量少给幼儿吃含味精多的食物。

（3）含过氧化脂质的食物：过氧化脂质会导致大脑早衰，直接有损于大脑的发育。腊肉、熏鱼等曾在油温200℃以上煎炸或长时间暴晒，含有较多的过氧化脂质，家长应少给幼儿吃。

（4）含铅食物：医学研究表明，铅能杀死脑细胞，损伤大脑。爆米花、松花蛋、啤酒等含铅较多，家长应少给幼儿吃。

（5）含铝食物：经常给幼儿吃含铝高的食物，会造成记忆力下降、反应迟钝，甚至导致痴呆。所以，家长最好不要让幼儿常吃油条、油饼等含铝高的食物。

幼儿常常会被电视上的零食广告所吸引，而这些零食大部分是含有高糖分、色素、香料的甜食类，如巧克力、糖果、汽水、可乐等。这些食物不仅影响食欲，使幼儿容易发生龋齿，而且还会造成能量摄入过多引发肥胖，对幼儿健康的影响很大，家长要制止幼儿对这些食物的强烈需求。

141. 16个月的幼儿为什么要少吃精细食物?

虽然精细食物外观漂亮、口感好，幼儿还是要尽量少吃。这个阶段的幼儿正是生长发育的旺盛时期，理应补充更富营养价值的饮食，才能满足身体发育的需要，精制食物的营养成分丢失太多，因此，幼儿应少吃精细食物。另外，精细食物往往含纤维素少，不利于肠蠕动，容易引起便秘。

比如糙米和白米的营养价值是不同的。糙米就是仅去除稻壳，未经加工精白的米，这些米保留着外层米糠和胚芽部分，含有丰富的蛋白质、脂肪和铁、钙、磷等矿物质，以及丰富的维生素B族、纤维素，米仁部分含有淀粉，这些营养素对人体的健康极为有利；而白米的米粒是经过精研细磨后，剩下的主要是淀粉，损失了最富营养的外层。因此，从米的营养角度看，糙米比精白米的营养价值高，而且越精制的食物往往丢失的营养素越多。

但是，事物都有其相反的一面，提倡幼儿少吃精制食品，并不是说幼儿吃的食物越粗糙越好，就拿米面来说，加工太粗吃起来粗糙难以消化吸收，甚至还会连带其他食物还未充分消化吸收，就一起排泄掉了，这不适合这个时期幼儿的消化的特点。因此，给幼儿吃的食物，既不要过于精制，也不要太粗糙，两者都要兼顾。另外，给幼儿少吃一些精细食物并不是不吃，适时让幼儿尝试精白米面及其他精细食物也是十分必要的。

142. 16个月的幼儿为什么最好自己睡觉?

不少家长出于对幼儿的过分疼爱，或者怕幼儿受凉，要么喜欢和他一个被窝，要么把幼儿放在爸爸和妈妈中间睡，这两种方法都是不科学的，这个年龄的幼儿最好自己睡。

让幼儿和家长睡在一个被窝，可能夜间照顾起来会比较方便，但对幼儿的身体健康是有害无益的。通常妈妈和爸爸总是先将幼儿哄睡之后，干完一些其他的事情再上床睡觉，可能会惊醒幼儿。而且在夜间无论爸爸妈妈还是幼儿，只要一方醒来，就会影响对方睡眠，长此以往彼此都休息不好。另外，妈妈或爸爸与幼儿同睡一个被窝时，由于妈妈或爸爸与外界接触的机会较多，身上携带的各种病菌，也可能会感染抵抗力弱的幼儿，容易使幼儿患上这样或那样的疾病。

如果幼儿睡在爸爸和妈妈中间，妈妈和爸爸排出的二氧化碳又弥漫在周围，非常容易使幼儿处于缺氧状态而呼吸窘迫，出现睡眠不安、做噩梦或半夜啼哭等现象，妨碍幼儿的正常生长和发育。此外，由于幼儿睡在妈妈和爸爸中间，使床面变得比较拥挤，在睡眠中如果妈妈爸爸翻身时一不小心，还可能会压在幼儿身上发生危险。

因此，从这个年龄开始，幼儿最好自己独睡。如果妈妈或爸爸为了夜间照顾幼儿方便，可以把幼儿的小床放在大床旁边，这样可以一举两得。妈妈和爸爸应培养和巩固幼儿自动入睡和单独睡觉的习惯，这样既有利于幼儿的身体健康，又可培养幼儿独立生活的能力。

143. 如何保证16个月的幼儿睡好、睡足？

睡眠质量关系着幼儿的身心健康，为了使幼儿睡好睡足，家长应该注意以下几个要素：

（1）保持良好的睡眠环境，幼儿入睡前，室内的灯光应暗一些并拉好窗帘。如果家长还在看电视，声音一定要放低一些，说话声也要相应地降低，以使幼儿安然入睡。

（2）做好睡前准备，在幼儿上床睡觉前，家长最好给他换上宽松的睡衣，幼儿肌肉放松才能睡得舒服。还要让幼儿排空大小便，以免半夜尿床。

（3）要避免幼儿入睡前处于兴奋状态，在晚上准备睡觉前，家长可以和幼儿一起说说歌谣，听听柔和的音乐或者让他安静地玩一会玩具，给他讲一讲故事，不要让其做剧烈的运动，家长也不给他讲一些很容易引起兴奋的故事，以免使幼儿因为过度兴奋而影响入睡。

（4）要避免幼儿入睡前产生恐惧心理，如果幼儿暂时还不想睡，家长就不要勉强，更不要用恐吓的方式强迫幼儿入睡，否则会强烈刺激幼儿的神经系统，使幼儿失去睡眠的安全感，容易做噩梦、睡眠不安，影响大脑的休息。同时，睡前的恐惧心理还会形成恶性条件反射，使幼儿从此不敢独睡，甚至使性格变得胆小懦弱。特别是不要用打针来吓唬幼儿，否则会使幼儿对治病形成恐惧心理，将来一旦他生病，可能会影响与医生之间的配合。

（5）要保持睡前的清洁卫生，家长要使幼儿从小养成清洁卫生的良好习惯。睡前要给他洗手、洗脸、洗屁股，使幼儿知道床是睡觉的地方，应保持清洁，只有洗干净了才能上床睡觉。

144. 家长如何训练16个月的幼儿自己大小便？

这个阶段的幼儿大多数都可以自己独立行走了，并能听懂家长说的话了，从此就可以训练幼儿自己坐盆大小便了，训练幼儿自己使用坐便器的时间，最好选择在温暖的季节，以免幼儿的小屁股接触冰冷的便盆时产生抵触情绪。

一般来讲，这个阶段的幼儿一天小便约10次左右。家长首先应掌握他的排尿规律、表情及相关动作等，发现后立即让幼儿坐坐便器。逐渐训练幼儿排尿前向家长作出表示，如果幼儿每次便前主动表示，家长要及时给予积极的鼓励和表扬。同时，由于气候温暖，幼儿出汗多，小便少，间隔时间也比较长，家长对幼儿的大便的规律比较掌握，也好让幼儿练习坐便器。

这个阶段的幼儿大便的次数一般为一天 1 ~ 2 次，有的幼儿两天一次，如果很规律，大便形状也正常，家长就不必过于担心。大部分的幼儿在早上醒来后大便，大便前幼儿往往有异常表情，如面色发红、使劲、打颤、发呆等。只要家长注意观察，就可以逐步掌握幼儿大便的规律。让幼儿坐坐便器的时间不宜过长，一般不超过 5 分钟为宜。

开始训练幼儿坐坐便器大小便时，家长可以在幼儿旁边给予帮助，随着幼儿的逐步长大和活动能力的增强，以后幼儿就学会自己主动坐坐便器大小便了。

145. 16个月的幼儿应该如何锻炼双腿和双脚？

这个时期，幼儿已能独立行走，就要使眼、脑、脚以及全身动作协调起来，为了锻炼幼儿的眼、脑和脚的协调性，除节假日带幼儿进行户外活动，让他在大自然中尽情活动之外，日常可以让他做爬楼梯的运动。让幼儿进行爬楼梯的训练，既可增强幼儿腿部力量，为今后的跑跳打下基础，又可训练幼儿的大脑和腿、脚部运动的协调性。

上楼梯训练：训练时，家长可把幼儿喜欢的玩具放到楼梯的台阶上，引起幼儿拿玩具的欲望，或者家长站在楼梯上，向幼儿拍手，并喊幼儿的名字，另一个家长可以扶着他慢慢爬上楼梯。如果幼儿跨脚很费力，身体难以保持平衡，家长可以用手扶着幼儿的腋下，帮助他双脚交替迈上楼梯，以后再逐渐减少帮助的力量，让幼儿用自己的力量上楼梯，爬楼梯训练可以先从2～3阶楼梯开始练习，然后逐渐增加层次，幼儿每登上一层，家长都要给予鼓励，使幼儿逐渐增强力量和勇气，最终自己扶着栏杆爬上去。

下楼梯训练：训练时，由于幼儿掌握不好身体的平衡，可以先拉着幼儿的手，站在上面让幼儿体会高和低的感觉。训练一段时间后，等幼儿不害怕了就可鼓励他自己扶着栏杆下楼梯，家长要注意保护。如果他不敢自己扶着栏杆往下走，家长可以扶着他练习，等其能够掌握深浅之后，再放手让他自己练习。下楼梯一般比较危险，训练时家长都要十分慎重，一定要确保幼儿的安全。（见图5-3）

图5-3　16个月爬楼梯

146. 16个月的幼儿如何训练平衡能力？

训练幼儿的身体平衡能力，可以培养幼儿的注意力，还可以增强勇敢精神。下面几个方法可以提供给家长参考：

摇摇船游戏：做这个游戏时，家长要准备一条毛巾毯或薄被子，让幼儿仰卧在毛巾毯或薄被子中，爸爸妈妈各抓住一端的两角，慢慢左右摇晃，摆动的幅度与速度要逐步增加。还可用薄被横卷幼儿身体，妈妈推幼儿的身体来回滚动几下，再拉住被子头让幼儿侧滚出来，反复进行，幼儿会感到愉快。

在做这项游戏时，如果幼儿感到不舒服，就应立即停止，不勉强，等幼儿逐渐适应了再继续进行。

平衡木或滑梯游戏：在公园或游乐场里面的平衡木、小滑梯都适合幼儿玩耍，家长在带幼儿到这些场所时，可以让他利用这些设施玩耍，并增加乐趣。在利用这些平衡木和滑梯进行平衡动作练习时，需要

图5-4　16个月滑梯

家长加以帮助和保护，并注意减缓冲击力。在旁边扶持的同时也要加以鼓励，逐渐放手让他自己玩。如果与其他同伴一起玩时，还可培养幼儿的勇敢和遵守先后次序等行为，但要注意彼此的距离，避免碰撞。（见图5-4）

147. 16个月的幼儿如何增强辨别能力？

以下游戏是针对这个阶段的幼儿的心理特点设计的，可以训练幼儿触觉，增强幼儿辨别能力。

布袋游戏：妈妈或爸爸先准备一个小布袋和各类水果，如香蕉、橘子、苹果、葡萄等；另外再准备一些各类小玩具，如手枪、汽车、毛绒玩具、帽子、手套等。妈妈或爸爸拿着装满各类物品的小布袋，让幼儿伸手到袋子里摸一样东西，摸完告诉妈妈或爸爸，但不许偷看。当幼儿能够多次将物品

图5-5　16个月分水果种类

说对后，家长再让幼儿把掏出来的这些物品归类，如香蕉、苹果、梨是水果类，手帕、袜子为日常用品类，毛绒玩具、小车属玩具类等。做这个游戏时，所选物品的外形应有较大的区别，以利于幼儿容易辨别。为提高幼儿的兴趣，家长可以不断丰富"口袋"里的"内容"，或者与幼儿互换位置，让幼儿提问，家长来摸。

分水果游戏：家长先把几个苹果和几个梨混合放在一起，教幼儿把苹果和梨分开。然后让幼儿把苹果放在篮子里，把梨放在盘子里。如果幼儿对苹果和梨一时难以分清，可改用苹果和橘子等比较容易区分的水果。通过几次训练，逐步过渡到找几张猫的画片和几张兔子的画片，让幼儿依照上法把它们区分开来。这个游戏可使幼儿进一步理解事物的特性和互相之间的关系。

纸盒游戏：在纸盒里面放入同样颜色的塑料杯、球、积木块等东西。把纸盒放在幼儿面前，让幼儿依次把每件东西拿出来，并说出是什么东西，如果幼儿不知道或说不清楚，家长要教他辨认。这个游戏不仅能很好地增加幼儿的词汇量，并能让幼儿认识和区别颜色及性状。经过多次练习之后，家长可以尝试加入其他颜色的纸盒和物品，然后教幼儿把相同颜色的物品归到同样颜色的纸盒里。

图片归类游戏：家长可以找几张明信片或者照片，教幼儿认识明信片或者照片中的小船等物品之后，将图片打乱，让幼儿重新选择，比如把有小船的明信片或照片放在一起。做这个游戏时，家长要尽可能地进行提示和引导，比如对幼儿说"看这张图里的小船"，"哪张图片还有小船呢"等等。幼儿区分对了，应及时给予表扬和鼓励，这个游戏可以提高幼儿的语言能力和长期记忆力。（见图5-5）

148. 16个月的幼儿没有耐心家长应怎么办？

这个阶段的幼儿，一般都是属于感觉型或冲动型的，当有什么要求时，还不善于用语言表达，大多数是用哭声来表达。由于家长和这个月龄的幼儿几乎是随时在一起，所以对于他生理的需求，以及渴望家长关注和爱抚的心理需求，随时都能满足，也正是因为如此，随着幼儿各种欲望和需求的增加，当自己的愿望或需求不能及时满足时，就会缺乏耐心或者不擅长等待，甚至稍不如意就大发脾气。其实，这并不是幼儿天生的性格，而是家长长期娇惯"培养"出来的。

对于这种缺乏耐心的幼儿，那种二话不说，立即满足的做法，虽然充满爱心但缺乏科学的教育方法，对幼儿的性格培养训练是不利的。这时，家长可以尝试用延迟满足的方法帮助矫正。比如，当幼儿用哭声召唤妈妈，想要吃奶的时候，如果不想马上满足他，就可以在远远的地方应答："妈妈就来了。"但你却从从容容地走过来，来到幼儿身边之后，也不马上给他奶，而是拿着奶瓶和幼儿说几句话，尽量延迟几秒，

以培养幼儿耐受延迟满足的能力。

149. 如何培养16个月的幼儿爱劳动的习惯?

由于幼儿在这一阶段是非常爱动的,对什么都好奇,喜欢模仿。所以,家长基于幼儿这一心理特征,就可以因势利导,在幼儿力所能及的范围内,让幼儿参与一些简单易行的事情,充当家长的小帮手,以发挥幼儿的积极性,从小培养爱劳动的好习惯。比如,可以让幼儿帮妈妈拿东西,把自己脏了的衣物让家长帮忙清洗,在叠衣服时,让他帮忙叠一叠小件的衣服,或者给家长递递报纸。

有的家长认为,这些看上去微不足道的小事,不会让幼儿学会什么本领,还可能越帮越忙,不如让幼儿在一边玩呢。其实,这种想法是很不正确的。当然,对一些不适合幼儿做的事情还是不应让幼儿去做,如果幼儿坚持一定要做时,可以用转移注意力的方法让幼儿放弃,这样既不会打击幼儿的积极性,又可以保障幼儿的安全。

150. 16个月的幼儿为什么会经常表现反抗?

随着幼儿智力和思维能力的提高,幼儿开始产生自主意识,并试图在了解周围事物的基础上,建立自己的好坏观念,表达自己的需求。同时,幼儿身体和动作的发育,也使他可以通过自己的动作来表达反抗,或者抵制自己不喜欢的东西。

在日常生活中,幼儿某些反抗表现是"正常"的。比如常常遇到以下的种种情况：拒绝家长的要求；不理睬家长；不要家长搂抱；不和家长亲热；故意从家长身边跑开。

这个阶段上述情况经常会发生，幼儿之所以会出现这些做法，一方面是因为这个时期的幼儿，由于语言功能还没有很完善，没有足够的词汇来表达自己的感情和需求。另一方面是幼儿对语言还缺乏准确的理解能力，不能完全理解家长的意思，因此，也不能完全地执行指令和要求。所以，对于这个时期的幼儿的反抗和抵制行为，家长要正确理解，以免形成故意和家长对着干的错觉，因对幼儿采取不恰当的方法而弄巧成拙。

十七个月

151. 17个月幼儿体格发育的正常值应该是多少?

体重：10.28 ~ 10.88kg；身高：79.41 ~ 81.1cm；

头围：46.17 ~ 47.27cm；胸围：46.33 ~ 47.4cm；

前囟：（0 ~ 0.5）cm×0.5cm；

出牙：6 ~ 14颗，其中门牙8颗，前臼4颗，尖牙2颗。

牙齿：长出9 ~ 11颗乳牙。

152. 17个月幼儿智能应发育到什么水平?

　　17个月幼儿的智商已经有了质的飞跃。此时家长能感受到他的发育状况在体能上体现出了快速的飞跃，并且他的大多数变化体现在智力发育及语言上。此时的幼儿能说很多字了，但是如果他的进步还是不够快，那么很有可能是白天的看护人与其交流的不够多，爸爸妈妈晚上下班回去就要尽量和他多讲话，当他能听懂越来越多的话，而且有了自己的小心思。他会在这一阶段学会"骗人"，比如不甘心这么早睡觉，他就会刻意去使劲，示意我要上厕所，可是他并没有大小便，这样就会免于家长哄他入睡。

　　他还慢慢学会了肯定自己，比如他不喜欢妈妈早上去上班，见到妈妈要走就哭闹，妈妈会在出门前哄他："你是妈妈的好孩子么?"他会酝酿好一会，非常吃力，但是非常非常清晰地说出来了一个字"是！"并且一边说一边点头。现在的小家伙就是这么急于肯定自己。

进入这个阶段的幼儿已经会读书了，而且有自己的喜好，他喜欢翻看幼儿的书籍，还有识图卡片，他也能看上一会，但是现在他已经有了强烈的自我选择欲望，对于家长给他的不受他欢迎的书他是都不理会的。并且还知道了1、2、3、4四个数字，每次他都能正确地指出，虽然可能只会说"1"。

此时的幼儿往往会用过激的行为来表达他的不满、不高兴，他会摔东西，蹲在地上不起来，大声哭闹。例如他会把厨房弄一地都是面粉，瞬间他变成了一个小面人，但每当惹祸的时候，他都知道自己犯错误了，因此，会变得异常安静。

153. 17个月幼儿语言发育能力应达到什么水平?

17个月的宝宝能说出10～20个简单的词；还能说完整的词；能将两个简短的字放在一起，比如再见、不要；开始会说简单的句子；能对大人一些口头提示语反应；会学大人说话，变得很爱说话；懂得上、下、热等；懂"其他"的意思；会用手势表达，想要安静的时候，会用嘘的手势。

此时他的语言已可以让成人听懂，他善于将一些熟悉的声音放在一起，但他的语言能力是不会超过12个字的。他已经可以听懂一些简短的教导，明白一些说话的内容了。他已可以用手指指东西，并发声告诉你，他想得到它。他会很愿意"唱歌"和听音乐的。

此阶段女孩，40%以上都能把词组合成简短的句子，并说出来；而男孩，可能只有20%拥有这个能力。在语言能力的发展上，男孩、女孩存在着显著的差异，同性幼儿间也存在个体差异。有的幼儿可能早在几个月前，就能说出10个以上的简单句子，有的幼儿直到现在可能只会说出几个简单句，或只是使用单字表达意思。到了这个月龄，如果幼儿一个字还不会说，就应该看医生了。

154. 17个月幼儿运动行为能力应达到什么水平?

这个阶段的幼儿已经会独立行走，也会小跑一会，这时候就需要培养孩子的自理能力了，特别是排便，不论是大便还是小便都需要在固定的位置进行，不可以随意到处大小便，否则就需要进行一定的责罚才可以。这时候妈妈到婴幼儿店铺去买坐便器，可以是孩子喜欢的玩具模型，小汽车、小青蛙、兔子等等的形象，只要孩子愿意坐在上面大小便就可以了。妈妈在早期可以选择1个小时就进行1次排便练习，让宝宝自己动手脱裤子，虽然现在宝宝还不会，但是需要让他形成意识，不论是大便还是小便都是需要在坐便器上完成的，要排便就需要自己脱裤子，妈妈不是什么时候都有时间可以帮你脱的。穿鞋子也是这样，宝宝刚开始还没有办法穿正确，但是妈妈不需要纠正，如果他觉得舒服就可以了，但是不舒服就要立即纠正过来，让宝宝动手穿脱鞋子是最为基础的行为自理能力的培养。宝宝有办法做好自己的份内事情，在这一时期是早教问题非常关键的。

155. **17个月的幼儿如何合理喂养?**

对于17个月的幼儿，食谱也大有讲究，讲究营养膳食平衡，那么17个月幼儿食谱究竟怎样才能做到最好呢?

豆浆中的植物蛋白质、铁、不饱和脂肪酸含量均比母乳、牛奶高。饮用豆浆有助于幼儿大脑皮质等神经组织的发育、肌肉组织的强健及运动神经的发达，但豆浆中含有"抗甲状腺素"，加热不能破坏，存留在豆浆中的抗甲状腺素可使幼儿甲状腺肿大，为了让豆浆发挥最大营养作用，可在饮豆浆的同时饮适量海带或紫菜煮水。

至于米粉，其实只要有时间，完全可以自己在家煮一些营养粥，里面可以加各种蔬菜末，核桃、花生、杏仁（要碾碎）紫菜，瘦肉丁，鲜虾仁，动物肝，这些食品不含添加剂，大人和幼儿都可以吃。

巨幼细胞贫血一般情况下是由于维生素B_{12}和叶酸缺乏造成，因此，在幼儿饮食方面要注意添加含维生素B_{12}和叶酸丰富的食物，含维生素B_{12}丰富的食物有动物肝脏、肾脏，瘦肉等；含叶酸丰富的食物为新鲜的绿叶蔬菜。而奶类、蛋类中维生素B_{12}的含量较少，酵母、动物肝脏、肾脏中叶酸含量较少。

156. **17个月的幼儿日常养护的要点有哪些?**

这个阶段的幼儿要注意消化不良，少吃油腻、过甜、油炸、黏性或刺激性食品。家长可以引领宝宝学习分类、比较、对应、系列的数理概念及人物称谓，此时的宝宝，能够记得他所关心的东西摆放的地方，而且喜欢做妈妈的小帮手，为大人服务。要给孩子多喝白开水，有助于食物的消化吸收、血液循环、新陈代谢以及体温的维持。如果孩子缺锌，会表现为生长迟缓，应在医生指导下服用锌制剂外，还要注意饮食。教孩子自己洗手，慢慢地给他示范：挽起袖口，打开水龙头，淋湿双手，抹肥皂，左右手互相搓手心和手背，再将一个一个的小手指洗一洗，然后用清水冲洗干净，用干净毛巾擦干小手。

水果和蔬菜所含的维生素都比较丰富，但是，水果所含的碳水化合物是葡萄糖、果糖和蔗糖，而多数蔬菜里所含的碳水化合物少。水果吃得过多，易使血糖浓度急剧上升，人体感觉不适；可是吃蔬菜，即使吃得多些，也不会出现这些问题。

157. 爸爸妈妈都长得不高孩子就会矮吗？

影响幼儿身高的内外因素很多，如遗传、营养、运动、疾病、生活环境、精神活动、各种内分泌激素以及骨、软骨发育异常等。根据最新研究，身高的遗传因素大约占75%，而其他各种因素包括遗传因素的变异大约占25%。遗传是影响幼儿身高的一个重要潜在因素，但是其他各种因素的影响，也会影响这个潜在因素的发挥。

一般来说，爸爸妈妈个子高，幼儿一般也会高；爸爸妈妈个子矮，幼儿一般也会矮；如果父母当中一个人高，一个人矮，那么幼儿可能高，也可能矮，主要是看父母双方哪个遗传因素起决定作用。有一个公式可以粗略估计幼儿成人后的身高：

男孩成年身高＝［父亲身高＋（母亲身高＋13）］/2±7.5（cm）

女孩成年身高＝[（父亲身高—13）＋母亲身高]/2±6(cm)

本公式可以看出遗传因素决定了身高的可能性，但是如果有后天其他的因素影响，身高还可能有±6或±7.5cm的变化。

人的一生中身高有两个快速发展的阶段：一个是婴幼儿时期，主要是在6个月之前，1～3个月平均长3.5cm，4～6个月平均长2cm；另一个时期是进入青春期。因此，把握住婴幼儿期后天各种因素，幼儿还是可以长高的。

158. 为什么想让幼儿长高需要加强运动？

加强营养再加上运动时机械性的摩擦、刺激，骺软骨细胞的增殖，使骨骼生长发育旺盛，幼儿自然就会长高了。

但是，不同的运动项目对身体的影响是不同的。专家建议，幼儿的活动应选择轻松活泼、自由伸展和开放性的项目。而那些负重、收缩或压缩性的运动，消耗体力大的运动，以及运动过早、过度运动对身高增长都是不利的。

不同年龄的幼儿，要根据他的发育水平来决定运动项目，幼儿的生长发育水平还没有达到某项运动的要求时，家长不可强求幼儿开始过早的运动。一般这个阶段的幼儿可以通过游戏来运动，吃过晚饭后可以带他出去散步或慢跑，每个周末还可以带他早期接触游泳。另外，活动量一定要适宜，适量与否可根据幼儿锻炼后的感觉，如果精力旺盛、睡得熟、吃得香，说明运动没过量，反之，则运动量过大。

让幼儿每天至少要有20 ～ 40分钟的有氧运动时间，即在这段时间幼儿的心率最好能达到120 ～ 140次/分。

此外，还要让幼儿保持良好的坐姿、站姿和卧姿。同时多让幼儿到室外去活动，每天达2小时以上，让幼儿能得到较长时间的阳光照射，促进机体维生素D的生成，有利于钙的吸收，也可以促进幼儿身高的发育。家长不可以为了幼儿长高，就让他做他根本不喜欢的运动，因为情绪的安定对长高也很重要，所以要让幼儿选择自己喜欢的运动。

159. 影响幼儿长高的因素有哪些?

俗话说，"人在睡中长"，是有道理的。幼儿睡着后，体内生长激素分泌旺盛，生长激素在睡眠状态下的分泌量是清醒状态下的3倍左右，生长激素分泌的高峰期在晚上10点至凌晨2点之间，入睡后35 ～ 45分钟开始分泌量增加。

所以，家长要让幼儿养成在晚上9 ～ 10点之前上床睡觉的习惯，每晚保证幼儿有9小时以上的高质量睡眠时间。高质量是指幼儿的睡眠质量要好，深睡眠时间要足够长，而且，睡眠时肌肉放松，解除机体疲劳，有利于关节和骨骼伸展。

这样可让幼儿在睡梦中一天天长高。

此外，情绪也会影响幼儿的身高。影响他生长的重要生长激素，在睡眠和运动的时候分泌较多，在情绪低落的时候分泌较少。如果幼儿经常受到批评、责备，处于父母争吵的环境中，心情压抑、情绪低落，那会严重影响幼儿的身高。

因此，家长要为幼儿创造一个温馨、和谐、文明、安静的家庭环境，使幼儿心情舒畅，使之健康成长。妈妈要经常与幼儿交流，并保持家庭环境的和谐。可以在风和日丽的春天，带幼儿到户外看看新鲜的花草树木，去亲近自然，不带学习任务地听音乐、看电影、参观各种展览馆等，这些对幼儿的身心发展都十分有益。有的家长可能早就发现自己的孩子比同龄的孩子个子小，但总认为幼儿将来是23岁窜一窜，25岁长一长，到时候再说。这样，等造成一定后果，想要帮助幼儿长高已经来不及了。所以，家长要从小就注意影响幼儿长高的各种因素，以免造成遗憾。

160. 17个月的幼儿具备自理如厕的能力了吗？

这个阶段的幼儿在便后能感觉到尿布或者纸尿裤湿了，通过语言或者动作表达不舒服的感觉，拉扯湿了的尿布或者扭来扭去，幼儿会在大小便前通过语言、动作或者其他方式表示他想要大小便，幼儿能在短时间内憋住大小便，能明白简单的语言指导，并对成人入厕感兴趣，乐于模仿，喜欢坐在坐便器上，能简单地穿脱自己的裤子，这个时候家长还是需要协助他使用儿童坐便器，帮助他解决大小便的问题，但

是需要他增强自理的意识。

161. 家长应如何帮助17个月的幼儿学会如厕?

首先家长要为幼儿选择一个合适的坐便器。安全舒适最重要，款式不要过于复杂。市面上流行的玩具坐便器，有的还带有音乐，有的带有各种动物的鸣叫声，多半并不实用，幼儿很容易因此分心，影响排便。

让幼儿接触坐便器时家长需要用亲和的语言向他介绍这个新设备，就像介绍新朋友、新玩具一样。让幼儿用眼睛观察，用手触摸和熟悉坐便器，鼓励幼儿每天在坐便器上坐一会儿。开始时，甚至可以不脱裤子，如果幼儿不愿坐着玩，那就应马上让他起来，不能让他觉得坐坐便器像坐牢一样，而要使他自觉、自愿、高高兴兴地去进行。

家长开始可以向他解释这是爸爸、妈妈（或爷爷、奶奶）每天要做的事情。也就是说，在蹲马桶之前，脱裤子是一种大人式的行为。要鼓励幼儿如果想大小便的时候就要去坐便器，但也要确保他知道告诉家长他想大小便，那样家长就会在他需要的时候帮助他了。如果条件允许，让幼儿某些时候不穿纸尿裤或不穿裤子在家里玩，把坐便器放在旁边，告诉他，他需要的时候，可以自己使用，并且不时地提醒他是否要大小便，坐便器就在旁边，不断加深他的印象。见图6-1，图6-2。

图6-1　17个月用
坐便器

图6-2　17个月可
选购的坐便器

162. 如何教会幼儿良好的如厕卫生习惯?

幼儿告别纸尿裤并非标志着如厕训练画上了句号。如厕后的清洁问题,是此时幼儿面临的又一挑战。培养幼儿良好的便后卫生习惯,家长应做好以下几点:

(1)慎重选择卫生纸,应该使用柔韧性好、吸水性强的儿童专用卫生纸,以免伤害幼儿敏感的肌肤。

(2)准备专用毛巾,放置在明显位置,让幼儿在洗手后容易擦手。

(3)反复教幼儿学会坐便器的使用,但不要把它当做玩具。

(4)让幼儿记住,每次便后都应该洗手。

(5)注意幼儿的洗手质量,最好给他数数字(数10下),以保证洗手的时间。

163. 17个月的男宝宝总玩自己的生殖器怎么办?

很多家长都会发现，这个阶段的男宝宝出现了玩弄自己生殖器的现象。这边家长刚把他的小手拿开，那边他的小手就不自觉地又伸了过去。

这么小的幼儿还不存在性的概念，玩自己的生殖器，仅仅是因为他对这个器官感兴趣，就好比他自己玩自己的小手小脚一样。家长没必要把事情看得那么严重，只要平静地看待他的这种行为就可以了，也不要急切地让幼儿明白这个道理。可以采取一些措施帮助幼儿改掉这个习惯。

转移注意力：当幼儿再这样时，家长不要对孩子大声斥责，更不要打骂。幼儿并不知道这样做是不好的，家长应该尽可能转移他的注意力，比如和他玩他喜欢的游戏，让他暂时忘记。

充分的触觉练习：幼儿对周围事物都是充满好奇的。这时候就应该为幼儿提供宽松的环境，让幼儿进行充分的触觉练习，给他各种质地不同的东西让他摆弄，满足他的好奇心。

正确的引导：这个是最重要的，家长不要以为幼儿只是个小孩，什么都不必要教，要告诉他，不可以当着别人的面摸生殖器，背着别人也不好，因为会弄脏生病的。另外，总摸它，它会害羞和不高兴的。

家长在幼儿出现这种行为的时候，反应不要过于强烈，因为幼儿会把这个误认为是家长对他的关注，为了获得更多的注意，幼儿反而会对这种行为乐此不疲。家长也可以尝试给幼儿穿正常的裤子，不让其臀部裸露，如果出现了生殖器的红肿，应及时就医。

164. 天气刚刚转凉家长是否就应该迅速给幼儿加衣服？

天气转凉后，许多家长忙不迭地给幼儿加衣服。然而经过调查发现，秋凉后，感冒受凉的幼儿不少，但多数都是因为穿的过多。

很多家长不知道该怎么给幼儿穿衣，天气稍微凉一些，就急着给幼儿里三层外三层地加衣。有些家长则是以自己的冷暖为准绳，自己觉得冷了，就赶快给幼儿加衣。殊不知幼儿不像大人，他是多动的，一旦活动，就会出汗，反而会把内衣弄潮弄湿，而冷风一吹，就可能受凉感冒。此外，幼儿有生理性出汗，而许多家长却忽视幼儿正常出汗，一旦加衣服过多，就会湿透衣服。

秋天降温是一个渐进的过程，因此，给幼儿穿衣应遵循这样的原则，循序渐进。秋季穿衣不要一下子穿的太多，捂得太严，以免过多出汗。适当地冻一冻，不仅可以让幼儿逐渐适应凉爽的天气，增强耐寒的能力，也可以为冬季防寒做准备。

对幼儿的穿衣应尽量以幼儿的情况为主，比如好动的孩子，可以少穿些。由于早晚温差大，可以早上披一件外套，中午天热要少穿些。衣服要宽松，便于幼儿活动。此外，为增强幼儿的耐寒能力，早晚洗脸时，可以用冷水，提高呼吸道的耐寒能力。洗澡时，水尽量以温水为主，不要太热，也可以帮助幼儿增强机体的抵抗力，睡觉时不要盖太多，被子不要太厚。但家长要注意，"秋冻"也不是一味地冻，而是要根据气温的变化来决定，特别是一些幼儿平时抵抗力弱，调节能力较差，则要区别对待。

165. 17个月幼儿是否开始有了反义词的概念？

随着幼儿智力的发育，这个阶段的幼儿家长会发现他对周围的世界更加了解了。对一些物体和现象有了一定的认识，如果幼儿在图片上看到有小狗，就能联想到自己在公园里、大街上看到的小狗，并开始意识到，虽然他看到的这些小狗长得都不一样，但是它们都是小狗，是一类动物。通过接触日常生活，以及家长的教

图6-3　17个月比大小

导，幼儿的脑子里已有了反义词的概念。明白干和湿、冷和热、大和小、进来和出去这些概念之间的区别。比如，幼儿尿湿了裤子，家长让幼儿用手摸一摸，告诉他"裤子湿了"，等家长把裤子晒干之后，再让幼儿用手摸，告诉他"裤子干了"，幼儿脑子里就有了干和湿的概念了，以后只要哪有湿或者干的现象，幼儿就能区分出来。（见图6-3）

166. 17个月的幼儿出现了联想正常吗？

这个时期的幼儿，有了一定的联想意识，已经比较清晰因果关系的概念了。幼儿清楚地知道，敲敲他的小鼓会发生什么事：小鼓会出声，知道家长给他穿外衣是干什么：出去玩玩，如果他的积木掉了会发生什么：很有可能家长会帮他捡起来等等。

幼儿还会把物体和它们的用途联系起来。比如幼儿会拿起玩具电话放到耳边听，就好像听真的电话一样，或者拿起妈妈的梳子往自己的头上比划，幼儿的这种联想和认识，是非常重要的，这说明幼儿能够联系起来想问题了，有了联想的意识了。

167. 17个月的幼儿不喜欢吃米饭怎么办？

在人的成长过程中，并不是不吃米就不行，米的营养成分是糖和植物性蛋白。如果不吃米，而吃面包、馒头和面条等面食，也可以充分地摄取到糖分。在鱼、鸡蛋、肉中，含有比植物蛋白质量更好的动物性蛋白，所以幼儿即使不吃米饭，或米饭吃得少，家长也不必为之过于苦恼。只要给幼儿面食类食物，并和鸡蛋、鱼、肉之类的食物调剂好也是可以的。实际上，幼儿精神状态良好，每天都高高兴兴地玩耍，就不必太在意吃得米饭多与少。不喜欢吃米饭的幼儿，如果喜欢吃小食品，家长也可以给他吃。

另外，对于不爱吃米饭的幼儿，家长也要尽量想一些办法，让幼儿慢慢接受米饭，毕竟饭食种类吃得越全面、营养越均衡，对幼儿的生长发育越有利。比如，平时家里适当地增加米饭的次数，或者家长有意识地在幼儿面前表现出吃米饭的香甜，也可以做可口的菜肴增加米饭的味道等，饮食习惯也是受人影响的，只要加以正确的引导，幼儿就会改变不爱吃米饭的偏好。

168. 17个月的幼儿害怕洗澡应该怎么办？

到了这个阶段的幼儿，已经有了一定的自主意识，而且开始懂得什么是害怕了，所以很多幼儿出现了害怕洗澡的现象。

幼儿害怕洗澡的原因有很多，害怕在水中跌倒，害怕沐浴露进入眼睛，害怕听到花洒或者下水的声音等等。根据这些原因，家长要有针对性地给予解决。如果幼儿害怕进入浴盆，家长不要强

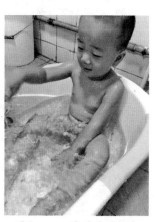

图6-4　17个月洗澡怕水

迫他，可以先让幼儿进入一个浅盆试试，如果幼儿依然害怕，不妨在浴盆里放一个幼儿喜欢的玩具，直至幼儿不再害怕在浴盆中洗澡为止。往浴盆里放水时要注意，可以先放2.5cm高的水，等他适应之后再适当加入水量。为了避免沐浴露进入幼儿的眼睛，家长首先可以为孩子选择无泪配方的浴液，或

者干脆给他准备一个护眼罩，这样更可以增加幼儿的安全感。对于害怕水声的幼儿，可以在放水和排水的时候不让他在现场，减少他的心理紧张。（见图6-4）

169. 如何培养17个月的幼儿早期阅读能力？

翻看图书是早期阅读能力的基础，这个阶段的幼儿，手部动作技能发展迅速，手指的灵活性以及手与眼的协调能力是幼儿成长的重要指标，翻看图书是幼儿主动学习的开始，是培养良好学习习惯的基础。

研究表明，随着幼儿视觉运动的调节能力及觉察、辨认能力的提高，哪些色彩鲜艳、画面形象生动有趣的图书，可

图6-5　17个月读书

以为幼儿在与外界的接触的时候提供一种视觉刺激，有助于帮助幼儿学习吸取符号化的信息。在早期教育的过程中，家长应适当地给幼儿提供画面较大，内容简单，与实物相近的图画书，让幼儿通过自己的双手把图书打开，找出自己喜欢的图画，体验手作用于图书而产生的乐趣，从而培养对图书的兴趣。

在看书的过程中，幼儿对图书有意识的注视，既是早期阅读的基础，也是早期培养幼儿注意力的一个好方法。看图书，看画册机会较多的幼儿，注意力的持久性发展就越快。

　　家长经常给幼儿朗读或讲故事，对幼儿的心灵有着深远的影响，不仅会使幼儿从小热爱读书，而且也是家长与幼儿之间的一种相互交流的方式。此外，幼儿通过听家长讲故事，也有利于练习发音、积累词汇和学习说更多的话，对幼儿的智力发展非常有益。（见图6-5）

170. 怎么培养17个月幼儿的独立性？

　　这个时期的幼儿的心理是充满矛盾的，特别是在依赖性与独立性的关系上表现得更为突出。有时候家长一走出房间，他就会马上哭叫，好像一刻都离不开一样，这种依赖性虽然在某种程度上给家长造成不便，但却有益于幼儿的成长。同时，这个年龄的幼儿又越来越具有独立性，并且独立的欲望越来越强，想自己去发现新的地方，并且愿意和不熟悉的人交朋友。

　　有的家长为了培养幼儿的独立性，常会把幼儿长时间地单独留在一个房间里，任凭他哭叫也不去管，试图通过这种方法来"培养"幼儿的独立性。其实，幼儿的独立性来自于安全感和自由感，如果采取上述方法，运用强迫性的手段处理这个问题，只能使幼儿把周围的环境看成一个讨厌的地方，最终造成幼儿的依赖性更强。

　　由于这个时期的幼儿正处于发展的十字路口上，只要家长给幼儿适当的机会，幼儿就会逐渐培养出较强的独立性，就会更加自立、更加善于交际。所以，在幼儿这个时期，家长应该带他经常去其他孩子玩耍的安全的地方，经过这种频繁的与陌生人接触，逐渐使幼儿对外界事物有了信任感和安全感，从而有利于幼儿独立性的培养。

171. 17个月的幼儿过分害羞应该怎么办？

幼儿过分害羞，见到陌生人就躲到家长的身后，甚至别人摸一下就会大哭不止，这令家长既尴尬，又百思不得其解。家长认为，他们都是些性格开朗、爱说爱笑、善于交际的人，而在自己孩子身上却没有找到一点自己的影子，不免会感到失望。其实，幼儿的害羞，仍是继承了父母一部分的性格而来的。

羞怯是一种隐藏的性格，即使在家长身上看不到任何表征，但由家长身上遗传给孩子的事实是毋庸置疑的。改善这种情形是可能的，然而想整个扭转则非常不容易，家长不要过分的去改变幼儿，不断地给他施压，因为这是幼儿性格中的一部分。

尽管为数不少的性格内向、羞怯的幼儿，长大成人后都是个内向的人，然而还有一部分的幼儿，则转变为爱交往，擅于处事的成人。究其原因，动力绝非是由于家长的压力所致，反倒是家长对幼儿倾注爱心及鼓励和支持的结果。

事实证明，如果家长视幼儿的羞怯性格为缺陷，并不时加以限制或指责，只会打击他的自信心，从而使幼儿更为内向自闭；反之，家长的多鼓励，多支持，让幼儿对自己有信心，将可帮助幼儿和别人在一起时比较自如，能进一步消除幼儿的羞涩。

另一个值得考虑的原因是：此时表现出的害羞只不过是这个年龄的幼儿缺乏社交能力的一种外在表现。这个时期的幼儿还没准备好交朋友，还不会交朋友，当幼儿随着身体及心理的各项发育逐渐完善，家长极可能为他的社交能力欢心和惊讶不已。

172. 17个月的幼儿不愿意自己动手吃饭怎么办？

大多数幼儿进入这个阶段，就要争着、抢着自己动手吃饭，而也有些幼儿却不愿意自己拿勺子吃饭，总要家长喂才行。主要原因是幼儿怕失去安全感，对于他来说，家长就是自己的保护神，幼儿不愿意失去家长的一点一滴的关爱，非常享受被照顾感。

对于这样的幼儿，家长首先不要强迫他，如果幼儿希望家长喂饭时，家长可以帮助他，当他想自己动手吃东西时，就让他自己吃，如果顺其自然地让其自己发展，也许大一点的时候，他就喜欢自己吃饭了。与此同时，家长随时给幼儿自给自足的机会，把奶瓶、杯子、汤匙放在他随手可拿的地方，但千万不要强迫他使用。多给他放置一些用手抓的食物，点心或正餐都可以，这样吃起来很方便，以食物来引诱他自己吃东西，而且用自己的十根手指完成吃东西这个动作，会令幼儿更加自信。

每当幼儿自己吃饭的时候，家长记得在旁给幼儿充分的鼓励和赞美，重点是让幼儿了解到，无论什么时候、什么情况下，家长都会在他的身边。

173. 17个月的幼儿总口齿不清怎么办?

经常有家长会反映，同样年龄的幼儿，有的孩子能口齿清楚地发音，而自己的孩子只会说一些单字，他说的话只有自己家人才能辨识说的是什么，非常担心孩子长大后，还会口齿不清楚。

其实就目前这个阶段而言，担心这个问题有点过早了。一般情况下，幼儿要等到3～4岁时，才能够很纯熟地发出正确的语音，有些幼儿甚至到6～7岁，还不能让别人区分出个别音。所以对于这个阶段的幼儿，一般外人是不可能像爸爸妈妈一样，明白幼儿在说什么，并且时间以及环境的熏陶，都是非常重要的影响因素。

幼儿口齿不清时家长先别忙着纠正发音，更别拿幼儿心爱的东西"要挟"幼儿练习说话。否则，会引起他的厌烦，这样就不仅不愿意尝试新字、新词了，而且本来会说的字或词，都可能闭口不言了。正确方法是，让幼儿明白爸爸妈妈很喜欢听他说话，如果幼儿确实感受到这一点，就会相当踊跃地继续学下去。

十八个月

· ·

174. 18个月幼儿体格发育的正常值应该是多少?

体重：10.47 ~ 11.06kg；

身高：80.04 ~ 81.9cm；

头围：46.34 ~ 47.44cm；

胸围：46.56 ~ 47.6cm；

前囟：0 ~ 0.5cm，0.5cm；

出牙：8 ~ 16颗，其中门牙8颗，前臼4颗，尖牙4颗。

175. 18个月的幼儿智能应发育到什么水平?

此时，幼儿已经具备了一定的分辨能力。辨识什么可以吃，什么不可以吃。由于能区分物体的形状，因此，他可以把各种形状的积木分别插到对应的插孔里。幼儿特别喜欢玩橡皮泥，这不但可以锻炼宝宝运用自己的手部，也可以促进他想象能力的发展。家长应该教宝宝从最简单的物体开始捏，例如方形、圆形等，慢慢过渡到复杂一些的形状。

这个阶段的幼儿，模仿能力特别强：假如看见家长做一些与众不同的动作，例如肚子疼时捂着肚子的样子，他就会仿照，并且模仿妈妈说话的腔调、语气以及妈妈的面部表情、咳嗽声等。

幼儿可以全神贯注地看动画片或观赏图书上的画面，同时，可以记住动画片里的一些内容。最容易记住并且记得最牢固的是人物，特别是小动物的姓名，对故事中的情节也有了一定的理解能力。假如动画片出现了使他兴奋的情景，他会用自己的方式表达，例如不断地鼓掌、原地转圈、又蹦又跳、哈哈大笑等。

虽然幼儿年纪仍然比较小，但是却变得特别喜欢自己做主。自我意识越来越强，越来越多地反抗父母的约束，想"独立自主"。此时，父母应正确对待他这种独立意识，既

图7-1　18个月玩橡皮泥

坚持原则、立下规矩，也要尊重他个性的自由发展，要采用幼儿更容易接受的表达方式和他交流。（见图7-1）

176. 18个月幼儿语言发育能力应达到什么水平?

这个阶段的幼儿，开始学会用语言与身边的人打招呼。假如客人准备离开了，他会在妈妈的示意下对客人说"再见"。大部分幼儿可以掌握50～100个单词，50%的幼儿也许能掌握60～80个口语单词。从此刻开始，他的词汇量迅速增多，之后的半年，可以称为是幼儿词汇量的爆炸期。他可以说出20多种不同的音节，这些音节可以组合而成50多种不同的词或者类似词。通常，幼儿说出的句子涵盖一个名词和一个动词，开始朝儿童语调靠拢。

幼儿这时期可以说出身体一切部位的名称，不但可以指出自己身体部位的名称，还能指出别人的，理解每个部位的作用和功能。当家长问他"宝宝用什么吃饭呀？"他就会指着自己的嘴巴，并且用语言进行表述。

幼儿自己玩耍时，即使身边没有人与他交淡，他也会自言自语。此时，家长不用打断宝宝，这是他在自己锻炼语言能力。此外，家长可以发现，如今他最喜欢说的单词就是"不"，说"不"的频率也特别高。不管是不是应该说"不"，他经常喜欢用"不"来表达自己的态度，以此表现出他的独立性。

177. 18个月幼儿运动行为能力应达到什么水平？

这个阶段的幼儿，已学会了脱衣服，但仍然无法顺利地穿衣服，带拉链的衣服还不会自己拉上，会粘好粘贴式的鞋带，但是很有可能粘得歪歪扭扭。大多数幼儿已经可以自主下蹲，完全独立行走了。有一些宝宝也许会用眼睛紧紧盯着地面，跟跟跄跄地朝前"冲"着跑几步。绝大部分幼儿到了这个月龄，才完全掌握朝后倒着走的技巧。他还会用工具去拿自己够不到的物品，这不仅代表着幼儿运动能力的进步，也代表着他的协调能力的进步。从某种意义

图7-2　18个月脱衣服

上说，幼儿的分析问题、解决问题的能力也得到了很大的发展。（见图7-2）

178. 18个月幼儿心理发育应达到什么水平？

家长会发现这个阶段的幼儿，他"狠心"打了你一下，你故意做出一副很委屈的样子在假装哭泣时，幼儿看见了，会略想一会，然后很快地向你身边靠近，并亲昵地挨着你的脸，左脸挨挨，右脸挨挨，让人很是感动，小家伙居然会安慰人了！

亲情之爱，本是自然天成，子女对父母的爱更是与生俱来，家长有时会遇到这种情况：幼儿不知原因的哭闹，平时听见妈妈的声音，抱着，搂着，拍背，拍胸口，都能止住的，可是突然这些肢体语言全都失灵了。这个时候，教妈妈一个好办法，那就是把自己的脸贴在幼儿的脸蛋上，温柔地在幼儿的耳边对他说："妈妈在这里，妈妈在这里"，一边说着，手也不要闲着，轻轻地拍着幼儿的后背。如果幼儿还是哭，妈妈也可以坐在旁边假装哭，幼儿可能会突然就止住了，反过来"安慰"妈妈，亲亲妈妈的脸蛋，这就是孩子初期的心理发育到达了一个小高峰，懂得了情感的互动。

179. 18个月的幼儿如何合理喂养？

经科学研究表明，乳制品中所含有的脂肪和热量是幼儿头脑发育和成长的重要因素。植物分泌出的乳状物对幼儿是非常有益的，例如营养丰富的大豆或者杏仁乳。但在一天之中也不要让幼儿进食过多的牛奶，否则，他会由于不饿而不想吃其他东西了。

燕麦粥、大米和大麦等都是获得营养的谷物食品来源。幼儿可以每天吃两次含有蛋白质的食物。至于家禽类，鸡蛋和没有刺的鱼是可以选择的蛋白质来源。家长可以把肉切成小片或者你认为可以的形状，这样可以让那些挑食的孩子提起对食物的兴趣。

家长每天要给幼儿四分之一杯或者半杯量的水果和蔬菜。除了桃子、梨、苹果酱、胡萝卜、豆子和红薯，幼儿现在还可以吃花椰菜、菜花和橘子、葡萄等。在烹饪和切菜的时候，确保孩子容易进食。对于干货类的食物，要将其充分浸泡，避免卡住孩子。你还可以将酸奶作为进食花椰菜的蘸料，这样，他就可以在吃蔬菜的时候摄入其他的营养成分了。

180. 18个月的幼儿日常养护的要点有哪些?

这个时期不要让幼儿多吃冷饮，冰棍、汽水、冰激凌，这些食品会使胃壁的小血管收缩，血流减少，造成孩子食欲下降。此时幼儿自己吃东西的技能就会慢慢改善了。他应该能够自己使用勺子吃饭了。根据儿童健康机构的调查表明，在这个阶段的幼儿，不愿吃饭是很正常的事情。只需要继续保持常规的健康饮食计划就可以了。

此时期要为幼儿创造良好的学习说话的语言环境，通过"强化"和"模仿"两个过程来完成。给幼儿充足的酝酿和消化的时间，这阶段的幼儿需要的是支持和鼓励。指责和批评，只能导致孩子不敢张口，放弃学习语言的机会。

由于幼儿语言理解能力有一定的限制，所以父母要配合相应的面部表情和实际运动，帮助孩子了解生活各方面的含义。尤其要注意保护他的安全，避免出现意外事件。

181. 18个月的婴幼儿应接种哪些疫苗?

这个月龄的幼儿比较重要的疫苗有百白破疫苗、脊髓灰质炎疫苗及流脑疫苗等。不同的疫苗接种时间最好间隔14天，家长一定要按照社区防疫部门规定的时间带幼儿前往注射疫苗。

百白破疫苗：百白破疫苗接种后局部反应见于注射10余个小时后，可表现为红肿、疼痛、发痒，多于1～2日后消失，少数消退较慢。此外，还有倦怠、嗜睡、哭闹、烦躁不安等短暂症状，1～2日内即可消失。以上反应，一般不需处理，必要时可做局部热敷及对症治疗，并预防继发感染。

脊髓灰质炎疫苗：脊髓灰质炎是由一种影响神经和消化系统的病毒引起的，由它引发传染病能导致患者瘫痪，甚至会在某种情况下死亡。

流脑疫苗：注射流脑疫苗是为了预防流行性脑脊髓膜炎，简称流脑，此病是由脑膜炎双球菌引起的急性呼吸道传染病，在冬春季发病和流行。患有中枢神经系统感染和有高热惊厥史的幼儿不能接种，有严重心脏、肝脏、肾脏疾病，尤其是脏器功能不全的幼儿不能接种，有过敏史的不能接种（过敏史包括药物和食物的过敏史）。注射流脑疫苗前一定要告诉医生是否有过敏史。如果发热或正处于疾病的急性期，也不宜接种流脑疫苗，可以等康复后再补种。

182. 18个月的幼儿鼻出血家长应该怎么办？

如果幼儿鼻子经常反复出血，且已排除能引起鼻出血的疾病，家长应该在生活起居方面注意。

预防幼儿鼻出血的措施：注意室内保持一定的湿度，可以在幼儿的卧室内放置加湿器，并在晚上入睡前，给幼儿喝少量的温开水，不要让他的体内过分干燥。经常教育幼儿不要挖揉鼻孔，不要过多食用容易上火的食品，如巧克力、油腻食品等。

幼儿第一次鼻出血，应到医院进行全面的检查，以明确出血的原因，如果是一些疾病引起的鼻出血，应正确治疗原发病，彻底消除病患，减少复发。

压迫止血法：首先家长不要惊慌失措，要安慰幼儿，给幼儿摆放成坐位，身体向前倾斜，防止幼儿将血液咽下去，同时把凉毛巾敷在幼儿的前额上，捏住幼儿两侧的鼻翼上方，持续5～10分钟，如果继续出血，表明没有压迫到出血的部位，要更换部位。如果经过以上处理仍然不能止血，或经常反复鼻子流血，千万不要掉以轻心，应马上到医院进行检查，排除血液系统的疾病。如果幼儿出血较多，出现面色苍白、大量出汗、四肢冰凉，烦躁不安等症状，或头晕心慌，可能是引起虚脱或休克，要立即到医院救治，不要延误病情。

堵塞鼻孔法：还可以把消毒的棉球塞入幼儿的鼻孔并进行按压，如果按压后仍血流不止，再用棉球蘸上少许的云南白药堵塞住出血的鼻孔，这种方法止血效果很好。

幼儿鼻出血时家长一定记住千万不要让他仰卧，鼻出血停止后也要去医院检查，要排除血液系统的疾病。如果出血是因鼻黏膜破裂、小血管外露的话也可以及时处理，避免再次出血。

183. 18个月的幼儿怎么预防手足口病？

手足口病是一种由多种肠道病毒引起的常见传染病，主要侵犯对象是5岁以下的幼儿。手足口病常常表现为：起初幼儿出现咳嗽、流鼻涕、烦躁、哭闹症状，多数不发热或有低热，发病1～3天后，幼儿口腔内、脸颊部、舌、软腭、硬腭、口腔内侧、手足心、肘、膝、臀部和前阴等部位，出现小米粒或绿豆大小、周围发红的灰白色小疱疹或红色丘疹，不痒、不痛、不结痂、不留疤。

手足口病的传播途径多，婴幼儿容易感染，搞好卫生是预防本病的关键。饭前、饭后、外出后要用肥皂或洗手液给幼儿洗手，不要让幼儿喝不干净的水、吃生冷的食物，避免接触患病的孩子。看护人接触幼儿前、处理粪便后均要洗手，并妥善处理污物。幼儿使用奶瓶、奶嘴前后应充分清洗。本病流行期间不要带幼儿到人群聚集、空气流通差的公共场所。注意保持家庭环境卫生，居室要经常通风，勤晒衣被。幼儿一旦出现相关症状要及时到医疗机构就诊。父母要及时对幼儿的衣物进行晾晒或消毒，轻症的幼儿不必住院，宜居家治疗、休息，避免交叉感染。

184. 幼儿得了手足口病家长应该怎么做？

一旦发现幼儿感染了手足口病，应及时就医，避免与外界接触，一般需要隔离2周。幼儿用过的物品要彻底消毒，可用含氯的消毒液浸泡，不宜浸泡的物品可放在日光下暴晒。幼儿的房间要定期开窗通风，保持空气新鲜、流通，温度适宜。要减少人员进出幼儿的房间，禁止吸烟，防止空气污浊，避免继发感染。治疗期间应注意不要让幼儿吃鱼、虾、蟹等水产品，不要让幼儿接触花草，不玩沙土。

如果幼儿在夏季得病，容易造成脱水和电解质紊乱，需要给幼儿适当的补水和营养。幼儿宜卧床休息1周，多喝温开水。幼儿患病后会出现发热、口腔疱疹，胃口较差不愿进食，宜给他吃清淡、温性、可口、易消化、柔软的流质或半流质食物，禁食冰冷、辛辣、咸等刺激性食物。口腔疼痛会导致幼儿拒食、流涎、哭闹不眠等，所以要保持幼儿口腔清洁，饭前饭后用生理盐水漱口，对不会漱口的幼儿，可以用棉签蘸生理盐水轻轻地清洁口腔。另外，可将维生素B_2粉剂直接涂于口腔糜烂部位，或涂鱼肝油，口服维生素B_2、维生素C也可，辅以超声雾化吸入，以减轻疼痛，促使糜烂早日愈合，预防细菌继发感染。

还要注意保持幼儿皮肤的清洁，防止感染。幼儿的衣服、被褥要清洁，衣着要舒适、柔软，经常给予更换，可把幼儿的指甲剪短，必要时包裹幼儿的双手，防止抓破皮疹。手足部皮疹初期可涂炉甘石洗剂，待有疱疹形成或疱疹破溃时可涂0.5%碘伏。臀部有皮疹的幼儿，应随时清理他的大小便，保持臀部清洁干燥。体温在37.5℃～38.5℃之间的幼儿给予散热、多喝温水、洗温水澡等物理降温。

手足口病是由数种肠道病毒引起的传染病，每种病毒感染后，都会产生该病毒的抗体，即使是隐性感染者（感染后没有发病），以后基本上不会再患该病毒引起的"手足口病"，但并不意味不会患其他病毒引起的疾病。

185. 家长为什么要遵守自己的承诺？

说到诚实守信，家长可以回忆一下自己，又没有对幼儿许下了承诺却没有兑现。如果有的话，家长就要尽快去兑现自己的承诺了，因为有时候家长不经意的失信行为可能会让幼儿有受骗的感觉，在无形中会对幼儿造成不好的影响。

家长要求幼儿不要做某些事情时，常会以其他条件去交换，例如，要求幼儿不要在晚饭前吃糖，因为这样可能会吃不下饭，但是答应幼儿晚饭后让他吃糖。你一旦做了这样的承诺，就一定要遵守，无论诺言的大小。否则，幼儿会失去对家长的信任，日后就很难以同样的方式要求他的行为。

其实许多家长都会努力遵守自己的承诺，答应幼儿的事总是尽力做到，只是偶尔会忘记，毕竟当时可能只是一种缓和措施，根本没有特意去记住。那么，为了避免出现忘记承诺而没有"遵守"的情况，家长最好准备一个备忘录，当对幼儿承诺了某件事时，将那件事记录在自己的日记本上，每天一打开就能看见，这样的话就不会忘了。或许幼儿还能无意识中感觉到家长的用心，而变得越来越能理解家长，亲子关系也会越来越和谐。

如果家长因为某些原因，忘记了给幼儿的承诺，但后来又记起来了的话，应该跟幼儿道歉，并兑现开始的承诺，不要以为过去了，幼儿或许忘记了，就当没发生一样，兑现幼儿的承诺是赢得幼儿信任的重要法宝。

186. 如何教会18个月的幼儿用形体表现音乐的节奏?

用形体动作表现节奏，就是以音乐刺激听觉，产生印象，通过身体的动作来表示音乐的情绪、节奏、速度、力度等。对幼儿来说，就是听音乐时，用身体的动作来体现节奏。由于幼儿期的宝宝一般都比较活泼、好动，这种活动符合他们的年龄特点及认识能力，有利于培养幼儿的节奏感。

让幼儿观察人体本身的许多动作中包含着强烈的节奏。如爸爸走路的动作、妈妈做家务的动作等，让幼儿感受形体动作能表达节奏。可选择切合幼儿日常生活的内容，如穿衣、洗脸等动作，配上简单优美的音乐，表现节奏。选择节奏比较明显的乐曲，让幼儿随着音乐的反复用形体动作来体验节奏的快慢和强弱的变化。例如，可以让幼儿跟着音乐节奏敲打，要求敲打的速度与音乐的快慢一致。音乐快，敲的快，音乐慢，敲的就慢。

家长在教幼儿欣赏音乐时应特别注意，选择的音乐是否适合幼儿，不要随便拿出什么音乐都放给幼儿，不管他爱听或者不爱听、能不能理解。要注意幼儿的情绪，在放音乐给他时，要观察幼儿的情绪，不要在他兴奋玩耍的时候，给他听摇篮曲。放音乐的频率不要很随意，不要偏在有空闲、情绪好时就教幼儿欣赏音乐，忙或者情绪不好时就中断，一定要经常性地进行。

187. 如何培养18个月幼儿的思考能力？

每个做家长的都希望自己的幼儿聪明，也常常夸奖自己的孩子如何聪明，能背多少唐诗等。聪明不仅仅体现在背诗、识字，而是看幼儿会不会思索。会思索的幼儿，在遇到问题时往往主意多，解决问题的能力强，教会幼儿思索就是培养幼儿的思维能力。

试想所有的事情都靠家长代劳的幼儿怎么会思考呢？比如：两个幼儿穿衣服，一个一直是由家长包办，每天穿得很舒服，没有穿错、穿反，他也就没有对这件事的思考过程。另一个幼儿在妈妈的指导下自己练习穿衣服，有时会穿反、穿错，他也会感觉到不舒服，就会脱下来摆弄、思索，如何穿正确，穿的舒服。这是在做的前提下产生的思索，只有让幼儿自己动手做，在具体形象的事物中体验失败与成功，才会发展思维能力，失败会促使他反复尝试思索，成功会使他感受喜悦，对新的尝试更有信心。

家长和幼儿一起游戏时，这样的事例很多，比如幼儿玩

图7-3　18个月拿扫帚

球，当球滚到了床底下，幼儿以自身的经验很快就知道钻进床下就可取出。当然这也有3种可能发生：第一，家长替幼儿取出。第二，由幼儿钻入床下取出。第三，家长启发幼儿想一想有没有一种办法不用钻入床下也能取出，幼儿也许会伸胳膊、会拿来小棍子等等，当他最后发现用扫帚能把球取出时，兴奋不已。显然，这种方法是可取的。幼儿在尝试中从失败到成功，独立地解决了问题，是思索和总结的结果。因此，家长不仅要求幼儿独立动手做事情，还要启发幼儿动脑筋去想问题。

家长要经常使用反问句或者是联想的方法启发幼儿的思维，如幼儿经常会问："为什么吃这个菜呢？"家长可以反问幼儿："兔子为什么要吃胡萝卜呢？"待幼儿想出各种奇怪的答案后，家长可以告诉他，因为幼儿的身体需要这个菜。（见图7-3）

188. 如何教18个月的幼儿认识动物？

教幼儿认识动物，可以增强幼儿的认知能力，培养他的观察力和想象力，还能使幼儿更亲近大自然，并在潜意识中懂得要爱护小动物，培养幼儿的爱心。

首先家长可以买一些读书卡、挂图之类的，让幼儿看图片，并认识各种动物。每认识一样你要问他："这是小鸡吗？"然后拿一个鸭子的图片问："这是小鸡吗？"看幼儿能不能区分。如果幼儿回答错了，要告诉他小鸡和小鸭的区别。然后家长可以换一种方式问幼儿："哪一个是狮子，哪一个是狗熊？"这样，通过反复几次来加深记忆，幼儿答对了，要及时给予表扬，以鼓励他认识更多的小动物。

日常生活中，家长可以通过念儿歌、猜谜语、听童话故事等方式，让幼儿对动物了解得更深入。还可以让幼儿适当地看看电视里的《动物世界》节目，一边看一边讲，节假日也可以带他去动物园或市场或农场，告诉他每一种动物的名称，教他观察其特征，并且在动物园允许的情况下让幼儿给小动物喂食物，比如给猴子喂香蕉、给小鸡喂米粒等，回来就给他讲出动物园认识了哪些动物，它们爱吃什么，那些动物会飞，哪些动物会游，那些动物会爬。

189. 家长总是在玩游戏时故意输给幼儿好不好？

幼儿喜欢与别人竞争，家长也会借竞赛来激励幼儿，使其做事快一些、更好一些。看起来简简单单的竞赛却也有不少的学问。有不少幼儿只爱赢，却输不起，一旦比不过别人，就很不开心，甚至大哭大闹："我不干，我不干。"心软的家长就会缴械投降："好好好，算你赢！"或者重新玩过，再输给幼儿以息事宁人。

经常故意输给幼儿，幼儿会以为他永远都是赢家，但现实生活却并非如此，他总要面对自己所不擅长的事情，总要学会怎样应付输的局面。家长的责任当然并不是单单为了讨幼儿的欢心，更重要的是要他学会承担后果。竞赛的目的无非是为了制造气氛，激发幼儿的好胜心，它本身不是目的。幼儿赢了可以树立自信心，输了应当学会面对败局。幼儿的态度来源于家长所示范的榜样，所以当家长"输"了的时候，别忘了总结一下教训："我怎么会输呢？让我想想看，噢，是不太专心的缘故。"潜移默化的结果是，当幼儿输了时也会考虑输的原因，无论是输是赢，成人都要示范乐观的态度，输赢乃兵家常事，重要的是下一次要吸取教训。幼儿形成此态度时，"输"了的你假装表现出"沮丧"的样子，幼儿定会来安慰你："妈妈（爸爸），不要紧，下次细心点，你一定会赢！"那时的你该有多么的开心。

190. 18个月的幼儿骨骼有什么特点？如何养护？

骨骼在人的身体中，起着重要的支撑作用。骨骼的主要化学成分是水、无机盐和有机物。无机盐主要是钙盐，它们赋予骨骼以硬度，有机物主要是蛋白质，它们赋予骨骼以韧性和弹性。幼儿的骨骼中各种成分的比例与成年人有所不同。成人的骨骼中，有机物约占1/3，无机盐约占1/2，而幼儿的骨骼中有机物和无机盐各占一半。

所以，幼儿的骨骼特点是较柔软、富于弹性、韧性好，但容易受外力的影响而发生变形。因此，在幼儿发育时期，家长要特别注意幼儿的坐、立、走等姿势的正确性。

另外，幼儿在生长发育的同时，骨骼也在不断地发育。骨骼最初以软骨的形式出现，软骨必须经过钙化才能成为坚硬的骨骼。在骨骼钙化过程中，需要钙、磷为原料，还需要维生素D，以促进钙、磷的吸收和利用。幼儿机体里如果缺少维生素D，就容易患"小儿缺钙"性佝偻病，从而影响骨骼的正常生长发育。因此，在幼儿生长发育时期，家长应让幼儿多晒太阳，多给他吃些富含维生素D及钙质的食物，以防幼儿发生"小儿缺钙症"。

191. 怎么培养18个月的幼儿低盐饮食的习惯？

众所周知，食盐过多会给身体带来很大的危害。长期饮食偏咸，会造成体内钠离子过剩，体内的水分相应增多，增加血液循环流量，加重心脏的负担，钠在体内含量增多时还会引起血管收缩，使血压升高，易引起高血压。

据研究分析，每日食盐量在15g以上的，约有10%的人患高血压，因此，要想预防高血压，首先要从食盐的摄入抓起，从小的时候抓起。现在，提倡幼儿的饮食以清淡为佳，家长应在幼儿小的时候就开始培养低盐饮食的习惯。幼儿在哺乳期已经习惯了淡的味道，尝得多的是母乳或配方奶的甜味，但到了这个阶段，会有越来越多的食物呈现，就有可能受到家长饮食习惯的影响，家长吃的咸，幼儿慢慢就会跟着吃咸。因为给幼儿做饭时，家长就已经习惯依据自己的口味了来决定幼儿的口味了，殊不知成人对食盐的耐受力比幼儿还是要强很多，成人感到咸味的浓度是0.9%，幼儿感到咸味的浓度是0.25%，如依据成人的口味则幼儿摄入的食盐就多了，无疑是高盐饮食。

因此，家长在为幼儿做饭时，一般以刚出现咸味为宜，另外市场上有各类食盐（有锌盐、碘盐等），家长应根据幼儿的具体情况加以选购。提倡低盐饮食时，食盐每天摄入量应控制在3g左右。

192. 18个月的幼儿家长选择甜点的时候应注意什么?

甜点是不能当饭吃的，也不能一次给幼儿吃得过多，家长如果把甜点作为给幼儿补充少部分的营养，或调剂一下幼儿的胃口，是可以吃的。但对那些食欲旺盛，吃饭不成问题的幼儿，就应该尽量少吃甜点了，以免幼儿的营养过剩，导致肥胖，给幼儿将来的身体带来隐患。而对于那些食欲不佳，饭量小的幼儿，可以适当给一些甜点吃，但不要在正餐时间吃，以免影响他的正常食欲，可以在两餐之间，以作为营养的补充（图7-4）。

图7-4　18个月吃甜品

给幼儿吃甜点，家长要加以选择，因为甜点的品种很多，营养价值也不同，在选购甜点时，注意不要买太甜的，因为太甜的，容易让幼儿伤食，对牙齿也有害，在吃完甜点后，要给幼儿喝一些白开水，清除一下口腔中的食物残渣，这对幼儿的牙齿是非常有益的。

家长给幼儿吃甜点，只应作为一种额外的补充，不能挤掉幼儿的正常饭菜，不能由着幼儿随便吃，尤其是对于食欲不好饭量较小的幼儿，如果觉得甜点已在幼儿的饭食中占有一定的比例，家长应该及时给他限量。

193. 18个月的幼儿可否适当地吃些较硬的食物？

这个阶段的幼儿，已有一定的咀嚼和消化能力了，当幼儿能接受碎块状食物后，家长就应该适当给幼儿吃些较硬的食物，这样对幼儿的营养和吸收都有好处，不仅可供幼儿吃的食物多了，而且锻炼了他的咀嚼系统，如果只吃柔软的食物，幼儿不需要太多的咀嚼就吞咽了，长期这样下去，幼儿的牙床和脸部肌肉得不到运动，颌部的发育一定会受到影响。

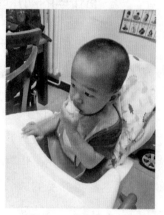

图7-5　18个月吃硬物

有的家长会担心幼儿的牙没长齐，吃不下较硬的食物，其实这种担心是没有必要的，相反，幼儿的能力往往都高于家长的估计，幼儿早在婴儿期就能凭牙床和舌头把块状食物碾烂咽下，何况现在幼儿已有10余颗左右的乳牙，而且，如果幼儿咀嚼有困难的食物，他就会自动吐出来，这也是人的一种本能，当然，所谓较硬的食物绝对不是指那些干果类的食品，比如干枣、蚕豆、核桃、松子等坚硬的食物，而是指那些相对于软食较硬的食物，像面包干、馒头干、薯片等食物，这些食物不要给幼儿当做正餐吃，家长可以在两餐中间给幼儿吃这些食品，一则让幼儿磨磨牙床，增强些咀嚼能力，二则也给幼儿一点食物的乐趣，三则也作为幼儿的一种饮食补充。（见图7-5）

194. 18个月的幼儿可否添加补品？

现在，随着生活水平的日益提高，市场上为幼儿提供的各种营养品很多，有补锌的、补钙的、补铁的、补充氨基酸、开胃健脾的等等，琳琅满目，眼花缭乱，有时确实令许多家长无所适从，不知该给幼儿服用哪一种好。

首先不是说这些营养品没有效果，只是说这些营养品并不适合于每个幼儿，也并非对人体各方面都有效果，分析研究一下这些营养品的成分就不难看出，里边一些成分在食物里就有。比如赖氨酸缺乏主要是发生在那些长期吃米面，而缺乏肉、蛋、奶、鱼动物性食品的婴幼儿中，常吃鱼、肉、蛋、奶的幼儿就没有必要去补充，现在，补充微量元素又是一件很时髦的事，但人体并不可能每种微量元素都缺乏，即使缺乏，量也不一样，盲目的补充，对幼儿的身体是无益的。不正当或过量食用补品会造成幼儿的性早熟。因此，家长不要给幼儿随意的添加补品。

十九个月

195. 19个月幼儿体格发育的正常值应该是多少?

体重：10.65 ～ 11.25kg;

身高：81.6 ～ 82.7cm;

头围：46.5 ～ 47.6cm;

胸围：46.8 ～ 48.0cm;

前囟：（0 ～ 0.5）cm×0.5cm;

出牙：10 ～ 16颗，其中门牙8颗，前臼4颗，尖牙4颗。

196. 19个月幼儿智能应发育到什么水平?

幼儿现在各方面都更为成熟了，他已经知道做什么事会让爸爸妈妈生气，有了一定的是非观念。他会发现一些看起来明显错误的事物，比如：当你故意把长颈鹿叫做斑马，把鼻子叫做嘴巴，幼儿就会因此而开心地大笑，他很喜欢纠正大人的错误。也能发现自己的布娃娃掉了一只鞋子，发现墙上多了一块污渍，这说明此时幼儿的观察能力也提高了。这个阶段的幼儿特别喜欢自作主张，越来越多地抗拒大人的管束。有的孩子则表现为特别缠人，总得有人陪着他才行。

197. 19个月幼儿语言发育能力应达到什么水平?

这个阶段的幼儿尽管所说的句子还很简单，省去了很多词，但大多数的句子是很容易让人听懂并理解的，会说话的幼儿也不再满足说话，而是要慢慢哼唱了。但是他对人称代词还不能完全理解，当妈妈说"你"和"我们"时，幼儿还不能明确知道指的是谁。如果把"你"换成幼儿的名字，他就很容易理解了。

有大约30%的幼儿能够使用多字组成的句子说话。尽管幼儿所说的句子还很简单，省去了很多词，但大多数句子是很容易让人听懂并理解的，幼儿会表达很多日常需要，告诉家长他要吃饭、要喝水、要小便、要睡觉。

当幼儿的精力旺盛、心情愉悦的时候，会沉浸在与妈妈一问一答的游戏中。这种一问一答的形式，不但可锻炼幼儿语言运用能力，还能锻炼幼儿思维能力，帮助幼儿认识事物的现象和本质，幼儿还喜欢跟在妈妈身后，问这问那，妈妈可不要烦，幼儿想知道所有他目力所及的事物，这是幼儿强烈的求知欲和探索精神。

会说话的幼儿也不再满足说话，而是要唱歌了。这时的幼儿常常像唱歌一样说话，又像说话一样唱歌。幼儿喜欢念儿歌，也可以像说话一样说儿歌。

198. 19个月幼儿运动行为能力应达到什么水平？

这个阶段的幼儿走和跑变得很熟练，能熟练地蹲，会爬到椅子上去拿东西，会从地上捡东西。有的幼儿不但能由走变成跑，而且还能够在跑步中停止立定。能很好地控制速度，并能绕障碍物跑，如果幼儿跑得比较快，突然停下来，可能会站立不稳，向前摔倒。（见图8-1，图8-2）

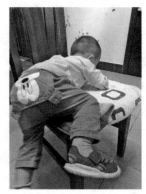

图8-1 19个月蹲　　　　图8-2 19个月爬椅子

199. 19个月的幼儿如何合理喂养?

这个阶段的孩子每天吃多少合适呢? 一般来说, 每天应保证主食 100 ~ 150g, 蔬菜 150 ~ 250g, 牛奶 250ml, 豆类及豆制品 10 ~ 20g, 肉类 25g左右, 鸡蛋1个, 水果 40g左右, 糖 20g左右, 油 10ml左右。另外, 要注意给孩子吃点粗粮, 粗粮含有大量的蛋白质、脂肪、铁、磷、钙、维生素、纤维素等, 都是孩子生长发育所必需的营养物质。也可以给予一些玉米面粥、窝头片等。

幼儿对甜味特别敏感, 喝惯了糖水的幼儿, 就不愿喝白开水。但是甜水喝多了, 既损坏牙齿, 又影响食欲。家长不要给幼儿养成只喝糖水的习惯, 已经形成习惯的, 可以逐渐地减低糖水的浓度。吃糖也要限定时间和次数, 一般每天不超过2块, 慢慢养成好习惯。糖吃得少了, 糖水喂得少了, 孩子的食欲即增加了。

200. 19个月的幼儿日常养护的要点有哪些?

当幼儿能自行用汤匙进食时，表示其手腕动作的成熟度已与成人相近，自理能力也已发展到一定的水准。此时对幼儿的要求可以高一些，不仅能够使用汤匙，还需要培养一些用餐礼仪，如吃东西时一手拿餐具，一手扶住碗；吃完才能离开餐桌；食物不能洒落太多等。家长可以先带着宝宝练习使用汤匙，拉着他的手做出"舀"的动作，并协助其把汤匙中的食物送至口中。可搭配玩具进行练习，增强幼儿的学习动机。让他从练习喂玩具娃娃开始，再运用到自己身上。平常可多玩一些运用到手腕动作的游戏，如铲沙子，增加手腕活动的灵活度。创造机会让幼儿与其他孩子一起用餐，增强其观察、模仿的意愿，尽快学会使用汤匙进食。

这阶段幼儿的口腔肌肉越来越灵活，加上牙齿的咀嚼能力日益提升，能吃的食物种类越来越丰富，对于均衡摄取各种营养大有帮助。需要注意的是，要随时提醒幼儿养成细嚼慢咽的习惯。家长可把切成片的苹果或稍微硬一点的饼干给幼儿，让他练习用门牙咬断、用舌往后送并且吞咽，逐渐养成先吞下一口、再吃一口的习惯。切记食物不要切得太细，多给幼儿提供练习机会，让他学会咬断食物。比如肉条、烫过的西芹等切成小段的食品，都是幼儿练习咬断食物的好食材。

不论收拾玩具或做其他家务，父母都应先带头做出表率，使幼儿有一个好的模仿、学习对象，提升参与的动机。另外，父母不要用成人标准去要求宝宝，只要他愿意做，就应给予鼓励。家长要注意在收拾玩具之前，要让幼儿知道玩具应该放在哪里，玩具的摆放位置最好是固定一处，让他有明确的印象。每次玩玩具时，父母应陪着幼儿在固定的地方玩，并陪着他一起收拾。做其他家务也是一样，父母一边做，一边让幼儿在旁边观看，时间一长，他也想自己做做看。此时可准备幼儿的专属工具，如小抹布，邀请他和父母一起擦桌子，事后给予及时鼓励。

201. 19个月的幼儿吃什么对眼睛有好处？

眼睛是人体的重要器官，幼儿的视力处于发育阶段，保护眼睛就更加重要，经常吃些有益于眼睛的食物，对保护眼睛也能起到很大的作用。

含蛋白质丰富的食物：它是组成人体组织的主要成分，组织的修补和更新需要不断的补充蛋白质。瘦肉、禽肉、动物内脏、鱼、虾、奶类、蛋类等含有丰富的动物性蛋白质，而豆类含有丰富的植物性蛋白质。

含维生素A丰富的食物：维生素A的最好来源是各种动物的肝脏‘鱼肝油、奶类、蛋类以及绿色、红色、黄色的蔬菜和橙黄色的水果，如胡萝卜、菠菜、韭菜、青椒、甘蓝、荠菜、海带、紫菜、橘子、甘蔗、哈蜜瓜、芒果等。人体摄入足量的维生素A，不仅利于消除眼睛的疲劳，还可以预防和治疗夜盲症、干眼症、黄斑变性。

含维生素C丰富的食物：维生素C是组成眼球水晶体的成分之一，如果缺乏维生素C就容易导致水晶体混浊患白内障。因此，应该在每天的饮食中注意摄取含维生素C丰富的食物，维生素C含量较高的食物有鲜枣、小白菜、卷心菜、菜花、青椒、苦瓜、油菜、西红柿、豆芽、土豆、萝卜、柑橘、橙子、草莓、山楂、苹果等。

含钙丰富的食物：钙具有消除眼肌紧张的作用。食物中的豆及豆制品，奶类、鱼、虾、虾皮、海带、墨鱼等水产品，干果类的花生、核桃、莲子，食用菌类的香菇、蘑菇、黑木耳、绿叶蔬菜中的青菜秧、芹菜、苋菜、香菜、油菜等含钙量都比较丰富。

经常给幼儿一些耐咀嚼的食物，增加咀嚼力度可以促进视力的发育，因为咀嚼时会增加面部肌肉包括眼部肌肉的力量，产生调节晶状体的强大能力，从而降低近视眼的发生概率。

202. 19个月的幼儿夏天吃什么好？

幼儿身体各组织器官发育不成熟，其表现主要是胃口不好、精神不好、睡眠不好、体重不增。在炎热的夏季让幼儿吃得好，喝够水，有充足的睡眠，有利于度过炎热的夏季。那么，幼儿在夏天吃什么好呢？

豆类、薯类：在夏天，可以给幼儿适当吃一些绿豆搭配的主食，比如说绿豆大米饭。也可以煮绿豆粥再加入大米、小米或玉米。还可以做一些薯类粮搭配的食物（比如说马铃薯加上大米、玉米）给幼儿煮粥吃。

食物清淡、营养全面：食物尽量清淡，少油腻，不油炸，保证优质蛋白摄入，如母乳、奶制品（酸奶、奶酪）、鱼类、瘦肉、豆制品和蛋类。食物应该多样化，夏季蔬菜种类繁多，也比较新鲜，应该给幼儿选择各种颜色的新鲜蔬菜，搭配在饮食里面食用，夏季水果也比较丰富，应该在上午和下午加餐中适量地补充，但是要注意尽量不给幼儿吃反季节的水果。

幼儿的饮食需要多变：在给幼儿做饭的时候，要强调多变，例如今天中午吃饺子，晚上就可以煮面条，明天上午蒸鸡蛋羹，等下次再做鸡蛋羹的时候就可以变变花样，比如鸡蛋羹里加几颗水果丁，既改变鸡蛋羹的味道，又改变了颜色，对幼儿有极大的吸引力，使得幼儿愿意吃饭。

一定要重视补水：水对幼儿生长发育十分重要，水在幼儿身体内占的比例大约在60% ~ 70%，由于夏天气候炎热，幼儿体内大量丢失水分会给身体发育、脑发育带来不利的影响，因此在炎热的夏天要想尽办法给幼儿多喝水。要喝温白开水，不主张给幼儿喝饮料，不要等幼儿渴了再补充水，因为此时他的感觉系统发育尚未完善，语言表达能力也没有发育完全，家长需要定时、定量地给幼儿喝够水，并观察幼儿尿的颜色（以淡黄色或者透明色为宜）。

幼儿在夏天爱吃生冷瓜果，但如果不注意卫生就会"病从口入"了，因此，在吃瓜果的时候，一定要进行清洗。在吃熟食的时候，更要注意是否新鲜，不能吃可疑霉变的食物，以免病原微生物乘虚而入引起疾病。

203. 19个月的幼儿可以喝饮料吗？

幼儿在摄入100ml的水之后，大约40%由肺和皮肤排出，

55%由小便排出，5%由大便排出。大便带出消化不了的食物残渣，小便则带出钠、钾和胃代谢的废弃物质。适当地喝一些饮料可以补充由汗液和小便排出的水和一些营养素，不过适合幼儿饮用的饮料不多，在此可以给家长推荐三种：

矿泉水：矿泉水是天然物质，含有儿童需要的盐，是一种很好的饮料，但是必须注意到，伪劣的不合格的饮料一定要识别出来，比如有些人

图8-3　19个月喝果汁

工矿化水，其中常常含有有害物质铅、汞等，绝不能让幼儿饮用。

橘子汁、番茄汁和山楂汁等：这些饮料家长最好选择鲜榨为宜，因为这些饮品含有大量的维生素C和丰富的钠、钾等，有很好的利尿作用，用新鲜的水果榨汁后如果怕太甜对幼儿牙齿不利还可以适当地加入凉开水稀释后饮用，这样最卫生有益。

消暑饮品：家长可以用红枣皮、绿豆、扁豆花、杨梅等混合煮成汤，少量加一点糖，做出夏季给幼儿消暑解毒的好饮品。（见图8-3）

204. **19个月的幼儿应该怎么吃零食？**

家长们都知道幼儿吃太多零食不利于健康，可零食又是

幼儿很喜欢的，不给他吃就会哭闹，家长反过来又会心疼，这要怎么办呢？

零食首先不是绝对不可以吃的，适量给幼儿吃一些零食，也可以补充他的能量需要，并且会给他带来快乐。但是幼儿吃零食要注意选择合适的品种，掌握合适的数量，安排合适的时间，这样既能补充营养，又不影响正餐，在此，要把握几个给幼儿吃零食的原则：

（1）时间要到位，如果在快要开饭的时候让幼儿吃零食，肯定会影响幼儿正餐的进食量。因此，零食最好安排在两餐之间，如上午10点左右，下午3点半左右。如果从吃晚饭到上床睡觉之间的时间相隔太长，这中间也可以再给一次。这样做不但不会影响幼儿正餐的食欲，也避免了幼儿忽饱忽饿。

（2）不要让幼儿不断地吃零食，这个坏习惯不但会让幼儿肥胖，而且如果嘴里总是塞满食物，食物中的糖分也会影响幼儿的牙齿，造成蛀牙。

（3）不可无缘无故地给幼儿零食，有的家长在幼儿哭闹时就拿零食哄他，也爱拿零食逗幼儿开心或安慰受了委屈的幼儿。与其这样培养幼儿依赖零食的习惯，不如在幼儿不开心时抱抱他、摸摸他的头，在他感到烦闷时拿个玩具给他解解闷。

不可无选择性地给幼儿吃零食，太甜、油腻的糕点、糖果、水果罐头和巧克力不宜经常给幼儿当零食吃，不仅会影响消化，还会引起幼儿肥胖；冷饮、汽水以及一些垃圾食品不宜给幼儿吃，更不能多吃，这对幼儿生长发育有百害而无一利。

家长可以针对幼儿的生长发育情况，合理选择零食，如幼儿缺钙，家长可给幼儿吃钙质的饼干、喝牛奶等；幼儿缺锌，家长可给幼儿吃含锌高的零食，但不要盲目进食或大量进食零食，只可作为日常中的调剂品。

205. 如何制止19个月的幼儿吃零食？

有的幼儿已经养成吃零食的习惯了，只要家长不满足，就会又哭又闹，那应该怎么制止呢？

如果能让幼儿了解食物的营养成分及对身体健康的影响，要说服幼儿戒零食，可能会容易些。可让幼儿从自行选择食物的种类开始。例如，幼儿很想喝甜品时，就可以趁机告诉幼儿，喝果汁比喝汽水好；如果幼儿想吃点心，就可让幼儿选择低热量的食物，而非高热量的蛋糕；如果到快餐店，可以告诉幼儿炸鸡的营养要比薯条高，且可将皮去掉，以减少脂肪的摄取等。这样会帮助幼儿做一个聪明的消费者。

想成功戒掉幼儿的零食，家长应该采取温和而坚定的态度，也就是说到做到，不用严厉地训他，更不要威胁、利诱，只要坚持原则、柔声劝阻即可。举个例子来说，如果幼儿晚上吵着要吃零食，家长这时就得拿出魄力，用坚定的态度告诉幼儿，现在要睡觉，明天早上才可以吃。就算幼儿哭闹，家长都不要妥协，久而久之幼儿就会知道，哭是没有用的，而慢慢会乖乖顺从。

突然不准幼儿吃零食，可能会使幼儿心理产生挫折而哭闹，这时就必须有忍受幼儿哭闹的心理准备，但也不可因心疼或受不了而妥协、让步，否则可能会功亏一篑。此外，家长要改的是幼儿的一个习惯、一件事，而非他本身，所以家长也要避免用其他物质上的奖励来鼓励幼儿。

零食不要放在幼儿看得见的地方，要引开幼儿的注意力，多陪他玩感兴趣的游戏，玩得高兴了自然就忘了吃这回事了。当幼儿想吃零食时，家长可以做一些有营养的小点心给他解馋。

家长和幼儿最好商量一个吃零食"协议"，规定每天吃零食的量、时间和种类，如果幼儿不遵守而哭闹，家长可以"冷处理"对待，并且全家人要态度一致。

206. 19个月的幼儿吃得多却长不胖是为什么?

幼儿吃得多，摄入的营养素多，就应该长胖，这是有一定道理的。但是现实生活中，往往有很多幼儿吃得多却总长不胖，这是为什么呢?

幼儿对食物的消化吸收差，吃得多，拉的也多，食物的营养素没有被人体充分吸收利用，这样幼儿就长不胖。所以，家长就要让幼儿养成定时定量的饮食习惯。如果幼儿所食用其主要营养素蛋白质、脂肪等含量低，长期吃这类食物，就算吃得再多，幼儿的体重也不会增加。幼儿的食物应该以丰富、均衡为原则，要保证幼儿每天所需营养素的量。

这个月龄的幼儿活动量加大，在饮食方面要求也更高，如果每天所摄取的营养素跟不上幼儿运动量的需要，幼儿就不会长胖。如果幼儿体内有蛔虫、钩虫等寄生虫摄取和消耗了营养物质，这样也会造成幼儿长不胖。尤其是不可忽视在幼儿的生长过程中，可能会患有某种内分泌系统的疾病时，他也可能表现为吃得多而体重下降，体质虚弱，此时应该带幼儿去医院做全面的检查，查出原因，及时治疗。

家长一定要注意，胖不是衡量幼儿是否健康的标准，幼儿瘦，但是精神好，不容易生病，抵抗力强，此时期幼儿的体格发育能达标，那也没什么关系，也许幼儿就是这样的体质。

207. 19个月的幼儿走路出现"外八字"应该怎么办？

这个时期的幼儿大部分已经走路很好了，家长在注意幼儿行走安全的时候，不要忘了还要仔细观察一下，幼儿走路时的姿态，因为这个时期的幼儿，稍不注意很容易发生"八字脚"，并以"外八字脚"为多见。

造成这种现象的原因，一是因为幼儿这时已经能独立走路，已不用家长的搀扶，因此，行走时，身体的重量已全部由双腿来承担；二是这一阶段又是维生素D缺乏性佝偻病的好发期，而幼儿"缺钙"时腿骨因钙质沉淀较少、软骨增生过度而变软，在身体重量的压迫下易弯曲变形。因此，就容易造成"八字脚"。

"八字脚"是可以预防的，家长应多带幼儿晒太阳，如阴雨天多或在秋冬季节，可在医生指导下，适当服用鱼肝油等维生素D制剂，来预防幼儿"缺钙"。如果幼儿已经患有佝偻病，则应进行积极、正规的检查和治疗。在平时，家长要注意培养幼儿正确的站、走姿势。要定期带宝宝到医院进行健康检查，以便及时发现问题，并及时进行处理。

如果幼儿走路时两脚分得太开、长时期走路不稳、在走快或跑时容易摔跤等，均应及时去医院检查和治疗。

208. 19个月幼儿睡午觉有什么重要性？

这个阶段的幼儿活泼好动，生长发育也非常迅速，为了幼儿的身心健康，必须保证幼儿充足的睡眠。因此，除了夜间的睡眠外，给幼儿安排好午觉也是非常重要的。午睡正好是白天的间隙时间，既可以消除上午的疲劳，又能养精蓄锐，保证下午精力充沛，午睡应成为保证幼儿神经发育和身体健康的一个重要的卫生习惯。

在睡眠过程中，由于氧和能量的消耗量少，而且生长激素分泌旺盛，可以促进幼儿的生长发育。如果幼儿睡眠不足，就会使幼儿精神不振、食欲不好而影响正常的生长发育。为安排好幼儿的午睡，最重要的是养成良好的生活习惯，每日按时起床，按时吃饭，午饭后不做剧烈运动，以免幼儿因兴奋过度而不易入睡。同时，午睡时间不要过长，一般以2～3小时为宜。

209. 19个月的幼儿吃水果需要削皮吗？

水果对于幼儿的身体健康来说，是非常重要的，一般情况下，这一阶段的幼儿，每天至少要吃1～2种水果。但给幼儿吃水果也要讲究科学合理。

水果肉质的营养成分越靠近果核周围，其含量越高，虽然，水果皮中会有一定量的维生素，但与果肉相比，是微不足道的。

在水果的生长过程中，为了不让病虫侵蚀，常常要喷洒农药，就会有一些农药渗透并残留在果品表皮起保护作用的蜡质内，即使吃时用水也洗不掉的。另外，水果在保存中会使用保鲜剂，这对人体也有害处。

水果在收获、运输、销售过程中常常会受到细菌的污染，尤其是表皮破损的水果。这些污染的细菌不易被水冲洗掉，多多少少总会有些残留，如果不削掉水果皮，洗洗就吃，难免会把细菌吃进肚子里。

近来科学家发现，凡是颜色鲜艳的果皮中，都含有一种类黄酮的化学物质，它专为各种花果提供植物色素，类黄酮在人体肠道内经细菌分解后，会转化为三羟苯甲酸，后者有抑制甲状腺功能的作用。因此，吃水果时最好是要削皮。

210. 19个月的幼儿应该如何选择夏季的凉鞋？

在炎热的夏天，给幼儿穿一双凉鞋一定会感到非常凉爽。但是，家长在为幼儿选购凉鞋时，一定不要选择那些前面露脚趾的凉鞋。

前面露脚趾的凉鞋虽然比较凉爽，但由于这个年龄的幼儿非常好动，不仅每天蹦蹦跳跳，而且动作还不够灵活、协调，如果幼儿在奔跑时不注意地面，就很容易被地面上的障碍物绊倒。特别是那些喜欢一边走路，一边踢石子或其他东西的幼儿，如果穿着露出脚趾的凉鞋，就可能踢破脚趾，甚至造成趾甲脱落等。所以，家长在给幼儿选择凉鞋时，不要只为凉爽而忘了安全。

211. 怎么教19个月的幼儿分清事物的属性？

教幼儿学会分清事物的属性，既可以提高幼儿对外界事物的认知能力和辨别能力，还有助于提高幼儿的归纳分析和应变能力。

在一般情况下，这个阶段的幼儿对按用途进行分类比较容易接受。家长在教幼儿学习分类时，可以用图片或实物试分，那些过去曾用过的认物图片都可以用来学习分类。把这些图片分别制成卡片，然后让幼儿将卡片按吃、穿、用、玩及其他类别划分放在几个盒子里，家长逐个盒子检查有无放错了地方，使幼儿进一步认清物品的用途，从而分清类别。

教幼儿学会分清事物的属性，还可以采用口头分类的方法，家长口头说出几种东西的名称，幼儿分辨这几种东西是不是一类东西，并把不属于一类的挑出来，比如家长说香蕉、苹果、橘子、桌子、梨等名称，幼儿挑出其中哪一种东西不是水果。看幼儿是否能分辨出来，不仅能够进一步提高物品分类的知识，同时还可以使幼儿养成在学习中集中注意力的习惯。

212. 19个月的幼儿应如何选择牙刷?

刷牙不仅可以保持幼儿的口腔卫生，促进牙周组织健康，同时又锻炼了幼儿手部的灵活性。幼儿使用的牙刷应根据幼儿的年龄、用途及口腔的具体情况进行选择，选择的基本要求主要有以下几点：

图8-4　19个月刷牙

牙刷柄要直、粗细适中，便于幼儿满把握持，牙刷头和柄之间的颈部，应稍细略带弹性。牙刷的全长以12～13cm为宜，牙刷头长度约为1.6～1.8cm，宽度不超过0.8cm，高度不超过0.9cm。牙刷毛太软，不能起到清洁作用，太硬容易伤及牙龈及牙齿。因此，牙刷毛要软硬适中，毛面平齐，富有韧性。使用牙刷时，不要用热水烫或挤压牙刷，以防止刷毛起球、倾倒弯曲。刷完牙后应清洁掉牙刷上的残留的牙膏及异物，甩掉刷毛上的水分，并放到通风干燥处，毛束向上。通常每季度应更换一把牙刷或刷毛变形后及时更换。（见图8-4）

213. 19个月的幼儿应如何选择牙膏?

牙膏是刷牙的辅助卫生用品，主要是由摩擦剂、清洁剂、润湿剂、胶黏剂、防腐剂、芳香剂和水组成的。牙膏不是清洁口腔的决定因素，只是能够起到洁白、美观牙齿、爽口除口臭等作用。所以，从幼儿自身的特殊性出发，在幼儿还没有掌握漱口动作以前，暂不要使用牙膏。待幼儿已经熟练掌握刷牙技巧之后，可以按照以下的要求选择合适幼儿使用的牙膏。

选择含粗细适中摩擦剂的牙膏，产生泡沫不要太多。选择幼儿喜爱的芳香型、刺激小的牙膏，合理使用含氟和药物牙膏，不要长期固定使用一种牙膏，更不要使用过期、失效的牙膏。

214. 19个月的幼儿应该进行哪些早期教育?

这个阶段的幼儿最好多锻炼他的平衡能力和手眼协调能力，这样可以刺激大脑的发育，可以练习让他看英语早教的动画片，或者看图片说英文，启蒙英语教育，这样大一些后或者上学后孩子比较容易接受英语。但是家长不要要求过高，孩子还小，只要开心就好。家长平时要多给幼儿听听故事和儿歌，平时和他一起数数都可以。并且要培养幼儿喜欢听故事（注意用书面语言讲）的能力，为他将来喜欢阅读做准备；也可和幼儿做一些简单的游戏，让他在动的过程中提高解决问题的能力。但是家长要注意教育不用太刻意了，您肯定知道幼儿这时候喜欢什么，他喜欢玩的尽量多花时间陪他玩儿，多跟幼儿交流，多一些亲子互动游戏（锻炼手指的或身体协调性的等等），多多外出，参加户外活动，经常让他和别的小朋友接触。多听儿歌（三字儿歌挺不错），读一些经典绘本，并且做到有耐心地边陪着他玩边讲解。

215. 19个月的幼儿总是"坏脾气"家长应该怎么办?

到这个月龄的孩子，有一种现象就是爱发脾气，这是一种正常的生理现象，因为处于这个阶段的幼儿易冲动、自制力差，对挫折的容忍程度非常有限。例如幼儿要到外面玩，家长表示不允许，他不明白为什么不允许，就会以发脾气的方式来表达自己的感情。而对于大一点的孩子，会对挫折有一定的控制能力，初步明白了一些事理，如果还出现频频哭闹，经常发脾气，那家长要自己考虑教育方法的问题了。

发脾气不仅严重损伤孩子的情绪和生理状态，而且也使家长狼狈不堪，感到很棘手。所以家长一定要设法制止孩子哭闹、发脾气。一定要根据发脾气的原因"对症下药"，方能奏效。

因为需求没有得到满足而发脾气。由于家长的溺爱，有的幼儿稍不如意便大哭大闹，家长决不要让步和迁就，不然会助长他的脾气。最简单的办法是把他单独放在房间里，作短暂的隔离，冷落他一会儿，让他有时间冷静下来重新考虑下一步怎么办。即使在外面也一样。如此反复几次，孩子就会感到自己发脾气、哭闹都毫无意义，得不到家长的注意，得不到自己想要的东西，慢慢地就不再乱发脾气了。

由于受忽视而乱发脾气。对于这样的幼儿，要安抚他们并转移注意力。孩子越小，情感越不稳定，注意力也越容易转移。当发生不愉快时，要采用活动转移法，让他们在游戏活动或体育活动中宣泄内心的紧张。对于这一类幼儿家长要从感情上安抚他，哄劝孩子不哭；要有耐心，千万不要训斥指责，更不能动怒打骂。否则，孩子的脾气只会愈演愈烈。

由于不被理解而发脾气。这个阶段的幼儿已经有了自己的思想，对某一件事也有了自己的看法，家长一定要给他提供充分表达内心想法的机会，那是对幼儿莫大的支持和鼓励。

任性，爱发脾气是幼儿一种不正常的心理状态的反映，与他们身心发展的水平较低有关，另一方面也与成人的态度和教育方法有关。家长如果平时对这类幼儿缺乏有效的教育和纠正，使幼儿无所控制地发展自己的这种行为，那对幼儿的身心发展都是十分不利的。

216. 适合19个月的幼儿做的游戏有哪些?

活动名称：找妈妈

活动目的：

（1）让幼儿感知物体的恒常性。

（2）让幼儿感受失而复得的快乐，并学会珍惜。

（3）锻炼幼儿大运动的发展。

活动准备：一块大一些的手帕，和背景音乐《找东西》

活动过程：

（1）妈妈用手帕把脸挡着，并问幼儿："妈妈呢？""妈妈去哪儿了？"

（2）妈妈把手帕从脸上拿下，对幼儿说："在这里。"这时，幼儿会很开心。然后妈妈用手帕挡住自己的脸。

（3）妈妈继续问"宝宝呢？"

图8-5　19个月挡脸

宝宝在哪里？"撩开手帕时对幼儿说："啊，宝宝在这里！"幼儿会开心的大笑。

做游戏前一定要保证游戏场所的安全和干净舒适，所用手帕一定要质地柔软，干净卫生。（见图8-5）

活动名称：欢乐蹦蹦跳

活动目地：多种形式帮助婴幼儿发展跳的动作。

活动准备：圈（可用大呼啦圈代替）

活动过程：

（1）可根据幼儿动作发展水平选择原地跳、行进跳、双脚跳、单脚跳。

（2）家长帮助幼儿学跳。

①扶跳：家长用双手扶在幼儿的腋下帮助他双脚同时离地向上跳。

②抓圈跳：家长双手拿圈，幼儿双手抓住圈的下端。家长轻轻提起，帮助幼儿双脚同时离地向上跳。边跳边念儿歌

"欢乐蹦蹦跳，你跳我也跳。跳、跳、跳跳跳，你高我也高。"

家长平日要创造条件让孩子练习跳，可以模仿各种动物跳。可以在家中松软的地方跳，并初步学习从高处往下跳。

二十个月

217. 20个月幼儿体格发育的正常值应该是多少？

体重：男孩为9.5 ～ 14.6 kg；女孩为9 ～ 13.8 kg。

身高：男孩为78.7 ～ 91.6 cm；女孩为77.4 ～ 90.2 cm。

头围：46.5 ～ 47.6 cm；

胸围：46.8 ～ 48.0 cm；

前囟：（0 ～ 0.5）cm×0.5cm；

牙齿：长出16颗乳牙。

218. 20个月幼儿智能应发育到什么水平？

脑发育：大脑已基本发育完成它的各项生理功能。人体的各部位发育速度，以大脑最快。孩子出生时，大脑发育虽尚未成熟，但在外界刺激的不断作用下，两年后，大脑将基本完成它的生长过程。人脑的生长发育在其出生前的最后3个月以及出生的2年内最快。20个月的幼儿，正处在这个阶段。模仿成人做事是这时幼儿非常热衷的一项活动。他可能会把家里的冰箱门一会儿开一会儿关，把椅子推来推去，拿块抹布跟着大人东擦西擦，一会儿也不闲着。喜欢自己洗手，试着自己穿衣服，看到大人刷牙也会要求试一试。如果你给幼儿准备一套专用小桌椅，他会非常高兴的。有的幼儿开始对自己的外生殖器发生兴趣，就像对其他事物发生兴趣一样，自己总是自觉不自觉地用手去玩弄，对此家长不必大惊小怪，更不要因此在公共场合严厉斥责，只要用其他事情把幼儿的注意力吸引开即可。认知：自我意识的增强使幼儿越来越多地抗拒大人的管束，要闹"独立"。要正确对待他这种独立意识的萌芽，既要有原则、立规矩，也要尊重幼儿的个性发展，这就需要家长在对待宝宝时讲究方法，采用他更易接受的表达方式与其对话，提供选择而不是简单制止。幼儿已逐渐意识到自己和他人的

图9-1　20个月开关冰箱

区别，试用"我"代替自己的名字，这标志着自我意识开始起了质的变化。他已经知道做什么事爸爸妈妈会生气，有了一定的是非观念。会发现一些看起来明显错误的事物，比如：当你故意把长颈鹿叫做斑马，把鼻子叫做嘴巴，他就会因此而开心地大笑，并且很喜欢纠正大人的错误。他也能发现自己的布娃娃掉了一只鞋子，发现墙上多了一块污渍，这说明幼儿的观察能力也提高了。（见图9-1）

219. 20个月幼儿语言发育能力应达到什么水平？

此阶段的幼儿可以说2～3个字的句子了，家长可以让他说出日常生活中常用的话或者容易说的东西，比如玩具物品的名字，家长要注意积极与孩子沟通，以便了解孩子的真实意图，鼓励幼儿说出自己的想法和要求，这对他的语言发育非常重要。这个时期的幼儿说话明显增多，大约已能说出50

个以上的单词，开始进入双词句阶段，慢慢地将两个词合在一起练习，家长要注意在这个时期需加强对他语言方面的训练。当他的语言能力有了进一步的提高，就能有目的地说出一些句子，还能指着图片说出物体的特征来。

220. 20个月幼儿运动行为能力应达到什么水平？

此阶段的幼儿动作发展较前快，大多数应该会跑了，尽管跑得还不太稳，部分幼儿已经会自己上楼梯了，但下楼时一般还需要家长的帮扶，否则不太敢自己往下走。幼儿现在也能比较自如地把球用小脚踢出去，大多数幼儿还不会双脚离地跳起，也不太会双手过肩抛球，但家长可以有意识地训练他这

图9-2　20个月倒退走

方面的能力了。"倒退走"可以锻炼幼儿的身体平衡和协调能力，发展运动统合能力。但前提是幼儿必须先走稳后，方可让他学倒退走，倒退走完全是依靠身体的平衡和本能感觉来控制的，所以对于20个月的幼儿还是非常有挑战的。家长在幼儿身后叫他的名字，引导倒退走，要十分注意安全，防止幼儿摔伤。搭积木可以锻炼幼儿的空间感及专注力，可以给他8～10块或更多的积木，让他任意垒起来，积木适合各个年龄段的幼儿，也是非常受幼儿欢迎的玩具。（见图9-2）

221. 20个月的幼儿如何合理喂养?

这个阶段的幼儿要有健康、强壮的体魄需要吃到足够数量的蛋白质、碳水化合物、脂肪、维生素和矿物质。幼儿进食的数量与他的活动量和是否处于生长高峰有关，例如过完第一个生日后，孩子的生长速度渐渐地慢下来，但是很快又提高起来，这时孩子开始学习走路。到了20个月，幼儿每日的热量需求是成年人的3倍（按体重），因为这时他的生长速度非常快，一定要给这个阶段的幼儿足够的能量，一般为每500克体重需要热量50卡路里。幼儿每天需要25g的蛋白质。

从健康角度讲，无所谓什么是最基本的食物，幼儿只需要大量、新鲜而又精心制做的食物，以达到营养平衡。奶还是幼儿所需要蛋白质的主要来源（一杯奶中含有8g的蛋白质），另外幼儿还需要喝到白水或稀释的果汁。食品要注意有营养和易于消化，不要让幼儿吃过于香甜、酸辣的食物，因为它容易造成胃功能减退和消化不良。食物应该做得软些，可由原来的末、羹、泥"改为丁、块、丝"。不要吃不该吃的食物，如带刺激性的食物，整粒的干果（如花生米、瓜子、核桃、干豆等）。

这个阶段的幼儿很多水果都可以吃了，但也要注意必须洗净去皮，如果给他喂食葡萄、樱桃等又小又圆的水果需小心，又小又圆的水果易使宝宝发生呛噎和窒息。为了避免幼儿吃水果后出现皮肤瘙痒等过敏现象，有些水果在喂前可煮一煮，如菠萝、芒果等。此外，水果含糖比较多会影响幼儿喝奶及吃饭量，所以给幼儿喂水果最好在饭后。

虽说动物肝脏既有营养又含丰富的维生素A，但也非越多越好。动物肝脏中所含的维生素A虽然是幼儿生长发育不可缺少且又容易缺乏的营养素，但过量摄入动物肝脏也会影响宝宝的健康。家长也要切记鸡蛋不能代替主食，有些家长为了幼儿身体长得更健壮些，几乎每餐都给幼儿吃鸡蛋，这很不科学。过多摄入鸡蛋，会增加幼儿胃肠道的负担，重者还会引起消化不良性腹泻。

222. 20个月的幼儿日常养护的要点有哪些?

这个阶段幼儿的个性发育更加明显，有的表现出逞强好斗的个性，会发生打人、推人、咬人等各种不良行为，以男孩的表现更为常见。对幼儿的这一行为一定要制止，但不要单纯用打的方式教育他，这样有可能适得其反。要平静而坚决地告诉幼儿，小朋友之间使用武力任何时候都不是解决问题的办法，而且是决不能容忍的，打人不是好孩子。幼儿在此时与他人交往已经由被动向主动发展，由观看小伙伴游戏趋向参与；对环境探索的欲望、兴趣、能力有所提高。有的幼儿会表现的特别缠人，不会独自玩耍，总得有人陪着他才行，搞得家长疲惫不堪，这与家长对幼儿从小的教养方式有很大关系。不妨从现在起，让他更多地走出家门，接触更多的人，培养他的社会适应能力和独立性。此阶段家长要注意培养幼儿有规律的生活习惯，这对幼儿和家长来说都是一件好事，对幼儿来说良好的生活习惯一方面能够保证身心健康，另一方面也能培养他的自我控制能力。对家长来说，幼儿有规律的生活无疑减轻了照料的负担，也减少了因每天的生活内容而与幼儿发生矛盾的机会。

223. 20个月的幼儿刷牙应注意什么？

这个阶段的幼儿家长要开始训练他自己刷牙了，使他养成早晚刷牙、饭后即漱口、吃过零食后随时漱口的好习惯。那么，幼儿刷牙需要注意什么呢？

（1）出乳牙时期，牙齿排列较稀疏，牙冠较短，容易造成食物嵌塞。因此，在刷牙前家长要先检查幼儿的牙缝中是否有食物嵌塞，如有嵌塞，应先将食物清除后再刷牙。

（2）幼儿的牙刷要精心挑选，使用专用牙刷：牙刷毛束不宜超过3排，每排6～7束，毛质软并磨毛。刷头大小相当于幼儿四颗门牙的宽度为宜，刷毛要经过磨圆，不刺激幼儿的齿龈。

（3）幼儿漱口要用温开水（夏天可用凉开水）。这是因为幼儿在开始学习时不可能马上学会漱口动作，漱不好就可能把水吞咽下去，所以开始的一段时间最好用温开水。

（4）建议3岁以下的幼儿不使用含氟的牙膏，幼儿在刷完牙后要把牙膏漱干净。同时，幼儿每次牙膏的使用量大约只需要黄豆般大小就够了，最多不超过1cm。

（5）不要让幼儿仰着头刷牙，这样容易发生误吸，是十分危险的。

现在不少人已经养成了早上刷牙的习惯，实际上，临睡前刷牙更为重要。因为睡眠时口腔活动停止，唾液分泌大大减少，对细菌、食物残渣等冲洗自洁作用也随之大为削弱，细菌则可趁机大量繁殖，产生代谢产物以腐蚀牙齿，发生龋病，所以家长要让幼儿从小养成睡前刷牙的好习惯。

224. 如何教20个月的幼儿有效刷牙？

每个家长都希望自己的孩子拥有一副健康的牙齿。但是现实生活中，一些幼儿对刷牙没有正确的认识，没有养成良好的刷牙习惯，很多家长也没有很好的方法，甚至自己对刷牙的认识也存在误区。要想让幼儿拥有健康的牙齿，家长要学会科学地教幼儿正确的刷牙方法。

科学的、符合口腔卫生保健要求的刷牙方法是竖刷法，即顺牙缝的方向刷。先刷牙齿的表面，将牙刷刷毛与牙齿表面呈45 ~ 60度角斜放并轻压在牙齿和牙龈的交界处，轻轻地做小圆弧样的旋转，上排的牙齿从牙龈处往下刷，下排的牙齿从牙龈处往上刷。其次刷牙齿的内外侧。用正确的刷牙角度和动作清洁上下颌牙齿的内侧和外侧，刷前牙内侧时，要把牙刷竖起来清洁牙齿。最后刷咬合面，将牙刷头部毛尖放在咬食物的牙面上旋转移动。每个部位反复刷10次，用这种方法刷牙的好处是基本上可以把牙缝内咬合面上、牙齿的里外、面上滞留的食物残渣、黏结物刷洗干净。

这个阶段的幼儿，家长可以刷牙的时候让他看，他就会模仿家长的动作而开始刷牙，虽然开始还只能算是一种好玩的举动，但很快幼儿就能学会刷牙了。

225. 对于20个月的幼儿夏季应该注意什么？

夏天，特别是针对20个月左右月龄的幼儿，因为调节体温的中枢神经系统还没有发育完善，对外界的高温不能适应，加上炎热天气的影响，使胃肠道分泌液减少，容易造成消化功能下降，很容易生病。所以，家长要注意夏天的保健工作，让幼儿健康安全地度过夏季。

（1）衣着要柔软、轻薄、透气性强：幼儿衣服的样式要简单，如小背心、三角裤、小短裙，既能吸汗又穿脱方便，容易洗涤。衣服不要用化纤的料子，最好用布、纱、丝绸等吸水性强、透气性好的布料，这样幼儿不容易得皮炎或生痱子。

（2）食物应既富有营养又讲究卫生：夏天，幼儿宜食用清淡而富有营养的食物，少吃油炸类、煎烹类油炸的食物。夏天要注意幼儿奶具的消毒，并且配方奶及鲜榨果汁也要保证新鲜，由于幼儿的胃肠道还处于比较娇嫩的时期，一定要避免食用变质的食物，以免引起消化道疾病。另外，生吃水果要清洗干净，并且最好削皮食用。夏季，细菌繁殖传播很快，幼儿抵抗力又比较差，很容易引起腹泻，切记冷饮之类的食物不要给幼儿多吃。

（3）保证充足的睡眠：无论如何，也要保证幼儿足够的睡眠时间。夏天幼儿睡着后，往往身体都会出汗，此时切不可电扇直吹，以免幼儿着凉。既要避免幼儿睡觉时穿着过多，也不可让他裸体睡觉，应注意腹部的保暖，可以搭一条小毛巾或者穿薄睡衣。

（4）补充水分：夏天出汗多，家长要给幼儿补充水分。否则，会使幼儿因体内水分减少而发生口渴、尿少。可以给幼儿喝一些鲜榨果汁，不但可以解暑解渴，还能补充糖类与维生素等营养物质，应给幼儿适当饮用一些，但不可以喂得太多而导致不愿意饮用白开水。

许多家长会因为幼儿一晒就出汗，而不让幼儿出门，长期在家中玩耍。其实，"玩耍"是这个阶段幼儿学会观察、认识、理解、说话和活动的最佳"工具"，能促进幼儿的大脑智力开发。所以，在幼儿的成长过程中，需要保证一定的玩乐时间，尤其是走出家门的玩耍更为重要。

226. 20个月的幼儿中暑了家长应该怎么办？

当幼儿出现高烧，同时合并下列现象，就说明幼儿有中暑的可能：

（1）虽然很热，但不出汗。

（2）皮肤干燥，而且发红、发热。

（3）烦躁不安、哭闹、呼吸及脉搏加速。

（4）会说话表达的幼儿会告诉家长自己头晕、恶心。

家长一旦发现幼儿中暑，要立即拨打120急救电话，在等待医生时，可以采取以下措施：

（1）尽快把幼儿移到阴凉通风的地方或有空调的房间。

（2）脱去衣物，用湿毛巾擦拭全身，以降低体温。

（3）给幼儿补充足够的水分和盐分，以免幼儿脱水。

夏天幼儿实在热得不行时，可让幼儿适当吹吹空调，还可使用冰袋降温。可重复使用的冰袋是很好地降低皮肤温度的工具，里面预充的液体有降温的作用。

227. 20个月的幼儿吹空调应遵循哪些原则?

很多家长不主张给幼儿吹空调，主要是因为怕幼儿受冷空气的侵袭，发生感冒、发烧、咳嗽等病症，俗称空调病。其实，如果在使用空调时能遵循一定的原则，空调病还是可以完全避免的。

（1）空调的温度不要调的太低，以室温26℃为宜，室内外的温差不宜过大，比室外低3℃～5℃为佳。另外，夜间气温较低，应及时调整空调的温度。

（2）空调的冷气出口不要对着幼儿直吹。

（3）由于空调房间内的空气比较干燥，应及时给幼儿补充水分，并加强对干燥皮肤的护理。

（4）每天至少为幼儿测量一次体温。

（5）定时给房间通风，至少早晚各一次，每次10～20分钟。家长应禁止在室内吸烟。

（6）空调的除湿功能要充分利用，它不会使室温降得过低，又可使人感到很舒适。

（7）出入空调房，要随时给幼儿增减衣服。

（8）不要让幼儿整天都待在空调房间里，每天清晨和黄昏室外气温较低时，最好带幼儿到户外活动，可让幼儿呼吸新鲜空气，进行日光浴，加强身体的适应能力。

（9）晚上睡觉时，给幼儿盖上薄被或毛巾被，特别是注意肚子不要着凉。

228. 夏季幼儿外出应如何防晒？

这个月龄的幼儿，会特别喜欢去户外活动，尤其夏天是幼儿外出玩耍的最佳季节，很多家长都会带着宝宝去户外游戏，经常让幼儿晒晒太阳当然是好的，但别忘了烈日可能也会给幼儿的皮肤带来伤害，因此，家长需要了解一些防晒知识：

（1）选好外出的时机

家长应尽量避免在上午10点以后至下午4点之间带幼儿外出活动，因为这段时间的紫外线最为强烈，非常容易伤害幼儿的皮肤。最好能在太阳刚上山或即将下山时带幼儿出门走走。

（2）幼儿防晒霜不可少

家长一定要在出门时给他用防晒霜。要选择没有香料、没有色素、对皮肤没有刺激的儿童专用物理防晒霜，防晒霜以防晒系数15为最佳。因为防晒值越高，给幼儿皮肤造成的负担越重。给幼儿用防晒用品时，应在外出之前15～30分钟涂用，这样才能充分发挥防晒的效果。而且在户外活动时，每隔2～3小时就要重复涂抹一次。

（3）准备好防晒装备

外出时除需要涂抹防晒霜外，最好给幼儿戴上宽檐、浅色的遮阳帽，穿透气的长袖薄衫、长裤。紫外线也会损伤眼睛，所以，不要忘了给幼儿准备一副质量好的太阳镜。还要时刻记得不能让幼儿在太阳下暴晒，当看到幼儿的影子变得比他自己矮时，就不能再在太阳底下玩耍了，要到阴凉的地方去玩。

当家长带幼儿在户外游泳，因为沙子和水会反射40%～60%的紫外线，紫外线甚至能穿透到水下90cm，所以，一定要将幼儿身体暴露的部位都涂上防晒霜。而且，幼儿从水里出来后，要马上擦干他身上的水珠，因为湿皮肤比干皮肤更容易让紫外线穿透，而使皮肤被灼伤。

229. 给幼儿照相家长要注意什么？

幼儿的成长过程是家长与孩子最美好的回忆。现在大多数的家长都会使用照相机帮幼儿记录成长的经历，在照片中留下幼儿的喜、怒、哀、乐，但是家长也担心闪光灯会影响幼儿的视力，那么，闪光灯到底会不会伤害幼儿的视力呢？

就一般使用而言，只要避免在1米以内、连续闪光的情况下拍照，闪光灯是不会伤害幼儿的视力的。尽管有时用闪光灯拍照后，幼儿会出现暂时的看不清楚的现象，但也会在短时间内恢复，而不会造成长期的影响。所以，只要家长遵循保持一定距离、少量开启闪光灯拍摄的原则，完全无需担心。但对于新生儿或婴儿不宜使用闪光灯拍照，以免对视网膜造成伤害。

要保护幼儿的视力，平时的营养摄取也很重要。还有，要注意幼儿的睡眠是否充足，以及睡眠质量是否良好，这样，人体自我修复功能就能维持得好，身体自然就会健康。

230. 20个月的幼儿如何预防龋齿？

龋齿，是幼儿最常见的牙病，幼儿乳牙萌出后就有得龋齿的可能。因为牙齿经常受到口腔内酸的侵袭，使牙釉质受到腐蚀，变软变色，逐渐发展为实质缺损而形成龋洞，龋洞不会自愈，如不给予补治会继续侵蚀到牙本质、牙髓，只留下残根。龋齿不仅让幼儿感到疼痛而影响食欲、咀嚼、消化、吸收和生长发育，有时还会导致牙髓炎、压槽脓肿，甚至引起全身疾病，此外，乳牙龋齿还会影响恒牙的发育，影响幼儿的健康，一旦发现一定要及早治疗。幼儿龋齿可从以下几方面做好预防：

（1）刷牙是预防牙病最行之有效、方便易行的方法。幼儿一般在这个阶段乳牙已经萌出数颗，这时就该开始刷牙了，并且要养成早晚刷牙的好习惯，要给幼儿选择合适的牙刷和牙膏，要教会正确的刷牙方法，喂奶后要注意喝一点清水漱口。

（2）少让幼儿吃零食、甜食，尤其是睡前尽量不要吃东西。

（3）按时给幼儿添加辅食，练习幼儿的咀嚼能力。正确服用维生素D和钙制剂，增强牙齿的强度。

（4）加强口腔保健。

（5）合理营养及体格锻炼。

（6）定期进行口腔检查。

231. 20个月的幼儿患龋齿了家长应该怎么办?

这个阶段的幼儿患龋齿了,如果非常不接受刷牙的情况下,家长可以用消毒过的软纱布,蘸一点清洁的温开水给幼儿轻轻地擦拭口腔两侧的黏膜、牙床及已萌出的牙齿,坚持每次饭后、睡前各一次。

患有龋齿的幼儿家长要尤其注意 , 多吃富含钙的食物:喝加氟的白开水,多吃含氟高、吸收率也高的海产品。尤其要控制幼儿的甜食的摄取,吃糖不仅影响食欲还损害牙齿,对于患龋齿的幼儿家长应严格控制。另外,还要定期进行口腔的检查,及时治疗龋齿,以防发生更严重的口腔问题。

232. 20个月的幼儿应远离哪些植物?

这个阶段的幼儿外出玩耍的机会很多,并且对外界事物都充满了好奇,喜欢摸一摸、闻一闻、碰一碰,那么,生活中有些植物是有意想不到的负面作用的,家长一定要识别并让幼儿远离。

仙人掌本身带刺,如果幼儿不小心摸到,扎到皮肤,就会引起过敏反应,并引起幼儿哭闹不止;杜鹃花虽然看上去鲜艳而漂亮,但是其中含有一种毒素,被幼儿误食的情况下,轻者引起中毒,重者会引起致死性休克;夹竹桃全株及乳白色树液均有毒,而且他还能散发毒气,幼儿闻后可能引发气管炎和肺炎;滴水观音外形看上去大气优雅,但是茎内的汁液有毒，如果幼儿误食会引起口腔和咽喉的不适；飞燕草全株有毒，含有生物碱，如果被误食，则会引起神经系统的中毒，会产生痉挛的现象；对于一些鲜花，如丁香、郁金香、百合花等，其散发的气味会引起头晕、气喘等中毒症状。

如果家长想在家中摆放一些绿植最好以观叶植物为宜，很多观叶植物可以减少污染、净化空气。吊兰是人们公认的室内空气净化器，可在幼儿房间内放置，使室内空气清新宜人。

233. 幼儿患蛔虫病的主要表现是什么？

现在随着生活水平的日益提高，人们的卫生意识逐渐加强，幼儿患蛔虫病的比例已经大大降低。蛔虫病是幼儿常见的寄生虫病之一，成虫长期寄生在人体肠道，吸取了人体大量营养，影响了小儿的生长发育。由于幼儿的语言表达能力差，家长要通过多观察来判断幼儿是否有蛔虫，幼儿患有蛔虫病一般表现为：

（1）幼儿吃得多，但很容易饥饿，而且长不胖。有些患儿有偏食甚至异食的表现，如爱吃墙上的石灰、水泥或报纸等。

（2）幼儿出现不明原因的腹痛，脐周出现阵发性疼痛，用手揉后，疼痛会缓解。

（3）幼儿大便不正常，经常腹泻，并逐渐消瘦。

（4）幼儿夜间睡眠不好，会出现哭闹、磨牙、流口水等症状。

（5）蛔虫易引起婴幼儿过敏反应，患儿的皮肤会起荨麻疹等。

（6）其他病症：幼儿手指甲有白斑，似点状或线条状，幼儿下唇出现单个或多个灰白色颗粒，少许发亮，略高于正常嘴唇，舌头上的斑点格外突起发红，又称"红花舌"。

234. 幼儿患蛔虫病应怎样预防与治疗？

防止蛔虫卵"病从口入"，家长应注意做到以下几点：

（1）幼儿饭前便后要认真洗手，肥皂虽有去污作用，但在短时间内很难消灭蛔虫卵，用盆洗手水不宜太少，最好用自来水直接冲洗。勤剪指甲，不吸吮手指。

（2）避免幼儿生吃蔬菜和瓜果，生拌菜对于保证蔬菜内的营养成分有着独到的长处，但一定要注意食用卫生。应冲洗干净，最好能用开水短时烫一下。

（3）若幼儿处于长牙期，喜欢把玩具、手等放到嘴里吸吮，要注意这些物品的卫生。

（4）消灭苍蝇、蟑螂，不吃不洁的食物。

（5）不要让幼儿随地大小便。

患蛔虫病应如何进行治疗呢？幼儿患有蛔虫病后，驱虫处理是最有效的治疗手段，驱虫应选择幼儿健康时进行，一般情况下，一个疗程的驱虫药即可，并且要严格遵从医嘱服药。幼儿一年四季都有可能遭受寄生虫虫卵的感染，但夏天机会最多，而夏天感染的蛔虫卵只有到了秋天发育为成虫才能被驱除，所以，秋天是驱蛔虫最佳时间。

235. 20个月的幼儿家长要怎么给他建立"逛街规矩"？

这个阶段幼儿的活动能力、认知能力都扩大了，也有自己的主张了，平时带他去逛街可能会有很多自己的主意，比如要买什么，不要什么等。所以，从现在开始，上街之前要给幼儿讲清楚规矩。家长要告诉他，自己要买什么，然后问幼儿想要什么，列入计划后，家长要强调，只买计

图9-3　20个月逛街

划购买的东西，其他的不许买，或下次去时再买。这样给幼儿深刻的印象，即购物应有计划，没有计划的东西不能买，不能随心所欲养成不好的习惯。这样是从小培养幼儿控制自己欲望的能力，学会按计划行事，对于他的成长是非常重要的。（见图9-3）

236. 家长要如何培养20个月的幼儿玩"安静"的游戏？

在这个阶段的幼儿已经处于智力发展的高峰，很多表现都像"小大人儿"，作为家长就要考虑培养他完成更高级的游戏了，而不是一味地打打闹闹，说说笑笑。家长可以将幼儿

的玩具娃娃放在床上，盖好被子，然后轻声对他说"妹妹睡着了，我们轻轻地出去，不要吵醒她"，慢慢领着幼儿用脚尖轻轻地走出去，轻轻地关上房门，去客厅里玩不发出声音的游戏，如穿珠子等。或者，家长和幼儿可以静静地坐在沙发上，手牵手闭起眼睛，专心地听听平时不太注意的声音，如楼上楼下邻居走路说话的声音、远处汽车的鸣叫声、窗外小鸟的声音等，过

图9-4　20个月哄娃娃睡觉

一会儿睁开眼睛问幼儿："宝宝刚才听到什么声音了？"

　　这个游戏主要是教会幼儿去关心别人，在别人休息和睡眠时不吵闹。让他能安静地坐一会儿，才能听到平时忽略了的声音，使听觉敏锐，养成专注的习惯。（见图9-4）

237. 如何建立20个月幼儿的统筹观念？

　　家长可以让幼儿多帮忙拿东西。比如洗澡前要准备东西了，浴液、毛巾、拖鞋、梳子、衣服等，幼儿往往一次只拿一种。家长可提醒他还要拿什么，并告诉他可以一次性把肥皂和毛巾都拿来。下次拿拖鞋和衣服时，妈妈和幼儿会一问一答："拖鞋在哪？""在房间。""衣服在哪？""在房间。""那你可以一次把拖鞋和衣服都拿过来。"经过几次之后，妈妈只需说一遍所需的东西，幼儿就会主动分配、安排

每次取物的数量。

这种练习可帮助幼儿建立最初的统筹观念，学会做事前先思考判断，计划好行动的步骤，对幼儿来说将受益终生。

238. 20个月的幼儿适合做什么运动练习?

这个阶段的幼儿肌肉已经有一定的力量了，应适当增加运动的强度达到大肌肉运动的锻炼目的。可以让他练习投球，并且不断要求更远一点、更高一点，家长可以和他一起投掷，和他比一比，使他一直有运动的兴趣，也可以父母各站一边，让幼儿站在中间，让他学会向两个方向扔球，锻炼他的方向感，并且要让

图9-5　20个月投球

幼儿充分感受全家一起玩耍的欢乐气氛。另外，要继续练习跑、跳等幅度大的动作，从而不断地加强平衡能力和肌肉强度。让幼儿在追逐玩耍中有意识地练习跑和停，渐渐地学会停之前放慢速度，使自己站稳，慢慢使幼儿能放心的往前跑，不至于因速度太快，头重脚轻而向前摔倒，这些都是要让他在运动中逐渐摸索，能达到自我控制自如的目的，对于精细的运动，可以练习穿珠子、小瓶置物、系丝带等，这些都是既锻炼幼儿运动能力又增强他专注力的好方法。（见图9-5）

二十一个月

··

239. 21个月幼儿体格发育的正常值应该是多少?

体重：11.05 ～ 11.63kg；

身高：82.5 ～ 84.6cm；

头围：46.76 ～ 47.94cm；

胸围：47.2 ～ 48.47cm；

前囟：多数已闭合，少数刚可摸到；

出牙：12 ～ 18颗，其中门牙8颗，

前臼4颗，尖牙4颗，后臼2颗。

240. 21个月幼儿智能应发育到什么水平?

21个月时，幼儿的词汇量已经比较丰富，可以用简单的词句来表达出自己的想法，如表示要吃饭、喝水以及大小便等；能够很快说出自己熟悉物品的名称，而且说话时开始有语调的变化。此时，幼儿的好奇心非常强，会主动要求父母带他去看自己感兴趣的东西，开始学会问问题，而且对物体的大小、远近能进行初

图10-1　21个月搭积木

步的辨别，但对事物之间的空间关系还不十分理解，例如会让父母去抓天上飞着的小鸟、夜空中闪耀的星星等。这时幼

儿可以玩6～8块的积木游戏，爱拿着笔乱涂乱画。

诱发孩子的好奇心，对于孩子的思维发展有很重要的意义，家长要注意创造情景，引起孩子的好奇心和求知欲。（见图10-1）

241. 21个月幼儿语言发育能力应达到什么水平？

这个时期的幼儿说话明显增多，大约已能说出100个以上的单词，逐渐开始进入双词句阶段，慢慢地将两个词合在一起练习，父母要注意在这个时期加强对他语言方面的训练。这个时期的幼儿尤其喜欢爬上爬下，还喜欢伴随着音乐跳舞，喜欢念儿歌，还喜欢数数字。幼儿的语言能力有了进一步的提高，他能有

图10-2　21个月数数

目的地说出一些句子，还能 指着图片说出物体的特征来。

如果幼儿能从1数到10，表现的真的很不错，家长要适当地给予奖励，如果幼儿还不能做到，也没有关系，这不是说明幼儿的智商存在问题，只是家长需要在日常生活中要多体现数字感的存在，可以先教他从1数到3，循序渐进。（见图10-2）

242. 21个月幼儿运动行为能力应达到什么水平?

这个时期幼儿可以较好地控制身体了，能平稳地走路了，比较喜欢奔跑。刚开始他奔跑的动作较僵硬，速度可能慢一些，经常鼓励孩子练习，逐渐地他就可以较稳定地、协调地跑，速度可逐渐加快。同时可以教幼儿学习转弯，绕障碍物跑等。如果能倒退着走也是运动稳定、协调的表现，可经常与孩子一起玩拖拉玩具或做一些游戏，让幼儿持续地倒退走。在日常交往中幼儿有时会出现攻击性行为，家长一定先要分析他行为背后的出发点，是因为高兴还是生气，因为这个阶段的幼儿有时会因为高兴打别人，就是表达的方法不正确，需要家长给予正确的引导。

243. 21个月的幼儿如何合理喂养?

这个时期的幼儿饮食习惯可能是变化无常、没有规律且无法预测的，所以在饮食的提供上更要注意营养丰富和有益健康，而且这一阶段幼儿吃什么与吃多少都要由幼儿自己决定，任何诱惑哄骗的方式让幼儿吃东西都会适得其反。食物虽然提供得丰富，但也要小心幼儿有缺乏营养的危险，随着食物品种的扩大，他们会变得挑食、偏食，而且对不同的食物的兴趣变化不定，而单靠任何一种食物都不能满足人体所需要的全部营养成分，所以，长期挑食偏食的孩子会容易出现营养缺乏。培养良好的进餐习惯，对于这个阶段的幼儿来说也十分重要，随着他认知能力不断提高，就要培养幼儿良好的进餐行为和进餐礼节了，这个家庭良好教育和个人形象对于幼儿的日后发展也至关重要。

244. 21个月的幼儿日常养护的要点有哪些?

这个阶段的幼儿因为充分具备了自我活动的能力，所以家长在日常要特别注意安全，防止意外伤害。口腔卫生也尤为重要，平时要加强口腔护理，可以准备两个一样的牙刷，你一个，给幼儿一个，让他模仿你的刷牙动作，里里外外、上上下下都要刷到，每次刷牙时间不能少于三分钟。牙刷要使用软毛儿童牙刷，不要用橡胶的，因刷不干净槽牙。用两个一样的牙刷，是为了避免幼儿因好奇抢你手里的牙刷，但实际操作中发现，即便两个一样的牙刷，幼儿还是会抢，这就更需要家长耐心地劝说。还有，平时家长不要用自己的筷子给幼儿喂饭，这样容易造成口腔细菌的感染。在运动方面，应该丰富内容，保证运动量。家长可以陪幼儿一起赛跑、投球、踢球、做操，进一步增强他的协调性。应鼓励幼儿攀爬、玩滑梯、秋千等，但是家长要注意采取适当的保护。一定要在2岁前让幼儿练习用小勺，因为这个时期是他最愿意动手的阶段，如果这阶段不去训练他，等2岁以后幼儿就不爱动手了，到时候自己就不好好吃饭了。

245. 为什么家长要学会接纳幼儿的情绪?

成功的家长,应该擅长和幼儿交流。而亲子交流沟通一个最厉害的武器,就是接纳幼儿的情绪。

当幼儿试着表达他的情绪时,无论这个情绪是好是坏,家长都要加以接纳,例如,有很多家长会禁止幼儿生气或不开心,问题在于,没有人每天都是开心的,家长要尊重幼儿也有生气或不开心的权利。当幼儿表达出负面的情绪时,家长不该加以压抑,而是去理解他为什么会有这样的情绪。

接纳幼儿情绪就是无论幼儿在悲伤、孤独或兴奋、快乐时,家长能够给予幼儿的情绪关注、尊重和理解,而不是立刻反对他的情绪。接纳情绪不等于赞同幼儿的情绪或看法,而是先接纳、再想办法改变。而关注、尊重理解幼儿的情绪,方法就是换位思考。换位思考是理解的前提,当幼儿在因某件事悲伤难过或发脾气的时候,家长应该站在幼儿的角度上想想:这个时候如果你是孩子,你最需要什么,是责骂还是安慰?孩子嘛,怎么可能像大人一样,想问题都想得那么成熟,遇到不如意的事,哭闹、发脾气才是正常的,这是孩子的本质啊。家长只有接纳了幼儿的情绪,幼儿才会喜欢家长、信任家长,从而愿意听家长的建议或看法。

在幼儿年纪尚小时,使他不高兴的事情通常很单纯,家长可协助幼儿解决让他不高兴的事,或是帮助他转移注意力,如去跑步、走路,或是看看花、草等。等到幼儿年纪较大,再与他讨论使他不高兴的可能原因,并加以解决。

246. 21个月的幼儿特别依赖妈妈怎么办?

有的幼儿总想靠近妈妈,待在妈妈跟前,跟妈妈依偎在一起撒娇。妈妈遇到这种情况,首先应该确定是否有以下几种情况存在:

(1)是否你在家时,幼儿的起居饮食完全由你一个人照看?

(2)当爸爸要照看幼儿的时候你是否会拒绝、不给机会,或者对爸爸所做的一切都表示不满的态度?

(3)总是不相信爸爸能照看好孩子,有时当着幼儿的面会表示出来。

(4)只要你在家,幼儿的要求就会完全得到满足,而你离开了,就没有人关心他的要求了。

如果存在以下几种情况,那么幼儿老缠住妈妈,就是妈妈有意无意间造成的,妈妈要自己反思一下了。

但如果没有以上情况,幼儿还是经常想跟妈妈在一起的话,很有可能是幼儿渴望着母爱。这时,妈妈不要一味地考虑如何赶走幼儿,甚至说一些冷淡疏远的话或做出推开幼儿的举动,这样,幼儿会觉得他对妈妈的感情遭到了拒绝,越发增强了执拗的性格。妈妈越想推开他,他就越想接近妈妈,恰好产生了相反的效果。这时候,妈妈就应该想一想,"我上班没有很多时间照顾他,所以下班后有时间的话应该加倍地爱抚他,让他相信妈妈对他的爱。"

幼儿对妈妈的依赖性强,是母子联结紧密的表示。这并没有什么不好，但是，只是缠住妈妈，而拒绝爸爸和家中其他的人，就不好了。妈妈要尽量多让幼儿和家里其他的人沟通交流。

247. 如何使用颜色影响21个月幼儿的情商？

研究表明：一个在五彩缤纷的环境中成长的幼儿，其观察、思维、记忆的发挥能力都高于普通色彩环境中长大的幼儿。反之，如果幼儿经常生活在黑色、灰色和暗淡等令人不快的色彩环境中，则会影响大脑神经细胞的发育，使幼儿显得呆板、反应迟钝和智力低下。

因为不同的颜色会对人的心理产生不同的效应，所以，颜色在一定程度上还能左右人的情绪和行为。一般来说，红、黄、橙等颜色能产生暖的感觉，是暖色。暖色有振奋精神的作用，使人思维活跃、反应敏捷、活力增加。而绿、蓝、青等颜色能产生冷的感觉，是冷色。冷色则有安定情绪、平心静气的特殊作用。所以，给幼儿布置一个适合他身心发展的多彩世界非常重要。

对那些脾气不好的幼儿，可以将他的房间布置为冷色，如绿色就能使幼儿情绪稳定。如果你的幼儿不太活跃，那就把他的房间布置成暖色，以激发他的活力。

一般来说，幼儿的卧室以冷色为主，这样幼儿容易安心入眠，而活动室和用餐间则应以暖色为主，这样可以增进幼儿的活力和增加食欲。幼儿学习环境的颜色最好不要太杂，过多的颜色容易使他分心。

家长平时可以多带幼儿到室外去"见见世面"，看看蔚蓝的天空，飘浮的云彩，公园里的五颜六色的鲜花……让幼儿从小接触绚丽多彩的颜色，能给幼儿产生一个良好的刺激，促进幼儿大脑发育，使幼儿更加聪明、机敏。（见图10-3）

图10-3　21个月认颜色

248. 怎样训练21个月幼儿的方位认知感？

在幼儿的成长过程中，要学的东西很多：学爬、学走、学说话、学看书、学写字……这其中的每个环节，家长都会倾注极大的心血。不过，很多家长可能还忘了一点，幼儿的方位感也是要训练的。

下面推荐几种游戏可以训练幼儿的方位感：

（1）整理物品：应该让幼儿自己玩玩具并将它放回原来的位置。这个任务的完成需要爸爸妈妈用正确的语言提示，比如"记住动物园里的小动物的家在门边衣橱最下面的一层"。只有当幼儿听到规范的、细致的描述时，他们才能学会这些词汇。

可以和幼儿玩一个游戏，叫做"我是一个侦察兵"，这个游戏要幼儿熟悉周围物体的位置和名称。

（2）修建"公路"：找一块空地，和幼儿一起在几个点之间修建公路，比如为一个小木偶的房子、车房和超市之间修公路。可以用木块或塑料来作为铺路的材料，要幼儿描述小木偶从一处到另一处时所需走的路线。

增加一些停止地点，比如说红绿灯或斑马线，以增加幼儿的词汇量并使任务更复杂些。使用一些短句，比如"走斑马线穿过马路"和"在红绿灯处左拐"等，要使任务多样化，可以要求幼儿描述在使用不同的交通工具时的不同路线。

（3）藏猫猫：有意识地创设一个可以让幼儿藏身的"设备"，比如孩子可以钻进去的大盒子，等等。

当你四处走着找他时，要对你走过的地方有一个"实况报道"，当然也包括你找到他的地方。

家长每次带幼儿出门，都有必要教会幼儿认识回家的路，告诉幼儿家的方向和地址，以及回家需要搭乘的车等。这样，不仅培养了幼儿的方位认知感，还能防止幼儿走失后不知道回家的路。

249. 怎样帮助21个月的幼儿树立时间观念？

到了这个阶段，家长应该逐渐给幼儿树立时间观念了。因为目前为止幼儿的时间观念总是借助于生活中具体事情或周围的现象作为指标的，如早上应该起床，晚上应该睡觉，从小就应该给幼儿养成有规律的生活习惯。虽不必让幼儿知道确切的时间，但可经常使用"吃完午饭后"、"等爸爸回来后"、"睡醒觉后"等话作为时间的概念传达给幼儿。

另外，幼儿虽然不认识钟表所代表的含义，但还应该让幼儿明白表走到几点就可以干哪些事情了。比如，用形象化的语言告诉幼儿"看，那是表，那两个长棍混合在一起，我们就吃饭了，12点了……"给幼儿在手上面画个表，"宝宝几点了？我们该干什么了？"不断地这样问他，让他有看表的意识。

培养幼儿的时间观念是一件循序渐进的事，家长首先要重视，态度要平和，行为要耐心，言语要温和。最重要的是要以身作则，言行一致，定下了规矩就不能借口特殊情况而变动。答应幼儿的事也一定要在说好的时间内做到，这样才能在幼儿的心目中树立守时的观念。

家长从小就要培养幼儿节省时间的习惯，常常在讲故事、做游戏时告诉幼儿要抓紧时间，不能浪费时间。要善用智慧，讲究方法，日积月累，使幼儿形成规律、有效、稳定的时间观念。

250. 怎样提高21个月幼儿的潜能？

潜能是一个人在某一方面高于别人的智力或能力。每个幼儿都有潜藏的能力，充分发挥出幼儿的潜能，并着力培养和提高幼儿的潜能，是幼儿未来成功的有力保证。那么，怎么才能发现幼儿的潜能呢？家长应注意以下几点：

（1）留心观察，寻找潜能。有很多幼儿的潜能一生也没发挥出来，并不是他没有潜能，而是家长没有注意观察和发现。家长可观察幼儿的行为举止和喜怒哀乐，比如，他虽不爱弹琴却喜欢绘画，虽没有耐性却有创意，虽不善言辞却很热心。家长若把这些细节记录下来，认真分析就能归纳出幼儿的性格趋向，或者说擅长的一面。从而诱导和激发他的潜能。

（2）创造机会，发掘潜能。幼儿的潜能有时如同是埋藏在沙漠之下一样。不努力开挖就很难见于世。家长应在了解幼儿的性格趋向与喜好之后，尽可能给他机会多加练习。家长随时找机会让幼儿帮家长的忙，只要是他力所能及的，如洗碗、拖地、晾衣服等，这样越做越熟练，幼儿对自己越有信心。在幼儿遇事不会退缩不会自卑自闭的时候，家长要适时和不断地让他充分表现，以发现其潜能，比如，家人过生日时，鼓励每个人表演一个节目；每周用一个餐后时间轮流朗读短文，并发表心得；让幼儿把当天经历的有趣的事复述出来。

（3）耐心等待，捕捉潜能。幼儿潜能表现得有早有晚，这就要求家长要有耐心，随时捕捉到幼儿在某一方面具有潜能的信号。最不可取的是，有些家长一时指挥不动幼儿做家务事，就干脆自己做，嫌幼儿不会买东西，索性就自己出门……久而久之，幼儿生出惰性，心想反正家长一定会伸手援助，便乐得坐享其成，自己的天资慢慢地就在懒惰中被消耗和埋没。

在幼儿成长的过程中，也可能诸多因素混杂在一起，对家长发出错误的信号。如幼儿能快速地背完1～10的数字，并不一定就是幼儿在数学方面的天分，可能是因为经常背而记得比较牢，所以家长要聪明地发现幼儿真正的潜能，而不是捕风捉影。

251. 21个月的幼儿晚上睡觉总是哭闹一到两次正常吗?

这个阶段的幼儿有可能会一觉睡到天亮，但是睡眠也和其他方面的变化一样，存在着一定的个体差异。会有部分幼儿出现夜间睡觉哭闹的情况，如果真的是这样，家长千万不要怪罪他，也不要自认为倒霉摊上了一个不好带的孩子，因为幼儿一定有他的理由，只是可能还不会向家长诉说，家长需要仔细、认真地观察，他是否有其他异常情况，如果没有其他异常，就不必担心了，耐心地等待一段时间，以良好的心态，稳定的情绪面对不好好睡觉的幼儿。总有一天，他会养成很好的睡眠习惯的。一般幼儿越大持续睡眠的时间应该越长。如果孩子开始出现半夜醒来，家长万万不可表现出急躁的情绪；如果他不哭不闹，家长也不必理会，让他自己醒着就是了；如果他醒来哭闹，家长可以拍拍他的背，哄一哄，不要立即把幼儿抱起来；如果他还是哭闹，就抱起来哄一哄；如果抱起来哄也没有效果，就尝试着给他喂点水喝；如果他不喝水，可尝试给一点吃的。总之，安静而耐心地对待半夜醒来的幼儿，会让他更早的再次入睡。

家长的耐心和爱心是给予孩子的最好教育，不要因为孩子不好好睡觉就抱怨、生气。家长养育孩子的态度，对孩子的影响是很大的。一个在宽松快乐环境中长大的孩子，要比一个在紧张忧愁环境中长大的孩子更有健康的心理，更懂得尊重自己和别人。

252. 21个月的幼儿可以参加亲子班吗?

是可以的。对于21个月的幼儿，家长可以尝试开始送宝宝去参加亲子班课程了，因为这个月龄大部分孩子两个字的话都会说了，而且还会说大小便了，即使在这方面表现的稍弱一点也不用担心，因为是可以有家长陪伴的，这个阶段是送幼儿去参加早期教育的最好年龄阶段，因为他的适应能力，模仿能力，好奇心都非常强，对任何事物的吸收能力也特别的强，到亲子班能学到很多在家里学不到的东西，尤其是早期的让幼儿进入到一个"小社会"当中去学会和小朋友直接的交流沟通，对于日后孩子的情商及社交能力都影响很大。现在社会上亲子机构很多，在选择上家长可以根据家庭的经济情况及教育程度选择更适合自己孩子的学校。

253. 家长应如何与21个月的幼儿进行沟通?

家长是孩子的第一任老师，对孩子一生的发展十分重要。因此，家长与孩子的沟通是至关重要的，那么，应如何与21个月的幼儿进行沟通呢?

（1）身教重于言教：家长首先要注重自身的修养，树立自己的威信。一个不爱学习只顾吃喝玩乐的家长，一问三不知的家长，品行不端、行为庸俗、自私自利、不孝敬老人的家长是不会培养出好孩子的。

（2）要注意亲子教育：孩子非常在乎父母是否全身心地

投入关注他们成长，有的父母虽然与孩子常年在一起，但不一定经常沟通。大多数父母都是以忙为理由，忽视亲子教育。父母的亲子教育应走在孩子的生理心理发展的前面，所以父母应全身心地投入孩子的教育，不断学习，提升教育能力，方可赢得孩子的尊重和爱戴。

（3）营造一种良好的知识环境：孩子学习要有一个好的小环境，不求高档，但求氛围，学生学习的时候要避免不必要的家庭闲谈，朋友聚会等等尽量少在家中接待。还有，就是创造和睦、祥和、稳定的家庭气氛，父母不要经常打架、吵架，影响了孩子的心理发育。

（4）无条件的信任孩子：父母是孩子的第一任老师，更是孩子的终身榜样。孩子身上的优点、缺点、好习惯、坏习惯基本上来自父母和周围环境的熏陶。所以要求孩子做到的，父母首先要做到。对孩子做到最多地欣赏优点，尽量地包容缺点，用放大镜看孩子，要知道世界上没有完美的孩子，再完美的孩子都有自己的缺点。父母无条件的信任自己的孩子是与孩子沟通交流的重要基础。

（5）多赞美、少批评：恰到好处的赞美是父母与孩子沟通的兴奋剂、润滑剂。家长对孩子每时每刻的了解、欣赏、赞美、鼓励会增强孩子的自尊、自信。切记：赞美鼓励使孩子进步，批评抱怨使孩子落后。

254. **21个月的幼儿表现得极其胆小是怎么回事？**

这个阶段的幼儿随着年龄的增大，表现得越来越懂事了，出现了很强的自我保护意识，与之前相比，反而变得没有那么勇敢了，在日常生活中，见生人会哭，不敢自己去做事，凡事都希望有家长的陪同，有时家长会抱怨孩子胆小懦弱，这是为什么呢?

与家庭环境有关，有些幼儿生活范围小，平素只生活在自己的小家庭里，从小由爷爷奶奶照看，很少带孩子出去玩，接触的人又少，造成幼儿依赖性强，不能独立适应环境，这样的幼儿一见陌生人就会躲藏，和他稍微亲近就会哭闹。

家庭教育方法不当，有些幼儿在家里不听家长的话，如出现哭闹或不好好吃饭的情况，家长就会用孩子害怕的语言来吓唬他，说："你再哭我就把你扔在外面让老虎吃了你"；还有的孩子不好好睡觉，家长会藏在门后学猫叫；有的孩子玩沙子，家长会害怕弄脏衣服，会说："沙子里的虫子会咬手"，用这些恐吓孩子，从而使孩子失去了安全感，而形成胆小懦弱。

家长在日常生活中对幼儿的限制过多，如到公园去玩耍，不让他去爬山恐怕摔下来，不让他去湖边玩耍怕掉下去，造成幼儿不敢尝试于实践中获得知识，取得经验，这也造成了幼儿胆小。

对于胆小懦弱的幼儿，随着年龄的增长，家长一定要让他多接触外面的世界，多与小朋友交往，鼓励幼儿探索与尝试，从实践中培养孩子的勇敢精神。

255. 家长如何教21个月的幼儿画画?

画画可以发挥幼儿的想象力,是一种表达情感的方式。而且可以锻炼孩子小手的灵活性和协调性,是培养孩子善于观察事物、了解事物特征的好方法。日常生活中总能听到家长在一起相互抱怨幼儿经常在家里拿着笔在墙上、桌子上乱戳、乱画。这一行为正说明他们开始对涂鸦活动产生了兴趣。家长应该把握住幼

图10-4 21个月画画

儿的这一关键行为进行适时地引导,以开启他们想象与创造的能力。对于这个阶段的幼儿,家长应该更多地关注他的动作训练。如幼儿刚开始接触纸和笔时,他们也许只能自己戳出几个点点。对于幼儿人生第一次写出的东西,家长要大力地加以赞赏和表扬。但是,这个阶段幼儿的涂画关键不在于画出什么,而是应关注握笔的方式。也就是说,家长要通过这样的涂画活动来训练幼儿手部的精细动作,帮助孩子学习正确的三指抓握的方法。随着幼儿手部小肌肉力量的加强和神经系统的完善,他手中的点开始延长变成一条线,或者是转弯出现一个圆圈。此时,家长应该认识到这是幼儿创造力和想象力开发的大好时机。因此,建议家长为孩子提供大张的纸和各种颜色的笔,让他坐在画纸上任意图画线条,在不

断变换的颜色中，引导幼儿画出缤纷的色彩。家长则在一旁根据孩子画出的形状把它想象成山、云或者小鸟等，说给孩子听，以启发他的创造力和想象力，为以后的绘画活动奠定基础。（见图10-4）

256. 家长如何在游戏中培养21个月幼儿的交往能力？

游戏是孩子的最爱，是孩子的生活，是孩子认识世界、了解社会的方式。虽然，21个月的幼儿动作有了较大的发展，自主性也明显地提高了不少。在现实生活中，他们常常会向成人表示"自己来"。有些能力强的幼儿能够很轻松地完成某一游戏或者生活的动作。但是，还会有一部分的幼儿因为受到能力的限制，而无法顺利完成游戏。处于"第一反抗期"的幼儿，他们的情绪控制能力差，语言表达能力有限。当他们在游戏遭遇困难，而无法完成后，他们会显得非常沮丧，会对自己的失败行为而感到生气。此时，家长切不可一味地责怪他，而是应该先安抚他的情绪，然后再运用一些正面的语言，如："没关系，我们再试试！""宝宝真能干，我们再来一次，好吗？"等鼓励性的语言来激励幼儿，引导幼儿继续游戏，体验游戏过程的快乐。

21个月的幼儿开始与其他小朋友一起游戏，交际能力逐渐增强。随着他们观察能力与模仿能力的提高，游戏中，他们能模仿成人更多的细节动作，想象力也随之增强。而装扮类的亲子游戏能为这个月龄的幼儿提供更为真实的游戏情境，在他摆弄玩具的过程中，满足他们模仿的愿望，促进他们想象力的发展。因此，"过家家"、"小医生"、"小警察"等这种装扮类游戏是幼儿特别喜爱的。陪孩子玩这类装扮游戏，没有什么规矩，家长不需要干涉幼儿应该怎样玩。只需把自己变回小时候，很兴奋的参与他的游戏就行了。例如，幼儿把做好的"鸡蛋"给家长吃的时候，要装出一副特别香的样子来"品尝"。要适当地给予幼儿一些赞赏或提议，引导他去学会解决问题。比如：幼儿把食物给你吃的时候，家长可以皱着眉头说："有点咸！"然后引导孩子想一想怎么办？只要时间允许，家长应尽可能地陪幼儿多玩一会儿。

此外，这个阶段的幼儿自身已经有了结交小伙伴的需求。家长可以鼓励孩子和其他小朋友一起玩耍，并且在这样的装扮游戏中，训练他的社交能力。让孩子在游戏中学会与他们分享，学会遵守简单的游戏规则，在无形中帮助幼儿掌握一些简单的社交技能，促进他社会交往能力的发展。

257. 21个月的幼儿家长应该怎么训练坐姿?

这个阶段的幼儿骨骼较软，弹性大、可塑性强，受压迫后容易弯曲变形。如果做得体位不正，比如身体长时间侧向一侧坐，或者坐的时候不直起腰来，就很容易引起脊柱变形。另外，这个阶段的幼儿肌肉力量和耐力仍不强，如果坐的体位不正，不但容易引起肌肉疲劳，而且还会造成筋骨损伤。

鉴于上述原因，家长就不要让幼儿坐的时间太长，这个时期的幼儿，连续坐的时间不应超过30分钟为宜，并应保持正确的坐姿。正确的坐姿是：身体端正、腰部挺直、两腿并

图10-5　21个月坐姿

拢、两眼平视前方、两臂自然下垂放在腿上。当然，对幼儿来说，不可能也不会坐得那么规范，但家长要尽量让幼儿坐得时候身体要端正。可采取动静结合的方法，让他坐一会儿，玩一会儿，这样可消除或减轻肌肉疲劳，促进骨骼和肌肉的发育，防止胸部和脊柱畸形，而且家长可以采用一些训练的小技巧，比如和幼儿比赛坐一坐，看谁坐得最好，这样可以使幼儿更有兴趣地练习，而且，家庭成员在日常生活中，错误的坐姿一定不要让幼儿看到，因为此时他的模仿能力是非常强的，会因为家中成员的错误坐姿而对其产生严重的影响，并且家长不容易管教。（见图10-5）

二十二个月

258. 22个月幼儿体格发育的正常值应该是多少?

体重：男孩为9.8 ～ 15 kg；女孩为9.3 ～ 14.2 kg。

身高：男孩为80.2 ～ 93.5 cm；女孩为79.1 ～ 92.1 cm。

头围：46.76 ～ 47.94 cm；

胸围：47.2 ～ 48.47 cm；

前囟：多数已闭合，少数刚可摸到；

出牙：长出16 ～ 18颗乳牙。

259. 22个月幼儿智能应发育到什么水平?

这个阶段的幼儿家长如果想开发他的大脑，当然离不开生活中的努力，通常这个月龄的幼儿都可以做到自由自在地跑步，跑跑停停，他还学会借助不同高度的物体爬向高处，拿到他想要的东西，并且也有胆量有能力从高处跳下来。如果幼儿可以单独完成原地起跳了，那么就可以尝试原地跳远了，如果是运动能力强的幼儿，可能会在奔跑中向前跳，幼儿在完成独立上下楼梯的时候，会出现自我保护意识，遇到陡峭的楼梯，会寻求家长的帮助。

这个阶段的幼儿会出现一些细小的动作，例如他可以从坐的地方站起来，在站起来之前会把两手放在膝盖上，或把身体略向前倾，或许不借助任何帮助，会很容易地站起来，这就说明幼儿的平衡能力已经发育的比较完善了。那么，家长在此时要着重锻炼幼儿的跳跃能力了，让他做一些和跳跃相关的游戏，对于幼儿的生长发育是十分重要的。看图说话将作为这个阶段的学习重点，也可以让幼儿凭借自己的想象编出故事来，家长作为一个忠实的听众，一定要及时地作反馈，表现出兴趣，这是对幼儿最大的支持和鼓励。

260. 22个月幼儿语言发育能力应达到什么水平？

看图说话是这个阶段幼儿的学习重点，实际上幼儿即使什么都不看，也能凭借自己的想象编出故事来。现在轮到家长作听众了，家长一定要对幼儿的故事及时作出反馈和回应，给予他充分的鼓励和支持。

幼儿此时的发音开始丰富起来，会模仿其他人的语音语调，会通过语调表示发怒和伤心，会通过语音表示出兴高采烈，能够声情并茂地使用语言，会学爸爸的咳嗽声，会哼哼一两句歌词。幼儿开始单一地用语言表达自己的要求，而不再总是借助肢体语言。幼儿学到了足以让他表达日常生活的词句，还会说出一些能引起家长注意的词汇，赢得家长赞赏。并且随着幼儿词汇量的增加，他已经有能力与家长进行交互式对话了。

与此同时，幼儿对语言表现出浓厚的兴趣，愿意使用新词和家长对话，幼儿不但知道家长叫什么名字，还能告诉其他人。更具有挑战意味的是，幼儿可能会直呼家长的名字。并且家长会发现他经常嘟嘟囔囔，说谁也听不懂的话，常常自言自语，连家长都听不出他说的是什么。

261. 22个月幼儿运动行为能力应达到什么水平?

幼儿能稳稳当当地走路了,不再用脚尖踮着走,如果有时偶尔用脚尖踮着走,也是幼儿在玩耍,现在幼儿两条腿之间的缝隙变小了,两条胳膊可以垂在身体两边规律地摆动,并且可以笔直地站立,双腿都直溜溜的了。

有的幼儿已经会一脚上一个台阶,但如果他还是一只脚迈上一个台阶,另一只脚也迈上同一个台阶,也不算落后,有的幼儿可能会在这方面慢一点,和心理素质也有着密切的关系。

这个月龄的幼儿不仅能原地起跳,还能原地跳远了,运动能力强的幼儿,可能会在奔跑中向前跳,并且在好动的年龄段,喜欢做翻跟头的动作,家长一定要注意安全,在床上翻很容易摔到地上,可以在地上铺上被褥让幼儿翻,而且家长要在旁边保护,以防发生危险,在球类游戏中,家长可以让幼儿锻炼投篮了,这样会增加一些难度,让他有挑战感。(见图11-1,图11-2)

图11-1 22个月投篮　　　图11-2 22个月跳远

262. 22个月的幼儿如何合理喂养？

在这个阶段的幼儿，经常会发生食欲不振、偏食甚至厌食的情况，从而导致体格发育达不到正常的平均值，智力发育也会受到影响，因此，家长一定要知道哪些会引起幼儿的食欲不好。

甜食是大多数幼儿喜爱的食品，这些高热量的食物虽好吃，却不能补充必需的蛋白质，而且严重地影响了幼儿的食欲。有些幼儿酷爱吃甜食，喜欢喝各种饮料，如橘子汁、果汁、糖水、蜂蜜水等。这样就使大量的糖分摄入体内，无疑使糖浓度升高，血糖达到一定的水平，会兴奋饱食中枢，抑制摄食中枢，因此，这些幼儿难有饥饿感，也就没有进食的欲望了。

此外，随着天气变热，各种冷饮将陆续上市，常喝冷饮同样会造成幼儿缺乏饥饿感。一是冷饮含糖量颇高，使幼儿甜食过量；二是幼儿的胃肠道功能还比较弱，常喝冷饮易造成胃肠道功能紊乱，幼儿食欲自然就下降了。

临床发现，厌食、异食癖与体内缺锌有关。通过检查发现，锌含量低于正常值的幼儿，其味觉比健康幼儿差，而味觉敏感度的下降会造成食欲减退。锌对食欲的影响，主要体现在以下几个方面：唾液中的味觉素的组成成分之一是锌，所以锌缺乏时，会影响味觉和食欲；锌缺乏可影响味蕾的功能，使味觉功能减退；缺锌会导致黏膜增生和角化不全，使大量脱落的上皮细胞堵塞味蕾小孔，食物难以接触到味蕾，味觉变得不敏感。

　　除上述这些原因，心理因素也有可能是影响幼儿食欲不好的原因，许多家长往往不知道幼儿的胃肠功能可自行调节，总是勉强他吃，甚至有时采取惩罚的手段强迫他进食，长此以往，幼儿会变得被动进食，而没有食欲可言。

263. 22个月的幼儿日常养护的要点有哪些？

　　这个阶段的幼儿尤其要注意不要缺乏微量元素，尤其是锌，因为人体自身不能自然生成锌，由于各种生理代谢的需要，每天都有一定量的锌排出体外，因此，幼儿需要每天摄入一定量的锌以满足机体生长发育的需要，如果幼儿常常出现以下不同程度的表现，可能就存在缺锌或者锌缺乏症：

　　（1）短期内反复患感冒、支气管炎或肺炎等。

　　（2）经常性食欲不振、挑食、厌食、过分素食、异食（吃墙皮、土块、煤渣等），明显消瘦。

　　（3）生长发育迟缓，体格矮小（不长个儿）。

　　（4）易激动、脾气大、多动、注意力不能集中、记忆力差，甚至影响智力发育。

　　（5）视力低下、视力减退，甚至有夜盲症，暗适应力差。

　　（6）头发枯黄、易脱落，佝偻病时补钙、补维生素D效果不好。

　　（7）经常性皮炎、痤疮，采取一般性治疗效果不佳。

　　家长如果发现幼儿有以上这些情况，应及时带幼儿到医院进行锌测定，在确定诊断的基础上，及早给幼儿遵医嘱补锌。那么，什么样的幼儿属于缺锌的高发人群呢，家长应做到重点观察：妈妈在孕期摄入锌不足的幼儿，如果孕妇的一日三餐中缺乏含锌的食品，势必会影响胎儿对锌的利用，使体内储备的锌过早被使用，这样幼儿出生后就容易出现缺锌的症状；如果胎儿不能在母体内孕育足够的时间而提前出生，就容易失去在母体内储备锌元素的黄金时间（一般在孕后期），造成先天不足；初乳含锌量较多，成熟乳锌含量同牛乳，但吸收率好，能满足婴幼儿需要，且不干扰铁和铜的吸收；有些"素食者"，从小就拒绝吃任何肉类、蛋类、奶类及其制品，这样非常容易缺锌，因此，应从小就培养良好的饮食习惯，不偏食，不挑食，同时，家长如为素食主义者，也应调整家庭的饮食结构，不要影响了幼儿的营养平衡。患有佝偻病的幼儿因治疗疾病需要服用钙制剂，而体内钙水平升高后就会抑制肠道对锌的吸收。同时，因为这样的患儿食欲相对较差，食物中的锌摄入减少的情况会发生缺锌的可能；对于特殊的地域，土壤含锌过低，使当地农产品普遍缺锌，幼儿的消化吸收功能又不良；总之，对于上述可能发生锌缺乏的幼儿应及早补充锌元素。

　　锌缺乏在这个阶段的幼儿比较常见，推荐家长们还是先以食补为首选方法，可以给幼儿吃一些动物性食物，如瘦肉、动物肝脏、鱼、禽蛋等，营养丰富又易于吸收，有的家长一怕孩子长太胖，二怕孩子上火，总是限制幼儿吃肉，其实动物性食物是幼儿生长过程中的基本营养，是必需吃的，当然家长一定要定好规矩，不能只吃肉不吃菜。豆类食物中含锌丰富的有大豆、花生等，推荐家长可以给幼儿喝一点鲜豆浆，每日给他适当吃一点坚果，这些都是比较简单方便的方法。在为幼儿补充锌元素期间家长要注意饮食要精细一点，如韭菜、竹笋、燕麦等食物粗纤维较多，谷物胚芽中植酸盐含量也较高，这些食物均会影响锌在肠道的吸收。

对于确诊缺锌的幼儿，家长在选用补锌的产品时一定要遵循医生的医嘱，切不可随便在市场上自行买一些补锌保健品给幼儿应用，还要注意过多的钙与铁在体内吸收过程中将与锌"竞争"载体蛋白，干扰锌的吸收，需要补钙、补铁的患儿要与锌产品分开服用，间隔长一些为好。并且要注意补锌不是越多越好，补锌剂量以年龄和缺锌程度而定，不可过量，一定要按照医生的处方及药品说明书的剂量为标准，在保证质量的前提下，家长可以关注药品的口感是否容易让幼儿接受，这些都是在补锌药品选择上的关键点。

264. 22个月的幼儿秋季腹泻家长应该怎么办？

秋冬季是幼儿腹泻的高发季节，从中医的角度来看，小儿发病与脾胃不合有关。因此，幼儿应增强脾胃功能，提高免疫力，从而预防腹泻疾病，下面给家长推荐3款调节脾胃比较实用方便易做的粥：

山药莲子粥：取适量的新鲜山药（50g左右）和莲子（20～30g）给幼儿煲粥，莲子和粥都要煮的很烂，一起吃下去，对食欲不好的幼儿，山药和莲子要尽量碾碎，干的可先磨成粉，再用米汤调成糊糊让幼儿食用，此粥可温胃健脾，最适合脾阳不足的幼儿。

山楂粥：取适当的山楂（20g左右）、米（30g）共煮粥，煮的过程中可加入三两片薄姜片。粥熟后加一些糖即可食用。

薏米胡萝卜粥：取适量薏米（30g）、胡萝卜（半个）加山药（20g）和米一起煮，煮熟即可食用。

做给幼儿的饮食，在烹调上应多用以水为传热介质的方法，如汤、羹、糕等，且要注意保温；少用煎、烤等以油为介质的烹调方法，以利于脾胃的消化吸收。同时，还要注意食有节制，防止过饱伤及本来就虚弱的脾胃，使幼儿始终保持旺盛的食欲。

265. 22个月的幼儿饮用酸奶应注意什么？

酸奶含有多种营养成分，可以给幼儿适量饮用，在给幼儿喝酸奶时家长要注意以下几点：

（1）饮酸奶要在饭后2小时左右：空腹饮用酸奶的时候，乳酸菌容易被杀死，酸奶的保健作用就减弱了，饭后胃液被稀释，所以饭后2小时饮用酸奶最佳。

（2）饮用后要及时漱口：随着乳酸饮料的发展，儿童龋齿率也在增加，这是乳酸菌中的某些细菌导致的，所以喝完酸奶要马上漱口。

（3）饮用时不要加热：酸奶一般只能冷饮，酸奶中的活性乳酸菌经过加热或者开水稀释后，便会大量死亡，不仅特有的风味消失，营养价值也大量损失。

（4）不宜与某些药物同时服用：氯霉素、红霉素等抗生素，磺胺类药物和治疗腹泻类药物，可以杀死或者破坏酸奶中的乳酸菌，所以酸奶不宜与某些药物同时服用。

（5）不宜给幼儿饮用过多：正常健康的幼儿每次饮用酸奶不宜超过200ml。

市场上有很多由牛奶、奶粉、糖、乳酸、柠檬酸、苹果酸、香料和防腐剂加工配置而成的"乳酸奶"，它们不具备酸奶的营养作用，购买时家长一定要识别清楚。（见图11-3）

图11-3　22个月喝酸奶

266. 22个月的幼儿晕车家长应该怎么办？

这个阶段的幼儿活泼好动，喜欢外出游玩，但是常常会在坐车的时候又哭又闹，甚至呕吐。开始家长会认为是幼儿不习惯，会采取抱着、变换姿势，向窗外看等，但效果往往适得其反，那么家长就要考虑幼儿可能是发生了晕车，医学上称为"晕动病"。幼儿年龄小，有时候表达不清自己的感觉，发生晕车时容易被家长忽视，其实，幼儿晕车有一些很明显的症状，如在车上手舞足蹈、哭闹、烦躁不安、流汗、面色苍白、害怕、紧紧拉住家长、呕吐等，下车后又好转。

要想预防幼儿晕车，平时可加强锻炼，家长可抱着幼儿慢慢地旋转、摇动脑袋，多荡秋千、跳绳、做广播体操，以加强前庭功能的锻炼，增强平衡能力。也可以采取一些措施来预防晕车，具体方法有：

（1）乘车前，不要让幼儿吃得太饱、太油腻，也不要让幼儿饥饿时乘车，可以给幼儿吃一些可提供葡萄糖的食物。

（2）上车前可以给幼儿吃点咸菜，但不能太咸，吃一点点即可，否则会增加幼儿肾脏的负担。

（3）上车后，家长要把幼儿放置于安全座椅，并采取幼儿比较舒适的姿势。

（4）打开车窗，尽量空气流通。

（5）可以让幼儿睡觉。

（6）分散幼儿的注意力，可以给他讲故事或笑话。

（7）家长发现幼儿有晕车症状时，可以适当有点力度地按压幼儿的合谷穴（合谷穴在大拇指和食指中间的虎口处）；用大拇指掐压内关穴也可以减轻幼儿的晕车症状（内关穴在腕关节掌侧，腕横纹正中上2寸，即腕横纹上约两横指处，在两筋之间）。

（8）随身携带湿巾，以防幼儿呕吐后擦拭；呕吐后让幼儿漱漱口，除去口中呕吐物的味道。

（9）晕车极其严重的幼儿，乘车前最好口服晕车药，剂量一定遵照医嘱，并且1岁内的幼儿最好不要服用。

（10）幼儿在上车前吃的太少的话，刚一坐上车可能会吵着要吃东西，这时家长最好用一些方法转移他的注意力，比如做游戏、讲故事、给他喜欢的玩具，但不要提他可能晕车的事，那样会无形中给幼儿心理压力，脑子里越怕晕车就越容易晕车。

267. 22个月的幼儿总是抢别人的东西，家长怎么办？

这个阶段的幼儿常常要抢别人的东西，尤其是吃的东西，弄得家长很难堪。其实，这个月龄的幼儿抢别人的东西是很普遍的情况，即使同样的东西也是觉得别人的好。这主要是幼儿缺乏知识经验而好奇心又特别强所致，随着幼儿年龄的增长和知识范围的扩大，这种现象就消失了。

但是，家长决不能因此而放任自流，等待幼儿的自然过渡和消失，而是要采取正确的态度和处理办法。放任自流和管得过严都会让幼儿形成对别人所有物的占有欲，看见别人有什么东西都想据为己有，那是一种危险的人格特征。要克服幼儿的这种现象，关键在于家长的引导。

家长要经常给幼儿讲道理，逐步让幼儿懂得这是"自己"的，那是"别人"的。自己的东西可以自己支配，别人的东西不能随便要、随便吃。即使是在盛情难却的情况下，幼儿也要征得家长的同意才能接受别人的食物。此外，在日常生活中，家长应培养训练幼儿学会控制自己的某些需要。

有时幼儿要别人的东西，这种东西自己家确实没有，如果经济条件允许，就答应（并做到）给他买一个。如果条件不允许，应尽可能把幼儿的注意力引向别处。

另外，交换玩具或食物可以满足幼儿的好奇心，还可以防止幼儿独霸和占有欲的产生。如幼儿要别人的玩具，就让幼儿自己拿着玩具用商量的口吻、友好的态度和小朋友交换着玩，使双方都受益。家长需要在家备存一些必需的食品，不要一味地强调不给幼儿吃零食，在这方面限制过严，反而增加了别人的食品对幼儿的诱惑力，致使幼儿"眼馋"、"嘴馋"，从而形成不良习惯。只要家长掌握前面所提到的幼儿吃零食的原则，是可以适当给幼儿吃一些零食的。（见图11-4）

图11-4　22个月交换玩具

268. 22个月的幼儿"爱告状"家长应该怎么办?

"爱告状"在幼儿这个时期表现的较为明显，是心理发育和人际发展的一个阶段性的正常现象，随着年龄的增长这种现象会自然减少以至消失。但是，这种习惯也并非好习惯，家长应采取一些方法加以引导。

当幼儿"告状"时，家长不应以"去，我忙着呢！"或简单地应一句"知道了"这样的方法去对待，这对幼儿是不礼貌、不尊重的，会使幼儿更感委屈。家长应耐心倾听，并从幼儿的角度去尊重和理解他。家长需要弄清幼儿"告状"的原因，适当安慰他，但不应完全相信他的话，更不应找别的孩子家长吵架，应鼓励、启发自己的孩子说出实情，想想是谁的错，该怎么解决问题。一般幼儿告状的时候都说的是别人的缺点，很可能也是他自身的缺点，家长要留心，并启发他"某某这样做不对，你应该怎么做呢？"以帮助幼儿从中吸取教训。幼儿"告状"是难免的，但遇到大事、小事都

"告状"的孩子就让人头疼了，当幼儿"告状"时，家长一定要鼓励他自己解决问题，千万不要事事大包大揽，否则会养成幼儿的依赖心理，还会助长他只看到别人的缺点，看不到别人的优点。

幼儿会告状，从另一方面想，家长应感到欣慰，因为此时就说明他开始用自己的小脑袋思考问题了，但是，也别忘了一定要聪明理智地帮他疏通排解，不能强行制止，也不能置之不理。

269. 怎样处理幼儿擦伤？

对于这个阶段的幼儿擦伤、割伤随时可能发生，当意外发生时，家长要怎么及时处理他的伤口呢？下面介绍一些简单的处理方法，以免家长在发生意外时不知所措，耽误了急救的时间。

轻微的表皮擦伤，只要用酒精或碘酒擦拭一下，就可以起到预防感染的作用。伤口相对较深，应及时送到医院进行处理。需用干净的水清洗伤口（如果伤口里有泥沙，一定要清洗干净，否则会残留在皮肤中）。涂上抗菌药膏（连续使用抗生素药膏2～3天，直到擦伤处出现红黑色或黑色结痂为止）。如有需要，可贴上创可贴（但包扎时间不宜过长，最好不要超过2天）。

这样的处理只适合比较轻微的擦伤，如果擦伤面积比较大，伤口大而深，受伤部位还粘有清洗不掉的赃物，要及时到医院就诊。

270. 怎样处理幼儿割伤?

当伤口流血不止时，就要用直接压迫法止血，即用手指或者手掌直接压住伤口，依靠压力阻止血流，使伤口处的血液凝成块，或用干净纱布压迫伤口止血，然后送医院处理。

如果是手指出现割伤，而且伤口流血较多，应紧压手指两侧动脉，在施压5～15分钟后，一般便可止血。如果实在止不住血，可用橡皮筋在出血处以上部位扎紧，阻止血流，并立即送医院处理。每次橡皮筋止血扎紧的时间不宜超过15分钟，不然会因为血流阻断时间过长而导致肢体坏死。

若伤口较浅或出血停止后，可用碘酒、酒精涂伤口周围的皮肤，用干净消毒的纱布包扎好。如伤口无感染征象，每天可用酒精消毒伤口1～2次。请注意，较深、较大的伤口或面部伤口，应去医院处理，予以缝合，以免留下大疤痕；如果是被脏的、生锈的锐器割伤，应及时到医院进行处理，注射破伤风抗毒素针剂。

271. 幼儿烫伤的处理方法有哪些?

此时的幼儿好奇心强、自我保护意识还较弱，同时还存在身体动作的不协调，回避反应又迟缓，一旦家长在照看时稍有疏忽，就容易发生烫伤意外，烫伤发生后，现场第一时间处理非常重要，这关系到愈后是否良好。

首先家长一定要使幼儿的活动空间安全，避开热源。如果发生烫伤后，如只表皮发红，要立即冷却，将伤处浸泡在冷水中，或在水龙头下用冷水持续冲洗伤部，持续30分钟。如果还疼，可再浸泡20分钟。这个方法不仅止痛，而且还可使烫伤减轻。对烫伤的部位切不可揉搓、按摩、挤压，也不要急着用毛巾擦拭，伤处的衣裤应剪开取下，以免表皮脱落使皮肤的烫伤创面破坏加重。将伤口处涂抹烫伤药膏，如有水疱破溃，衣服粘在皮肤上，不可往下撕。不可在伤口处用龙胆紫等有色药液涂抹，以免影响医生对烫伤深度的判断，也不要用药膏、酱油之类的土方法治疗。不可在伤口处贴橡皮膏或创可贴。不要覆盖棉球、纱布等一切纺织品。对严重的各种烫伤，特别是头面、颈部，因随时会引起幼儿的休克，应尽快送医院救治。幼儿烫伤如超过体表面积的5%，经过正确的早期急救处理后，应该立即去医院治疗，以免延误治疗，造成不良后果。

如幼儿烫伤后出现发热的情况，局部疼痛加剧、流脓，说明创面有感染的可能，应及时就医，家长在日常生活中，也一定要注意开水、暖瓶、热锅、炉火等放在幼儿碰不到的地方，防患于未然。

272. 幼儿发热家长容易走入哪些误区？

发热是幼儿常见的症状，家长往往会特别紧张，为了能让幼儿尽快退热，往往会采用一些不当的方法，反而影响了治疗效果。

很多家长一看到幼儿发热就用退热药物快速降温，殊不知，降温过快并不表示病情好转，若是应用不当，还可能引起幼儿大汗淋漓，出现虚脱的反应。正确的做法是：当幼儿体温不超过38.5℃时，可以不用退热药，最好是多喝白开水，同时密切注意病情变化，或者应用物理降温的方法。当体温超过38.5℃时，服用退热药最好在儿科医生的指导下使用。另外，不同的退热药最好不要随意的互相并用，还有，退热药也不可多服几次或将剂量增加。千万要记住，"是药三分毒"的道理。

由于幼儿发热是常见的症状，多见于急性上呼吸道感染性疾病，有些家长一见到幼儿发热就盲目地给孩子吃消炎药。其实，引起幼儿发热的原因有很多，因此在病因不明时最好不要滥用消炎药，因为用药不当会造成幼儿肝功能损害，增加病原菌对药物的耐药性，不利于身体康复。总之，幼儿发热时最好在医生的指导下，根据病情对症下药。

273. 对于幼儿发热，有哪些适合家庭应用的"小妙招"？

幼儿在体温不超过38℃时，家长未带幼儿就医前，可在家中事先处理的几种退热办法如下：如果幼儿四肢及手脚温热且全身出汗，表示需要散热，家长给幼儿减少衣物；体温达到38℃时，可以将幼儿衣物解开，用温水（37℃左右）毛巾全身进行擦拭，可以使幼儿皮肤的血管扩张，将热气散出，另外水汽由体表蒸发时，也会吸收体热；头戴冰袋有助于散热，但对于婴儿不建议使用，因为太小的孩子表达能力差，冰袋容易造成局部过冷导致体温过低，这样的情况推荐使用退热贴，退热贴的原理是胶状物质中的水分汽化时可以将热量带走，不会出现过分冷却的情况。在发热时要给幼儿多喝水，并且防止脱水。

在此也特别建议家长，如果幼儿是第一次发热，最好到医院就诊，检查清楚发热的原因，在医生的指导下进行有效地治疗和护理，特别是在使用退热药的时候，一定要遵循医嘱，问清楚使用的方法并详细阅读说明书，以保证在家用药的安全。

274. 家长应该如何与22个月的幼儿进行沟通交流？

对于这个阶段的幼儿，家长千万不要认为他是不懂事的小孩子，可以心有旁骛地边做其他事情边听他说话，这是非常不重视他的表现，让幼儿感受到自己的重要性最有效的方法莫过于家长对他的表现给予全部的注意力。

如果幼儿对家长说话的时候，家长正在忙别的家务，那么请家长一定要停下来，把注意力转移到他身上，并且不要打断他，不要插嘴，也不要催促，即使他讲的事情你已经听过一遍了，也不要表现的没有耐心。只有幼儿感觉到家长喜欢听，他会更有兴趣地说下去，从他的言谈中，可以了解到他最近在想什么、喜欢什么或讨厌什么、碰到了什么好玩的或烦恼的事情等等，虽然也许很琐碎，但这表示幼儿愿意和家长分享他的生活，是非常有利于幼儿情商的提高的。

切记家长一定不要把幼儿当成附属品，在自己有时间的时候就逗逗他，工作忙或家长心情不好的时候，就扔给老人照顾懒得和他说话，有的家长甚至会把工作中的脾气发到孩子身上，其实这些不经意的举动都会伤害到幼儿幼小的心灵，别看幼儿年纪很小，但现在已经是有自尊、有想法、有主见的小个体了，所以家长一定要有时间多陪陪他，多沟通和交流，家长一定要抓住和幼儿交流的黄金机会，比如一起坐车的时候，准备睡觉前利用讲故事的时间都可以和他说说话，幼儿会非常开心地与家长成为交流的伙伴。

275. 怎么给22个月的幼儿制造快乐的气氛？

真正的快乐可以滋养幼儿的心灵，让幼儿对周围变化繁杂的世界有足够的抵御能力，快乐的幼儿都有同样的特点，比如：开朗乐观，有自制力，而且非常自信。然而，有的幼儿会在此时表现的性格内向，不太愿意跟人接触，当然也不怎么开朗爱笑，这就需要家长的帮助了。

家长可以在生活中制造一些快乐的小插曲，把准备为幼儿患上的干净的纸尿裤顶在自己的头上，或者把自己的手伸进幼儿的小衣服里，让他觉得很滑稽；假装拿着勺子去喂冰箱吃饭，一边摸着冰箱一边说："乖乖，张大嘴"，或者在给幼儿盛饭时家长将食物溢出来；也可以唱一首幼儿熟悉的儿歌，高声一句低声一句的，时快时慢的，幼儿会随着突如其来的变化而兴奋不已；生理上的反应不仅会让幼儿止不住笑声，而且还能让家长更了解自己的孩子，在他不开心闹小情绪的时候，家长可以触动那一块小肉肉就能让他大笑。

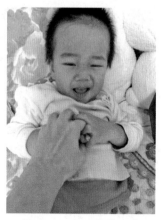

图11-5　22个月挠痒痒

　　在家庭中，家长是幼儿的第一老师，如果家长每天快快乐乐，从容面对一切困难，用阳光般的心情去影响、塑造幼儿，就会给幼儿树立良好的榜样，就能够营造出和谐的家庭氛围，就会增强与幼儿的亲和力，所以家长一定要先学会快乐的生活。（见图11-5）

二十三个月

· ·

276. 23个月幼儿体格发育的正常值应该是多少?

体重：11.51 ～ 12.17kg;

身高：85.7 ～ 85.77cm;

头围：47.07 ～ 48.2cm;

胸围：47.67 ～ 48.87cm;

出牙：16 ～ 20颗，其中后臼0 ～ 4颗。

277. 23个月幼儿智能应发育到什么水平?

此阶段的幼儿慢慢地有了自己的价值指标，当这种价值指标得到或没有得到实现时，就产生情绪了，或高兴、或愤怒，幼儿已经会充分地表达自己的情绪了。

大部分幼儿会害怕亲人的离开，最怕的就是妈妈的离开，幼儿离不开妈妈，这是情感世界逐渐丰富、发展起来的表现，当幼儿对家长表现出依赖、亲近的时候，如果遭到家长的忽视、甚至不耐烦，幼儿情感发育就会受到限制，长大成人后，可能会成为冷若冰霜的人，很难与人相处，不会施爱，也不会被爱，对幼儿的情感，家长一定要给予积极的回应，不但要积极响应幼儿的情感表达，还要主动表示家长对幼儿的爱，使幼儿的情感健康地发展起来。

278. 23个月幼儿语言发育能力应达到什么水平?

到了这个月龄,有一半的幼儿会使用200～300个词汇,能说出3～5个字组成的句子,多数幼儿会用三个字组合的句子,表达他自己所见所闻或感受,比如"宝宝睡"、"她哭了"等。幼儿开始单一地用语言表达自己的要求,而不再总是借助肢体动作,幼儿学到了足以让他表达日常生活的词句,语言发达的幼儿,还会说出一些能引起家长注意的词汇,赢得家长的赞意。

此时幼儿不但知道家长叫什么名字,还能够告诉其他人,更具有挑战意味的是,幼儿可能会直呼家长的姓名,那么家长一定要知道这是幼儿所处语言发育的特殊时期,一定不要严厉地批评他,要做到耐心地引导。

279. 23个月幼儿运动行为能力应达到什么水平?

这个阶段的幼儿会喜欢上翻筋斗,如果说之前他的动作不连贯很生疏,那么现在做翻筋斗的动作就显得熟练顺手了,家长要更注意幼儿的安全,在做这类型游戏动作的时候一定要在旁边保护,避免发生意外事件。幼儿此时走和跑都很熟练,能跳,能熟练地蹲下;会爬到椅子上去拿东西,会从地上捡拾东西;会单独上下楼梯,能熟练地用杯子和勺子;会踢球,喜欢耗费体力的运动如跳舞、拍手、爬、跑;会用蜡笔画线和圆,幼儿会更喜欢跟比自己年龄稍大的孩子玩,开始是在一旁很感兴趣地观察大孩子的游戏，想加入又不敢，总是拉着家长陪着自己和小朋友玩，慢慢地也敢跟着大孩子们跑来跑去了，但一般还不会与比自己大的孩子主动交流，此时幼儿在运动方面已经显示出一定的成熟度和自信感了。（见图12-1，图12-2）

图12-1　23个月翻跟头

图12-2　23个月找大孩子一起玩

280. 23个月的幼儿如何合理喂养?

这个阶段的幼儿已经能吃很多东西了，因为孩子已经长了大部分乳牙，并且吞咽消化功能都有了一个很大的进步，家长要培养他一日三餐定时定量地吃饭，多吃点蔬菜的同时食物可以由烂熟的做法慢慢逐渐加硬一点，但是不要给幼儿吃生冷不熟的食物，在天气炎热时要多喝水补充水分。

家长要准备一些可以给幼儿吃的零食，但要吃过饭后再给宝宝，可以选用些坚果类的，如核桃等，零食如果吃得过多，会影响正餐的食欲，家长要注意定时定量。饭后可以带幼儿散步，让他有一定的运动量，运动也可以开发智力并锻炼体能。

如果出现了幼儿不爱吃饭，厌食的情况，家长要考虑幼儿是否体内有火，可以尝试多给他喝点水，多添加蔬菜和水果。还要注意不要长时间给幼儿吃过于精细的米、面，使他体内缺乏维生素B_1和赖氨酸，使胃肠蠕动减慢、腹胀、消化液分泌减少，食欲降低，平时要做到粗细粮的合理搭配。这个阶段的幼儿可以增加活动量，让他的肚子感觉饿了，自然不会抗拒吃饭。不要养成不良的饮食习惯，如吃饭看电视，或吃饭玩玩具等，饭前不要给他吃零食，以免影响他的食欲，家长要注意调整全家的饮食结构，食物尽量做到多样化，均衡营养，合理搭配，让幼儿吃得香，睡得好。

281. 23个月的幼儿日常养护的要点有哪些？

这个月龄的幼儿俨然一副小大人的模样，家长的启蒙，早期教育是决定幼儿成长的关键，在此专家推荐几个适合这个阶段幼儿早教的选择：

（1）为了锻炼幼儿的逻辑和智力，找来几双鞋，拿出其中一只与其他的鞋分开，让幼儿找到与之成对的另一只，如果开始时幼儿有困难，可以给他一些提示，并告诉他这双鞋的最突出特征，如颜色、外形等，让幼儿找出来，再用另外几双鞋重复上述的游戏，几次之后，幼儿就可以轻而易举地完成这一任务了。

（2）为了锻炼幼儿的逻辑思维和精细动作，可以用盒子或其他一些东西教他"外""内""上""下""顶""底"等概念。

（3）家长要教幼儿学会左顾右盼过马路，是为了锻炼幼儿的自立能力，可以在带着幼儿穿过街道时，告诉他过马路要左右看看，先看左边，再看看右边，看看有没有汽车，并教会他"红灯停，绿灯行"的交通规则。

（4）随着幼儿的成长，注意力也会随着发展，这时正是培养幼儿自立能力的好时机，家长不在幼儿身边的时候，幼儿可以专心致志地玩，并且自得其乐，所以当幼儿沉迷于某个游戏或玩具的时候，应该让他自己静静地玩，在他没有要求家长帮助的时候，尽量不要去打扰他，让他慢慢有能力独处。

（5）为了培养幼儿的创造力，可以为他找个"藏身之所"，如用毯子盖在两条椅子上，或者用大桌布盖在小椅子上，搭成一个"帐篷"让他藏身，或者可以用纸盒给他做一个"家"，充分激发他的想象力。

对于这个阶段的幼儿，家长着重在培养幼儿的自立、社交能力、精细动作、创造能力等，能达到提高幼儿的智力、逻辑和情商的目的。见图12-3，图12-4，图12-5。

图12-3　23个月　　　图12-4　23个月　　　图12-5　23个月认上、
　　找鞋配对　　　　　　学过马路　　　　　　下、内、外、顶、底

282. 如何让23个月的幼儿学习优美的语言?

　　中国是文明古国，素有"礼仪之邦"的美称。得体的举止和文雅的谈吐是每一个中国人都应当具有的品质，而良好的道德修养是从小培养起来的，幼儿时期是刚刚学习说话的年龄段，此阶段的幼儿经历了语言发展的爆发期，他在这个时期逐渐掌握了大量的词汇，并且开始学习各种各样的语言表达方式，家长一定要趁此机会培养幼儿学习和运用优美的语言。

　　对于幼儿来说，语言学习的最主要方式就是模仿。因此，家长在幼儿学习优美语言的过程中扮演了极其重要的角色。首先，家长应当以身作则，平时说话要注意语言优美，不使用污言秽语，幼儿生活在家庭中，每时每刻都受到家庭的影响，家长的一言一行都成为幼儿模仿的对象。其次，家长要有选择地给幼儿读一些优秀的幼儿读物或讲故事。好的文学作品中使用的言语都是经过加工和提炼的，是经历了时间的考验的。优秀的文学作品不但可以陶冶人的情操，还可以在潜移默化中使幼儿学会使用优美的语言。家长还要注意挑选适于幼儿观看的电视节目，与他一起看。第三，有的幼儿学会了一些不良用语，家长一定要及时给予纠正，但是纠正的时候一定要讲究方式方法，过分的责备和训斥可能会起到相反的作用。如果家长发现幼儿经常跟一些讲粗话的孩子一起玩，学会了一些骂人之类的脏话，切不能一味地制止幼儿跟其他孩子玩，而是要正确地引导幼儿，教育他有些该学，有些不该学。幼儿说一句脏话，家长就要纠正一次，慢慢地幼儿就知道哪些该说，哪些不该说了，也是培养了他的是非观。

283. 怎么教23个月的幼儿学习礼貌用语？

家庭中要注意应用礼貌语言，通过日常的模仿，幼儿很容易学会。例如，每天早晨起床要问："您早。"家长可以先做示范，也可趁势用英语说："Good morning！"渐渐成为习惯，每天早晨第一次遇到人时要说："您早。"平常家长让幼儿干一些杂事时，也不要忘记说："请你给我拿某某。"当他递过来时说："谢谢。"也要求幼儿在请求家长帮忙时说"请"或"Please"。家长帮忙后也说"谢谢"或"Thank you"。这样的互相礼尚往来才能培养有礼貌的孩子。

当有人离开时要互道"再见"或"Good bye"。晚上睡前要说"晚安"或"Good night"。有亲朋好友来访时要问候"您好"或说"某某好"。客人离开时一定要送出门，请客人有空再来。客人带来的小朋友由小主人负责接待，拿出玩具共同玩耍。如果幼儿躲避怕生可以暂时不管，千万不要在客人面前批评他，待客人离开后，只有家里人时才告诉他应该如何去做，鼓励点滴进步。有些幼儿特别胆小害羞，不要勉强他非叫"某某叔叔或某某阿姨"，如果幼儿不做声，就不要强制要求，以免由于害怕而反复发音，出现口吃。家长可以耐心地加以引导，并在日常生活中用各种方法提高幼儿的胆量。

284. 如何培养23个月幼儿的舞蹈兴趣？

舞蹈是美的化身，是用形体表现的艺术造型。家长都希望自己的幼儿能歌善舞，但仍有一些幼儿对舞蹈不感兴趣。怎样才能培养幼儿对舞蹈的兴趣呢？

（1）家长最好自己也对舞蹈感兴趣。因为成人的举止、言谈、爱好，会对幼儿起到潜移默化的感染作用。

（2）可以利用电视、电影的传播媒介。有意识地带领幼儿观看舞蹈表演，让幼儿从中感受到舞蹈的优美，激发他的舞蹈情趣。

（3）为幼儿创造一个美的环境。如墙壁上可以剪贴一些舞蹈的形体图，书柜里为幼儿添置一些舞蹈的画册等。让幼儿观察、模仿、阅读，使幼儿的生活空间充满舞蹈的情趣，由此对舞蹈产生兴趣。

（4）可经常播放一些优美、抒情、活泼的乐曲及幼儿喜爱的乐曲，让幼儿听一听，跳一跳。也可以采用一些有关小动物的乐曲，让幼儿伴随乐曲蹦蹦跳跳，感受一下情趣。因为小动物的形象生动，对幼儿有吸引力，让幼儿在音乐声中模仿小动物的动作，在观察中加以美化和创造。

（5）召开家庭音乐会。和幼儿一起表演节目，一方面可以提高幼儿对舞蹈的兴趣，另一方面家长可以与幼儿进行沟通。

（6）根据幼儿的爱好，制作一些动物的头饰、服装、道具等，使幼儿在愉快、欢乐、轻松的情景中，感受到舞蹈的高雅情趣。

（7）平时，可以经常带幼儿参加一些集体活动，让幼儿感知艺术美，让优美的舞姿吸引幼儿。

需要注意的是，有的幼儿并不喜欢跳舞，如果家长在尽力培养幼儿的兴趣后，幼儿还是不喜欢，家长就不要勉强了，或许幼儿在别的方面有更好的天赋。家长不要按照自己的意愿，送幼儿上什么舞蹈班之类的，这样会使幼儿从小就产生了厌学感，不利于宝宝的成长。

285. 如何开发23个月幼儿的左脑能力？

人的大脑左右半球的结构和功能是相互影响的。结构决定功能，功能影响结构。要开发左脑半球，主要是从发展左脑半球的功能着手的。

锻炼幼儿的语言能力的主要方法是多听、多说、多读。可以多给幼儿讲一些神话故事、寓言、诗词、童话故事等。

多听可以积累词汇、领会语义、熟悉语境。家长也可以经常给幼儿讲故事，让幼儿编故事、读故事、复述故事。编、读和复述故事除了能锻炼语言能力外，还能锻炼幼儿的逻辑能力和想象能力。因为故事的先后展开，都有内在的逻辑。适度地让幼儿早一点认识汉字，及时地打开幼儿自己获取知识的大门，让他提早阅读，这对锻炼语言能力、广泛接受知识很有好处。总之，要给幼儿丰富的语言环境，让他多接触口头、书面的语言，多进行语言的交流和训练，这对开发左脑是很有好处的。

家长对幼儿进行数学、逻辑训练，可以提高幼儿的抽象思维能力，达到开发左脑的目的。不过，数学是比较抽象的。幼儿的形象思维能力发展较早，抽象思维能力发展相对较迟，因此，抽象思维能力的训练要采用形象、具体的教育方法。比如说，不要一开始就让幼儿数一、二、三、四，而是让他数苹果、数鞋子等。等到幼儿掌握了一定的数学知识后，家长就可以着手训练幼儿的推理能力了。在幼儿学会了相等的推理后，可以训练不等式的推理。告诉幼儿，爸爸的年龄比妈妈大，妈妈的年龄比姑姑大，然后让他思考，爸爸和姑姑谁大呢？

生活中经常会遇到各种各样的问题，需要推理，需要判断。家长要鼓励幼儿经常思考，一定能激发幼儿的兴趣，培养他的推理能力，这对开发左脑半球的功能是很有好处的。

286. 23个月的幼儿睡觉出汗多，这是为什么？

幼儿期由于新陈代谢旺盛，加上本身活泼好动，有的孩子即使晚上上床后也不得安宁，所以入睡后头部也可出汗。所谓生理性多汗，就是指孩子发育良好，身体健康，无任何疾病引起的睡眠中出汗。家长往往习惯于以自己的主观感觉来决定孩子的最佳环境温度，喜欢给他多盖被，捂得严严实实。幼儿因为大脑神经系统发育尚不完善，而且又处于生长发育时期，机体的代谢非常旺盛，再加上过热的刺激，只有通过出汗，以蒸发体内的热量，来调节正常的体温。此外，幼儿如在入睡前喝牛奶也会引起出汗。很多家长在孩子入睡前给其喝牛奶，就会造成其入睡后机体大量产热，幼儿又是主要通过皮肤出汗来散热，所以就会出现睡觉多汗的现象。另外，家长要注意室温不宜过高、或保暖不宜过度，这些都是幼儿睡眠时出汗的原因，也都属于生理性的出汗。

287. 家长日常应如何打扮23个月的幼儿？

随着年龄的增长，这个时候的幼儿就懂了什么是漂亮、好看了，特别是女宝宝会对这个概念更为敏感。家长在打扮幼儿的时候，保持服装的整洁卫生是最基本的，如果幼儿的衣服整洁，即使质地、样式一般，也会引人喜欢，给人美感和快乐。同时，一定要以适合幼儿的生活和活动为原则，并要与幼儿的性格相符。

由于这个年龄段的幼儿活泼好动，打扮他（她）时衣着要裁剪得体、美观大方，不必追求名牌或样式奇异，衣服的装饰品不要太多，也不要给幼儿穿过分"宽松式"或"紧身式"的服装，这类衣服不仅不利于幼儿的运动和生长发育，而且还会削弱幼儿健康的自然美，太多装饰品的衣服会限制幼儿的行动，给他（她）爬、跑、跳、攀登和做游戏都造成影响。

因幼儿正处于生长发育的高峰时期，家长日常给他（她）

穿衣服时，不需要追求大牌、名牌、过分时髦，以免幼儿长得过快造成浪费，服装色彩的选择既要鲜明、协调，但色彩对比不要过于强烈，以免给人造成视觉刺激。随着二胎政策的开放，很多的二胎宝宝都会延续穿着老大的衣服，这样节省的美德虽应鼓励，但是一定要考虑性别打扮是否一致，应绝对符合幼儿的性别特征，家长更不要凭自己的喜好而忽略幼儿的性别，有的家长就存在喜欢男孩，把女孩也打扮成男孩的样子，或者有的时候是为了图一时的好玩按自己的心情来打扮幼儿，这样对幼儿的身心健康影响是很大的，甚至严重的会导致幼儿长大以后的性别错位，所以请家长一定要遵照适合生活和运动的原则打扮幼儿，这样才能够使幼儿变得漂亮可爱。

288. 家长如何培养23个月的幼儿学会等待?

现如今人们对孩子的关注度极高，经常是几个成人围着一个孩子转，使幼儿从小就生活在极度被照顾的环境里，往往会形成脾气急躁，尤其是不能马上得到想要的东西时就会发火，家长让幼儿学会等待，是对幼儿性格的一种磨练，同时也可以让他从别人的角度考虑，从而培养为他人着想的品质。

例如，家长正在做饭，但是幼儿已经饿了，这时千万不要给他吃零食，为培养幼儿学会等待，可以让幼儿来当"小助手"，看看桌子摆好没有，帮助摆一摆碗筷等等。幼儿一边忙碌，一边耐心地等待，这样开饭时他不仅胃口好，而且通过帮忙也会知道家长做饭不易。有时，幼儿看见别的小朋友手里有个好玩具，很想玩一下，但人家又不放手。这时家长应当想办法转移幼儿的注意力，让他去注意其他好玩的东西。在儿童游乐场如上滑梯，坐小车等都要经过排队或者买票才可以玩，有时人很多，要排队才能轮到，要教导幼儿耐心等待，从小培养遵守秩序的好品格，和其他小朋友一同享受玩的快乐。

289. **如何让23个月的幼儿学会爱与被爱?**

二胎政策刚刚开放不久，之前很多的幼儿都是家庭中的"独苗儿"，由于没有其他的孩子分享家庭的爱，想让他学会爱与被爱是相当不容易的事情，因为他们潜意识里已经形成了索取是很自然而然的概念，但是，尽管这样，家长也一定要努力地让他逐渐改变这种想法，这样对幼儿成长也是至关重要的，否则等他今后长大成人，情商就会变得很低，一定要在这个阶段就让他知道爱是必须与他人分享的道理。

在家长的干预下，幼儿的心理会感觉原来独占的爱被分割了，但在他幼小的心灵中，有另一种爱已经开始悄悄萌芽了，幼儿开始寻找爱的对象，因为本身爱就是有两个方面，那就是"爱"与"被爱"，学会了爱与被爱之后，将会大大改善幼儿的情绪，使他在接受家长爱的同时，也要付出自己对家长的爱。

290. **家长如何训练23个月的幼儿自己穿脱衣服?**

在日常生活中，每天都要穿衣服和脱衣服，家长可以充分利用这个机会训练幼儿手指的灵活性，同时这也是幼儿乐于尝试的事情。解开（扣上）纽扣或是拉上（拉开）拉链，需要幅度很小而又准确的手指动作，幼儿可以通过脱衣服或穿衣服学会这种技能，既可以锻炼手指活动的精确程度和灵活性，也可使幼儿养成良好的自理习惯，增强幼儿独立完成一些小任务的信心，这种自信对幼儿长大以后的生活和工作都大有好处。

291. 23个月的幼儿还不会讲话怎么办？

有的幼儿都快2岁了，还不会说话，而周围同年龄或更小一点的孩子都会讲几句话了，家长难免心里就会着急了，怀疑自己的孩子是否是语言障碍或是智力低下。一般来说，多数幼儿在这个年龄段都能开始说话，只不过有的幼儿嘴巴巧一点，会说得多一些；而有的幼儿嘴巴笨一点，说得少一点。而也不排除个体差异。这是由每个人的性格、家庭环境、教育情况、身体状况等多方面因素决定的。

在生活中也可以看出，热情开朗的幼儿，会主动与人搭腔，说话就早，口齿相对来说就清楚；而性格内向的幼儿，就沉默寡言，不善言谈，口齿就相对木讷一些。事实证明，有很多幼儿说话确实比较迟，有些甚至到了3岁该上幼儿园了，还说不出几句话来，而实际上幼儿的其他方面都很正常，有的甚至表现得异常聪明。

对于说话迟的幼儿，家长也要认真地进行观察，首先要看看幼儿的听力是否有问题，能不能听懂别人的话，如果大人的话幼儿全能听懂，就是不愿意开口说，那幼儿的听力和智力一般就不会有太大的问题。如果别人对幼儿说话，而幼儿反应很迟钝，甚至无反应，到1岁半甚至2岁了，幼儿一句话都不会讲或者发音含糊不清，特别是以往曾经接受过抗生素治疗的幼儿，则就要警惕是否存在听力障碍了，应马上带他到医院进行详细地检查。因为有些药物可能对听神经有毒性，会损伤听神经而导致听力受损，如果听力存在障碍必然会影响幼儿语言的发展，家长一定要引以重视。

292. 23个月的幼儿调皮家长能不能体罚？

这个阶段的幼儿，对见到的任何事物都充满了好奇，有时难免做错事，如把家里的东西摔坏、把自己的故事书撕坏，在这种情况下，家长可能已经反复劝说，他依然是会不听不记，所以有时家长会非常生气，可能会打他屁股两下泄泄愤，这是非常错误的做法，一是会给幼儿的心灵带来伤害，二是这样做很危险，因为有时大人的下手难以掌握轻重，有时候难免伤到孩子。

对做错事的幼儿，家长首先应查找原因，比如，幼儿把自己的图书一页一页地撕破，大多数家长看了都以为幼儿养成了破坏东西的坏习惯，必须惩罚一下才能让他长记性，但是，事实并非如此，如果是一个4岁的幼儿，这也许是一种反抗性的破坏行为，可对于才1岁多的幼儿，事情就不同了，对于这个阶段的幼儿来说，撕书只是他们想了解书到底是一种什么样的东西，也是他们通过自己的行为，对事物的一个初步探索，不仅把书一页一页撕下来，说不定还会把其他几页塞进嘴里面，家长不能把这种探索环境、满足好奇心的行为与大孩子的反抗行为混为一谈，更不能对幼儿进行体罚。

二十四个月

293. 24个月幼儿体格发育的正常值应该是多少?

体重：12.04 ～ 12.57 kg；

身高：88.1 ～ 89.1 cm；

头围：47.07 ～ 48.2 cm；

胸围：47.4 ～ 48.4 cm；

出牙：16 ～ 20颗，其中后臼4颗出齐。

294. 24个月幼儿智能应发育到什么水平?

专家对幼儿方位知觉研究指出，这个阶段的幼儿一般能辨别上下，为了超前训练幼儿方位知觉，从二周岁起就应加上这方面的训练。例如家长可以问幼儿，被子盖在哪？褥子铺在哪？幼儿答复后，告诉他，被子盖在你身上面，为"上"；褥子铺在你身下面，为"下"，当玩踩影子的游戏活动时，告诉他现在影子在我前面，赶快去踩，现在影子在我后面，来让他有方位感。还可经常说："宝宝在我前面走，爸爸在宝宝后面走"。家长经常告知幼儿上下前后，他就会逐渐懂得这些词的具体方位，这是这一阶段幼儿发育极其突出的方面。

这个阶段的幼儿识别声响的能力又大大提升了，对声音有较强的反应能力。例如妈妈在厨房或别的屋里弄出声响，如洗碗声、刷鞋声、刷锅声等，这时幼儿大概都能猜出是什么声音。家长还可以在幼儿身后弄出细微的声音，看他是什么样子的反应，通常在此月龄幼儿听觉都较敏感，并且因为有了一定的生活阅历，都会判断出来这个声音代表的意义。这是继十八月龄听力训练"听声音作判断"之后，进一步锻炼幼儿的听觉，不过声音可以相对更细微，而且离声源可以更远，这样就更需幼儿注意力集中，使得听觉更灵敏，这样幼儿的身体发育与听觉就达到了同步发育的目的。

295. 24个月幼儿语言发育能力应达到什么水平？

这个阶段的幼儿，已经很喜欢说话了，但是词汇量还不够表述他想要表达的意思。这时，家长要想方设法帮助他丰富词汇，提高语言表达能力。家长可以在游戏中锻炼孩子的语言功能，如玩"打电话游戏"，通过打电话教孩子说自己的姓名、住址、爸爸妈妈是谁、正在做什么等。家长还可以教孩子说儿歌，以丰富孩子的词汇。同时家长也可以给幼儿买一些图片、画板等少儿读物，讲给他听，讲完后可以让他再讲给你听，这可以锻炼幼儿的记忆力和表达能力。也可以结合他日常生活中经常遇到的问题让他回答，可以问"如果你把别人的玩具弄丢了怎么办，如果把别人的玩具弄坏了怎么办，把别人的玩具带回家里了应该怎么办，你向别人借玩具，别人不借你怎么办，别的小朋友打你怎么办"等类似的小问题。训练他自己解决问题的能力。

若是孩子到2岁了仍不能流利地说话；要考虑是否存在言语发育迟滞，最好带孩子到医院检查一下，听力是否有问题，神经系统发育是否健全，也可能孩子一切发育正常，只是缺少语言训练罢了。那么家长就需要给予更多的关注，并且需要求助于专业的训练人员采用科学有效的方法来引导幼儿说话。

296. 24个月幼儿运动行为能力应达到什么水平?

这个阶段的幼儿全身运动能力已经很强了，让他骑三轮车这个游戏，可以充分锻炼他的动作上协调性和方向准确性。通常这月龄的幼儿已能平稳地骑三轮脚踏车了，而且能向前骑还能向后倒骑（如果差些可以教幼儿练习）。这时，家长可以在地上画个"8"字样的线（约五六米长）让他压线骑，这样有难度的训练对幼儿充满了挑战

图13-1　24个月骑三轮车

性，骑熟练后，他会洋洋得意地表现出非常地得心应手，并且自信心大增，但是家长要注意速度不能太快，要在自己的可控范围内。尤其是刚开始骑时一定要慢，拐弯处家长注意保护，切不可出现危险，否则幼儿心理出现阴影，会造成以后的骑车障碍。（见图13-1）

297. 24个月的幼儿如何合理喂养?

24个月的幼儿已经大致尝试过各种家庭日常食物了，这

一阶段主要是学习自主进食，也就是学会自己吃饭，并逐渐适应家庭的日常饮食，幼儿在满12个月后就应与成人一起进餐，在继续提供辅食的同时，鼓励尝试家庭食物，并逐渐过渡到与家人一起进食家庭食物，鼓励幼儿自我意识的形成，并鼓励幼儿自主进食。当幼儿开始能用勺子的时候，多数会散落，家长不需要着急，一定要给他时间慢慢学习，到2岁时多数幼儿都能比较熟练的应用勺子了，这个阶段的奶量还应控制在约每天500ml左右，每天1个鸡蛋，肉禽鱼50～75g，谷物类50～100g，蔬菜、水果的量仍然以幼儿食量而定，因为到了断母乳的年龄，可在幼儿饮食加入少量的酸奶、奶酪等，作为幼儿辅食的一部分。

298. 24个月的幼儿日常养护的要点有哪些？

2岁的幼儿喜欢听故事，喜欢看图片，喜欢看电视、动画片，喜欢大运动的游戏，也喜欢对家长的动作进行模仿，此时的幼儿可以学着将自己的玩具收拾好，并且对自己可以独立完成某些事物的技能产生自豪感。比如此时的幼儿可以将积木搭好后拉家长去看，2岁左右的幼儿都喜欢表现自己，同时也会表现出自私的一面，不愿意将自己的东西分给别人，此时的幼儿还不能明确区分什么是正确的，什么是错误的。将近2岁的幼儿的独立性已经形成，但是有分离焦虑，如果突然让他与父母分离，或将他生活环境改变，他会感到很恐惧，所以家长在日常生活中还是要给予足够的关注，否则容易造成他心理的伤害。

这个阶段的幼儿喜欢自己独自玩耍，喜欢在床上蹦来蹦去，喜欢和小朋友一起玩捉迷藏的游戏，所以家长在看护的时候要注意安全，并且幼儿在这个阶段有一个习惯就是玩带孔的东西，因为他非常习惯将手指塞在孔中，而且反复玩也不厌烦，那么家长就一定要注意，家里的插座和危险的东西，加上保护套的同时，要不停地教育幼儿不可以触摸危险的物体。

299. 24个月的幼儿可以断奶了吗？

世界卫生组织、联合国儿童基金会倡导，对于婴儿最好做到纯母乳喂养6个月，母乳喂养坚持到2周岁，在我国，2岁还坚持母乳喂养的比例占9%，那么，是不是喂养到2周岁就一定要断奶呢？这个是因人而异的，视孩子与母亲的情况而定，有的幼儿在这时会主动表现得不喝母乳了，那么妈妈可以无后顾之忧地选择断掉母乳，但有的时候妈妈是决定断奶了，可是幼儿却不依不饶，那么妈妈还是要选择循序渐进的方式，切不可简单粗暴的方式让幼儿无法接受，甚至哭闹至生病，这样也会对他心理造成很大的影响。对于这个阶段的幼儿，已经完全可以听懂家长所要表达的意思，家长可以采取谈心的方式，让他慢慢接受"断奶"，告诉他他的食物是要以"饭"为主了，但是并不是断掉一切乳制品，还是要适当的喝配方奶或牛奶的，也从某种程度上让他慢慢接受了喝其他乳制品的概念，从而实现"终生不断奶"的营养目标。

300. 24个月的幼儿"口吃"怎么办?

这个时期的幼儿,已经能够说一些完整的话来表达自己的意思了,但是也有的幼儿说话不流畅,结结巴巴的,往往一个字有时要重复好几遍才能说得出来,而且越着急,越说不出来,脸也憋得通红,这是一种语言的障碍,称为"口吃"。幼儿在这个时期的口吃发生率大约为1%,大多数发生在2 ~ 4岁之间,男孩较女孩多见。

造成口吃的原因主要有以下几点:

(1)由于幼儿大脑皮层和发音器官发育不够完善。语言能力的发展慢于思维能力的发展,而且幼儿掌握的词汇极其有限,有时想到了,却说不出来,或是没有恰当的词汇来表达,因此,说话时遇到困难便重复刚刚说过的字,久而久之就形成了口吃。

(2)幼儿接触过口吃者,在与口吃者接触的过程中,幼儿觉得好玩而去模仿,以致形成不良的口吃习惯。

(3)幼儿心理有压力,情绪过度紧张,致使发音器官的活动受阻而发生口吃,而且越怕口吃,口吃现象越重。

(4)与遗传有关。极少数幼儿的口吃与遗传有关,这些幼儿讲话时喉部肌肉高度紧张,造成声带闭合而一时发不出声来,为了要竭力摆脱喉部肌肉的紧张,便出现了口吃。

口吃不仅让别人听起来感到吃力,就是自己说起来也费劲,而且口吃对幼儿的精神发育也会造成一定的影响,有时幼儿就因为口吃,而拒绝与人交往,不愿意说话,导致自闭症的发生。也有的幼儿因为口吃，产生自卑心理，对自己缺乏信心，不愿意在他人面前出现，造成性格孤僻怪异。因此，对幼儿的口吃现象，家长要及早加以纠正。

首先，要创造一个轻松愉快的环境，家里的人要多关心和帮助幼儿，使幼儿生活得很愉快。同时有意识地多给幼儿说话的机会，慢慢引导幼儿正确发音。告诉幼儿，说话速度要慢些，一字一句说清楚，一句一句把话说完。平时可以让幼儿多练习数数、唱歌、背儿歌、讲故事等，这对纠正口吃很有帮助。

另外，要尽量避免让幼儿接触有口吃的成人或孩子，以免相互影响而加重口吃现象。在纠正幼儿口吃的过程中，家长不要过于批评指责幼儿，不要老是提"讲话怎么又结巴了"，更不要讥笑或模仿，否则，将会使幼儿的口吃因精神负担增加而加重。发现幼儿学别人口吃时，要立即制止。

一般来说，通过及时纠正，以及随着幼儿语言表达能力的逐步提高，大多数口吃的幼儿都能恢复正常。

301. 24个月的幼儿经常自言自语正常吗?

自言自语现象，是这个阶段幼儿经历积累的体现。一般来说，没上幼儿园的幼儿，自言自语的现象来得相对比较晚和少；而那些已经接受小班型早期教育的幼儿，或者经常与小伙伴玩耍的幼儿，自言自语的现象会更多一些。聪明的孩子在独立解决问题时，比其他幼儿更早出现自言自语的现象。

如果幼儿其他一切正常，家长大可不必为幼儿的自言自语现象而担忧。同时，也要对幼儿进行多方面的正确引导。由于幼儿自言自语的内容，常与幼儿实际生活密切相关，通过幼儿的自言自语，家长也能够了解到幼儿内心世界的活动情况。比如，幼儿在给自己"讲故事"的时候，语言有暴力倾向，比如要伤害小动物什么的，是要引起家长反思和警觉的，幼儿平时是不是听暴力或带有攻击性的故事太多了。如果有，一定要及时纠正。

当然，对于幼儿的自言自语，家长既不要干涉，也不需要特别的鼓励，因为这只是孩子发育的一个过程，过多的鼓励，也会影响幼儿自然进入内部语言的进程。但是，假如发现幼儿除了自言自语外，从不跟周围人说话接触，整天只沉浸在自己的世界里，那就有必要带他到医院进行有关的检查了。

302. 适合24个月幼儿做的亲子游戏有哪些?

这个阶段的幼儿已经能够做一些有难度的游戏了，家长不如利用这些机会好好地锻炼一下他，让他娱乐的同时可以增长很多的技能，下面就给大家推荐几个小游戏：

（1）在一张水彩纸上剪下大圆、中圆和小圆各一个，将剪下的圆放在一边，活动中只需要画纸上的圆孔。再挑选一张平时幼儿熟悉的实物图（如一张脸），把小圆孔对在图片上，看幼儿是否能辨认出这是什么实物。如果不行，换成中圆孔，直至大圆孔。然后，将纸拿开，给幼儿看整张实物图。增强识别和记忆能力，传授大小和形状的概念。

（2）"我比这个高！"在房间里寻找比孩子高、矮或一样高的物体。拿一根尺子作比较，这是显示高度差异的好办法。这个游戏可以培养幼儿的精细动作和学数学的能力。

（3）巨大的话筒：把一卷卫生纸用完的纸筒当成喇叭，用它来宣布表演和特殊的事件，然后让幼儿也来试一试，告诉他用喇叭时，声音如何变化。这堂关于因果关系的课，可以培养幼儿动作技能，又激发了他的想象力。（见图13-2，图13-3，图13-4）

图13-2　24个月　比高矮　　图13-3　24个月　纸筒喇叭　　图13-4　24个月　圆孔看物体

303. 24个月幼儿的心理特征变化有哪些？

这个阶段幼儿的动作发育明显进步，能自己洗手、穿鞋，看书时能用手一页一页地翻。手的动作更复杂精细，有随意性。在自我意识开始发展时，出现"自尊心"，家长在教育孩子时，要耐心诱导，对待他的每一点进步都要表扬，不要同别的孩子比，要和幼儿自己的进步比。千万不要当着他的面同别人议论："看某某早就会了，我家孩子就是不会！"因为此时的幼儿完全能懂得别人在数落自己，这么做容易伤害他的自尊心，会使幼儿心理发育受到障碍。

此时的幼儿会要求独立，会自己学做小事，如自己穿衣服、搬小椅子等简单的劳动。愿意和比自己年龄稍大的孩子在一起玩，开始是在一旁很感兴趣地观察大孩子的游戏，想加入又不敢，总是拉着家长陪着自己和小朋友玩，慢慢地也敢跟着大孩子们跑来跑去了，但一般还不会与比自己大的孩子主动交流。如果你邀请一个幼儿熟悉并喜欢的小客人来家里玩，他可能会表现很高兴。如果此时幼儿不习惯的话，说明家长为他提供这样的机会太少了。

此时的幼儿情绪不稳定，易激动，易变化，一会儿要家长抱，一会儿让你走。这时的他既有对亲人情感依恋的心理需要，也有独立自主的个性要求，这是造成幼儿矛盾心理的原因，使他看起来有些喜怒无常，家长要切记不可训斥幼儿，要表现出理解与包容。

这个时候家长可以考虑把幼儿的婴儿床换成小床了，以免他从婴儿床的围栏里翻落下来。因为此时幼儿个子已经长高了许多，婴儿床对于他已经有点小了，并且翻身时很容易碰到床栏，会严重影响幼儿的睡眠质量，而且此阶段的幼儿需要自己的独立空间，自我意识在不断形成，家长应该给予他独立的空间，对他的身心发育是十分有利的。

304. 夏季带24个月的幼儿游泳，家长应做好哪些准备？

夏季带幼儿游泳是个消暑且娱乐的好方式，家长带24个月的幼儿去游泳都应该做哪些准备呢？

（1）首先要选一个好游泳衣。市面上的幼儿游泳衣很多，像2岁左右的幼儿可以选择衣服和救生圈是合二为一的游泳衣，要选择质量好并且伸展性强的。

（2）如果要是去室外的游泳馆，去游泳池之前要注意给幼儿涂好防晒霜，要选择儿童专用并且至少SPF50的，因为幼儿的皮肤非常娇嫩，在烈日的暴晒下很容易被晒伤。有的家长选择用幼儿防晒喷雾，这就要看当时的天气和孩子在水里的时间了，如果天气很热太阳很毒或者带幼儿在海边，幼儿在水里活动时间较长，喷雾的效果可能会更好。在这里推荐家长采取双重保护措施，先喷雾，下水，等幼儿出来后，擦上防晒霜，这样就更安全了。

（3）家长可以带一些水里可以漂浮的玩具，如小球，可以在水里传来传去的，幼儿都非常喜欢，在水中可以和其他的小朋友一起玩耍，起到了既锻炼了身体又增强了交往能力的作用。

（4）游泳的时间，最好选择太阳不要太足的时候，幼儿休息的比较好、精神最好的时候。一般家长会选择在幼儿睡完午觉后，游泳的时间最多1个小时，时间太长了容易引起幼儿过度兴奋，不宜于晚上的睡眠。

（5）家长要时刻告诉幼儿不要在游泳池周围跑步，不要跳水，不要做危险动作，并且家长一定要看护到位，切勿发生危险。

（6）一定要带上幼儿的水杯，可给幼儿准备一些果汁或者白开水，随时注意补水，尤其是在室外游泳池，幼儿在太阳底下呆久了容易缺水。

图13-5　24个月游泳

（7）带到游泳池的浴巾要选择轻薄便于把幼儿身体擦干的，那些外面买的游泳浴巾很多是适合铺在海滩上的，不适合在游泳池给幼儿应用，所以建议家长自备。

（8）游泳后，应马上给幼儿洗个热水澡，洗完澡要注意护肤，擦上润肤油，尤其是幼儿晒过的皮肤，护理一定要到位。（见图13-5）

305. 24个月的幼儿常见的眼科疾病有哪些？

（1）红眼病（急性结膜炎）：眼部刺痒，分泌物增多，眼睛红肿、结膜充血，造成流泪、怕光等。此病是由细菌感染所致，发病速度较快。

（2）睫毛倒生：以胖的幼儿居多，睫毛向眼球生长以致刺激到眼球并受伤。

（3）远视：每个孩子出生时都是远视，3岁时下降到正常。如果远视度数过高会影响视力，造成弱视。如果幼儿在正规医院通过扩瞳验光后被发现远视300度，特别是左右眼度数一高一低，更容易导致弱视。

（4）弱视：弱视是不可逆的疾病，是出生后3~18个月或3岁内这个视觉敏感期内，没有足够的光线刺激视网膜黄斑部，视觉发育就受到影响造成的。与斜视、屈光参差、屈光不正、视觉剥夺等有关。建议孩子半岁以后就应进行视功能检查，小班0.6、中班0.8、大班1.0以下的孩子，视力可能会有异常。目前发病率大约为3%~5%。

（5）斜视：两只眼睛不平行的视内斜或外斜，内斜俗称斗鸡眼，外斜俗称斜白眼。

上面给家长介绍的小儿眼科疾病，在日常生活中比较多见，请家长一定要多观察，出现症状及早就医。

306. 24个月的幼儿怎么预防疝气的发生？

幼儿疝气即幼儿腹股沟疝气，俗称"脱肠"，是小儿普通外科手术中最常见的疾病，疝气一般发生率为1%~4%，男孩是女孩的10倍，早产儿则更高，且可能发生于两侧。所以早期的预防很重要，那么，幼儿疝气怎么预防好呢？

（1）由于疝气可在幼儿期发生，故在该时期家长应经常注意观察幼儿的腹股沟部或阴囊处，是否肿，或是否存在时隐时现的块物，遇有问题应及时就医。

（2）虽然患疝气较多为男孩，但女孩也会发生疝气。对女孩的疝气更要提高警惕，因为常有卵巢、输卵管进入疝囊。

（3）平时穿衣服不要给幼儿腹部裹得太紧，以免加重腹内压力。

（4）给幼儿的食物应易消化并且含纤维素较多，以保持大便通畅。发生大便干燥时，应采取通便措施，不要让幼儿经常用力解大便。

（5）不要让幼儿大声咳嗽，患咳嗽时要在医生指导下吃些止咳药。避免幼儿经常性的大声啼哭，防止腹压升高。

307. 如何区分24个月的幼儿到底是多动症还是正常好动？

这个阶段的幼儿心理特征为好胜、好奇、好动、好模仿和富于想象，以好动更为突出。有些家长把幼儿好动视为不老实，调皮，不遵守纪律，对好动的幼儿会加以种种限制。这种做法是违背儿童心理特性的。孩子好动，是精力旺盛、身心健康的表现。只有患有营养不良、重症贫血或有其他先天性疾病的幼儿才不好动。好动也是幼儿探索自然和社会的一种表现。他们看什么都要摸一摸、动一动、看一看，还会提出各种各样的问题来，对周围的事物都新鲜、好奇和不理解。可是有些家长却把正常孩子的好动误认为是"多动症"。

正常的好动与多动症之间的区别主要有以下四点：

（1）正常好动的幼儿，虽然也有注意力不集中的表现，但对有兴趣的事情，却能专心致志；而多动症的孩子做不到。

（2）正常幼儿虽然表现散漫，如上课做小动作，甚至吵闹打架，但当他意识到必须控制自己时，他能控制得住；而多动症的孩子却不能控制自己。

（3）正常幼儿做快速、反复和轮换动作时，表现得灵活自如；而多动症的患儿却表现得很笨拙。

（4）中枢神经兴奋剂能使正常幼儿引起兴奋；而患多动症的幼儿服用后，却很快地表现得安静，少动，注意力呈相对集中。当他们服用镇静剂时，反而出现兴奋、多动。因此对被怀疑多动症的幼儿，不妨给他们喝些咖啡或浓茶，如果孩子没有突出表现时，那么家长就不必过分地担心，否则也会给幼儿心理上造成不良的刺激，也不要随便对他说"你是多动症"，这样做，反而会影响幼儿的智力发展，增加精神负担。

308. 针对24个月的幼儿家长应如何教育？

对这个阶段的幼儿，首先家长要了解他的这些变化，并且对他的某些行为加以理解，这是家长和幼儿相处的基础。那针对24个月的幼儿，家长应该怎样去引导教育呢？

（1）"和小孩子讲道理，他能听得懂吗？"这是很多家长的疑问，千万别小看幼儿的能力，用他听得懂的语言与他对话，效果通常不错。家长不妨试一试，用讲故事的方式来引导幼儿，尝试和他正向沟通，或许会有意想不到的效果。

（2）如果幼儿已经接触到了早教班的教育课程，家长与学校老师的沟通是很重要的。家长可以将幼儿在家里的情况记录下来，然后将记录内容带到学校和老师一起讨论，建立起家庭教育和学校教育尽量一致的教育模式，这样才不会使得幼儿无所适从，同时对孩子的心理和行为也比较容易把握，易于引导。

（3）"孩子想要什么就给他吧！省得他哭闹不止，弄得大家精神崩溃！"不少家长在幼儿耍脾气时，会采取妥协、满足幼儿的需求等消极的解决方式，以求能迅速地让他安静下来，但是，如此反而会让幼儿更加任性。所以家长应该拥有正确的教养观念：疼爱孩子，但不要溺爱孩子，在他淘气时要坚持原则。当幼儿吵闹时，要用他可以理解的话语告诉他，那样做是不对的。如果幼儿一再坚持，比方说他哭着闹着非得要去麦当劳用餐，那是鬼灵精怪的他在试探家长的忍耐底线，只要一次赖皮成功，下次可能他就会如法炮制。建议家长不妨事先和孩子说清楚：今天的行程有哪些？有没有麦当劳？这样才不会让幼儿予取予求。

对于2岁的幼儿，家长应遵循积极引导，科学教育的原则，可以疼爱但不要溺爱，让幼儿在充满正能量的环境中茁壮成长！

二十五个月

309. 25个月幼儿体格发育的正常值应该是多少?

男孩：体重9.47 ～ 14.64kg；身长80.5 ～ 94.8cm；头围45.0 ～ 50.1cm。

女孩：体重9.10 ～ 13.97kg；身长79.3 ～ 93.5cm；头围44.0 ～ 49.0cm。

乳牙萌出18 ～ 20颗，仅有少数孩子尚未出齐4颗后臼齿，可以很好地吃东西。

310. 25个月幼儿智能应发育到什么水平?

这个时候的幼儿开始使用人称代词，如"我"、"你"。幼儿能完整地背诵一些儿歌，并且随着语言的快速发展，幼儿掌握的儿歌会越来越多。幼儿可以自己独立吃饭，大小便自我控制能力加强。幼儿可以做到一页页地翻书了，能拼2 ～ 3块拼图，能用7 ～ 8块积木搭建积木塔。

311. 25个月幼儿语言发育能力应达到什么水平?

这个阶段的幼儿已经掌握了大约200个词，能说5 ～ 6个字组成的句子，能完整地背一些儿歌，语言发育快的幼儿掌握的儿歌会更多。 幼儿开始使用"我"、"你"人称代词，基本能够分辨"我"和"你"。幼儿不再把什么东西都看做是"我的"了。有些幼儿语言发育迟，这时可能才刚刚学习说话，别着急，此时幼儿语言发育变化呈跳跃式，也许过几天家长就会惊喜地发现他吐语如珠了。

312. 25个月幼儿身体发育技能应达到什么水平？

这个阶段的幼儿能独立吃饭，控制大小便的能力也逐渐加强了，有大、小便意的时候能及时呼叫家人，有的幼儿还可以自己脱松裤子，但还不能穿好裤子。大多数幼儿都能熟练地用勺和碗自己吃饭了，这时家长可以开始锻炼幼儿使用筷子了，这个阶段的幼儿会非常喜欢用剪刀剪东西了，会把纸剪掉一个角或剪开一个口子，所以家长在看护时要格外注意安全。

313. 25个月幼儿运动能力应达到什么水平？

这个阶段的幼儿走路已经不是问题了，他现在能独自上下楼梯，有时还可以帮助家长拎购物袋呢！幼儿这时应该可以双脚跳离地面了，他喜欢东跑跑，西颠颠，乐此不疲，爸爸妈妈可一定要注意把环境中有危险的物品放置好，可以和他一

图14-1　25个月贴纸游戏

起搭积木、画圆圈、还可以进行穿珠比赛等游戏，当家长把

玩具放在柜子上时，幼儿还能爬到椅子上去取玩具，但家里的危险物品应加锁保管，以防幼儿碰到发生危险。（见图14-1）

314. 25个月幼儿的情感发育到什么水平？

这个阶段的幼儿情绪基本趋于稳定，家长在教育他时要遵守"言必信、行必果"的准则，不要敷衍幼儿，也不要随时推翻自己的承诺。有时幼儿会表现出某种具有攻击性的行为，还会产生强烈的逆反心理，这时家长就需要诱导幼儿学习如何与他人交流了，切不可采取打骂的方式来教育孩子，否则容易导致幼儿情感发育的畸形。

315. 25个月幼儿认知能力发育到什么水平？

这个阶段的幼儿已能一页页地翻书了，并且能指出图片中的人物和动物，能拼2～3块拼图，能用7、8块积木砌塔，能说出自己的姓名、年龄和爸爸妈妈的姓名……会从1数到10，能区分白天和晚上了，家长在此时需要帮助幼儿初步建立时间概念了，同时这也是在帮助幼儿建立有规律的生活习惯。

316. 25个月幼儿睡眠时间大约有多长？

大多数幼儿两三岁之间晚上需要的睡眠时间为9～13个

小时，很多孩子中午还需要睡个小觉，也有些幼儿白天根本就不睡觉，这个阶段的幼儿睡觉的量没有所谓的金标准，家长只需要让幼儿保持足够清醒而且不出现疲惫的状态，这样的睡眠就足够了。

317. 25个月的幼儿如何合理喂养?

2岁大的幼儿在饮食上总会出现这样那样的问题，挑食、偏食就是其中的一个典型。针对这种情况，妈妈可以给幼儿提供丰富多样的菜肴，让他从中选择他比较喜欢的食物，最好是给他以前没怎么吃过的菜肴，幼儿好奇心强烈，他会愿意尝试新奇的食物。家长也可以让他亲自来观看你的做菜程序，让他自己闻闻美味佳肴出锅时的香气，他也许就会忍不住想用手去抓食物吃了。如果遇到幼儿不爱吃肉怎么办？不用担心，有妙招，家长可以把肉熬成汤，然后和蔬菜一起煮，虽然他没有吃到大块的肉，但营养也是照样有的。

此阶段要给幼儿多补充卵磷脂和B族维生素，因为这类营养素具有增强记忆力和思维能力的功效。富含卵磷脂的食物有大豆、鸡蛋、海鲜、肉类、肝、花生等，幼儿可以多吃，这样有利于促进大脑发育。此外，每天的早餐可以给他吃一个鸡蛋，鲜榨果汁或者豆浆也是不错的选择。家长还可以给幼儿制作一些燕麦饼和蔬菜煎饼，这非常有助于他对蛋白质和维生素的吸收。

318. 25个月的幼儿日常养护要点是什么？

（1）这个年龄的幼儿可以听懂一些道理了，他已经能读懂家长的表情，能听懂赞扬和批评，能知道谁喜欢他等等，家长在教育时要切忌对幼儿进行空洞的说教，可以根据幼儿自身的经验和理解说一些简单的道理。

（2）哭闹也许是疲倦引起的，这是这个阶段幼儿在日常生活中所经常发生的，如果家长发现幼儿兴趣盎然的玩了半天，忽然开始哭闹了，家长也许会以为是他无聊了，会继续哄着他玩，这时会发现幼儿哭闹的更凶了，事实上是他累了，需要休息了，只不过幼儿目前尚不能明白"累"这种感受如何表达，不知道该让家长如何去做，所以会呈现出这种状态。

（3）幼儿在这个阶段，开始掌握代名词，如"你""我"。当他开始掌握"我"这个词的时候，在自我意识的形成上是一个质的变化，从此，他的独立性开始增长起来，这在幼儿常常说的"我自己来"这句话中得到了明显的表现。这个时期家长要给予他充分的尊重。

（4）幼儿是一个超强马力的混乱制造机，这个阶段的孩子，总是想要自己去做一些事情。但因为他们的行为能力有限，并没有想象发展得那么快，笨拙的小家伙们即便非常努力地想做好某件事，也会常常导致混乱的结果，所以家长切勿急躁。

（5）2岁的幼儿可以锻炼自理能力了，他也会很喜欢尝试自己完成所有的事情，比如独立吃饭，学习使用筷子，自己刷牙、洗手擦手。他控制大小便的能力也加强了，有大小便意的时候能及时叫人，有的幼儿现在还可以自己脱松裤子，但还不能穿好裤子。

（6）幼儿在出齐20颗牙以前要坚持睡前漱口，出齐20颗牙以后要学习刷牙。家长要观察乳齿萌出状况，定期去医院检查有没有出现龋齿。

319. 25个月的幼儿体检项目有哪些？

25个月的幼儿正处于生长发育最旺盛的时期，所以充足睡眠对他来说很重要，好好吃饭也非常重要。此外，由于幼儿免疫力还比较低，需要注意流感的问题。为了保证幼儿发育正常，及早发现疾病隐患，家长应按时带幼儿到医院进行体检。这应该是幼儿出生后的第九次体检了。体检项目包括：检查身高、体重、头围，测查心肺和微量元素等。

320. 为什么会出现"可怕的两周岁"？

幼儿到了2岁以后，这个时期正处于独立期，开始表现出自主性了。例如他想睡觉了、肚子饿了、感到疲倦了、对自己能力未达到理想状态等，经常会因为发生一点不如意就大发脾气，这就是"可怕的两岁儿"，他正在度过人生里的第一次反抗期。会表现得很固执，一旦他想做什么而没有获得允许，情绪会非常激动，动辄大哭大闹，令家长很头疼，不过家长要知道这并不是幼儿学坏了，或者专门跟谁对着干，而是因为幼儿到了心理发展的执拗期阶段，家长只有了解这个特殊时期的状态才会容易理解幼儿，其实掌握了幼儿这个阶段的心理特征，自然就掌握了给幼儿"熄火"的法宝。简单说，"执拗"是幼儿从一个完全依赖别人，没有自我意识到能够独立面对这个世界的必经过程，几乎所有的幼儿都会出现，而且会持续六七个月。因为3周岁前孩子的思维是"直线型"的，而且"不可逆转"。幼儿做某些事时，在他的头脑中会形成预先的"设想"，如果这些设想被人打破，他就会发火。

321. 如何应对"执拗"的幼儿？

幼儿在这个阶段家长应怎样机智地应对他的反抗期呢？那么就需要家长提前预留充足的时间让幼儿自己动手，在打算帮忙而幼儿说"不"时，就放手让他自己去做；面对幼儿的发脾气，家长要找清原因，区分幼儿需求的合理性，坚持一定的原则，让幼儿学会自己控制情绪，不能一味让步，否则容易使幼儿养成任性的坏毛病；多给幼儿一些动眼、动脑和动手的机会，让他自己去感受、去实践，有利于开发幼儿的智力；经常聆听幼儿的讲话，让幼儿表达自己的想法，对幼儿的心灵成长起极大的作用。

322. 对于幼儿的过分要求应如何拒绝？

很多家长误认为拒绝孩子就是简单冷漠地说声"不行"

或者给予一顿暴打。其实对孩子来说，家长置之不理的表情和实际行动比语言反而更有效。等他安静下来，家长可以再主动邀请他玩新游戏，或把他心爱的玩具拿给他，以转移他的注意力。换句话说，对待幼儿的过分任性，要立场坚定，态度亲切。

323. 幼儿什么时候适宜自主饮食？

如果幼儿经常拒绝父母喂食，或者想从家长手中夺过汤匙，那是因为幼儿有自主进食的想法了。家长可以挑选一款适合幼儿使用的汤匙，让幼儿试着坐在餐椅上自己进食。幼儿如果感觉有困难，家长可以在一旁进行指导；当幼儿表现得好时，家长一定要及时称赞，这样可以培养幼儿的自信心。

324. 幼儿边吃边玩怎么办？

幼儿边吃边玩是生活中常见的现象，也是让很多家长伤脑筋的一件事。幼儿边吃边玩主要是行为习惯不好。但有的时候家长为了让孩子多吃，却忽视了对幼儿进行良好进餐习惯的培养。

（1）养成良好的饮食习惯。让幼儿养成定时定点吃饭的饮食习惯，固定餐桌和餐位。将幼儿的餐位放在最靠内侧的位置，不方便他进出。

（2）做符合幼儿口味的菜肴。重视食物品种的多样化，饭菜花样经常更新，以引起幼儿的食欲。尤其色彩鲜艳的食品更受幼儿的青睐。

（3）营造良好的进餐氛围。家庭成员共同遵守餐桌规矩；餐前不要训斥幼儿；排除进餐时引发幼儿玩的因素，尽可能将看电视时间和吃饭时间错开。

325. 家长应如何看待幼儿在家中"翻箱倒柜"？

随着运动能力和好奇心的发展，幼儿开始喜欢在家中"翻箱倒柜"，家长应正确看待幼儿的这一行为：

（1）鼓励幼儿去探索，给幼儿探索的机会，满足他的好奇心。

（2）确保安全，家长应对危险物品进行处理，摆放在幼儿够不到的位置。

（3）划清范围，给幼儿设定一个探索的空间，划定好范围，例如将厨房设为探索禁区等。

（4）及时教育，当幼儿"翻箱倒柜"找出一些他不知道的东西时，家长可以在旁做出解释。

326. 冬季如何护理幼儿的唇部？

家长可以让幼儿多喝水，为双唇提供足够的水分。润唇膏是防治唇部干裂最好的方法，市面上卖的唇膏有很多，以含维生素E的唇膏最为理想。如果幼儿的唇非常干燥，并已有脱皮现象的话，可在幼儿睡觉前厚厚涂上一层润唇膏，第二天会明显缓解。

327. 冬季如何护理幼儿娇嫩的皮肤?

每次幼儿洗完脸和手后,家长一定不要怕麻烦,要为幼儿涂上润肤油。冬天不要洗澡太勤,水不可过烫,使用幼儿专用沐浴液或什么都不用。洗浴后擦些润肤油保湿,可多给幼儿吃富含维生素A的食物,因为当人体缺乏维生素A时,皮肤会变得干燥,因而可给幼儿适当食用禽蛋、猪肝、鱼肝油、黄豆、花生等富含维生素A多的食物。

328. 25个月幼儿近段时间晚上睡觉时容易哭闹是怎么回事?

幼儿夜间哭闹的原因比较复杂,家长要多方面查找原因,主要包括生理和心理两方面。生理方面有疾病引起的不适,如肠道疾病、寄生虫感染、缺钙引起的抽搐等;心理方面有亲人的离去、玩具的丢失、白天受到惊吓、梦见踩水坑等。其他方面如环境不适,太热、太吵、衣被过多等。如果不能查出原因的,建议带幼儿及时去医院检查,检测一下微量元素、血常规、大便查寄生虫等项目。

329. 25个月的幼儿不爱吃饭怎么办?

幼儿厌食很有可能是缺锌引起的,所以妈妈应给幼儿多吃含锌的食物,比如说瘦肉、蛋、鱼、干果等。同时还应该注意培养幼儿良好的饮食习惯。每天固定时间进餐，每餐的量也应该基本固定。这样幼儿就不容易养成挑食的坏习惯。还要注意一点，吃饭的时候尽量不要看电视，也不要让幼儿蹲着吃，要让他在饭桌上吃。不然容易导致呃逆，腹胀等不良反应。最后一点烹调时切忌过于油腻。同时要时常改变菜式，把幼儿吸引到饭桌上来。

330. 怎样判断幼儿是不是口吃？

口吃是小儿的一种常见的语言障碍，表现为讲话不流畅、和重复。孩子在2～3岁时容易发生口吃，当他迫切地想表达自己的意思，一下子又找不到适当的词汇，再加上发音器官尚未成熟，对某些发音会感到困难，而神经系统调节言语的机能又差，也就容易形成口吃。小儿年龄已大于1岁，还只能发元音；超过1岁半，小儿发音还不正确，在大多数话中有音节区分不清的；超过2岁半还不会说话；超过3岁，说话还不能连成句子；超过5岁，还把难发音换成易发音，还有不少造句错误……家长如果发现小儿在幼儿期存在以上类似情况，应及早带小儿去医院咨询。

331. 如何为幼儿提供良好的语言环境？

这时候幼儿刚刚会说话，语言发展处在模仿时期，所以经常会有"犯错"的情况，父母要注意营造良好的语言环境，同时当幼儿出现不好字眼时，要及时耐心给幼儿纠正；幼儿的语言能力开始由单双词句向完整词句发展，由于发音器官不完整，会存在许多语音错误；会简单复述大人给他说的短小故事；经过练习能背诵儿歌或短诗。家长在这段时间内可以多点和幼儿交流，促进他们的语言发展。

332. 25个月幼儿还不会说话怎么办？

家长应先确定幼儿是存在生理障碍的发音问题，还是属于语言发育迟缓。排除生理原因后，再考虑幼儿成长环境中语言教育的具体情况，是否缺乏语言教育，抑或是多语言教育，以致他语言混乱而不说话。

333. 25个月的幼儿最喜欢玩的亲子游戏有什么？

（1）开飞机—训练孩子胆量，让孩子情绪愉快

预备：在比较宽敞的室内和室外均可进行；请注意安全。

孩子的手放在爸爸肩上，爸爸的手抱住孩子的腰，像飞机一样旋转；孩子握住爸爸的手腕，然后像飞机一样旋转；爸爸从后面举起孩子，孩子手抓住爸爸脖颈，然后像飞机一样飞行；爸爸将孩子作圆周运动地转，边走边转。

（2）收拾玩具

每次玩完玩具后，家长可以对孩子说"玩具累了，我们一起帮助它们回家吧"，以此来鼓励孩子拿到所有的玩具，并把他们放置到相应的位置。家长应该全程陪同鼓励，在孩子遇到危险时及时保护。游戏目的：收拾东西可以帮助孩子形

成良好的生活习惯，比较难拿的玩具也可以让孩子学会不依赖他人，独立克服困难，提高他们的自我保护意识。

（3）自我介绍

家长先慢速给幼儿念一遍他的自我情况介绍，再让幼儿跟着说一遍，过程中多鼓励幼儿。在幼儿说完介绍之后，给予夸奖和认同。游戏目的：培养幼儿的自我认知能力。

（4）追影子

选择阳光灿烂的日子，带幼儿来到宽敞的户外（庭院、儿童活动场地或公园）。首先，帮助幼儿找到他的影子，让他换个方向，来回走走，好让他能看到自己对影子变化的作用。然后试着追他的影子或假装你的影子在追赶你。如果你告诉你的影子不要再追你了，等它还继续追你时，就装出生气的样子。玩这个追影子游戏，你先做追赶的那个人，必须努力去踩幼儿的影子。然后换幼儿去踩你的影子。游戏目的：培养幼儿跑、跳能力，培养幼儿的空间感、了解大自然的能力和兴趣。

（5）捡落叶

家长可以引导幼儿仔细观察，区别落叶与树上的叶子的颜色，感知秋天树叶的变化，了解不同树叶的特征和规律。幼儿会自主结伴捡落叶，有时会遇到一阵风吹起来，落叶就会飞起来。幼儿会欢快地追逐舞动，开心极了。这是让幼儿初步感受秋天的季节特征，了解落叶的大小、颜色和形状，同时也培养了他活动时的观察力，提高了他动手动脑的能力，也丰富了幼儿的知识，让他开阔了眼界，激发了其对大自然的热爱。（见图14-2a，图14-2b）

a   b

图14-2　25个月捡落叶

334. **带25个月大的幼儿出行应注意哪些事情?**

　　这时候的幼儿行动自如，为了增强幼儿体质，可以带幼儿外出旅行。可以把行程制定简单些，每天只计划一项主要活动，这样幼儿累了，饿了可以随时调整。可以选择家长和孩子都熟悉又能让人放松的目的地。带上水和充足的零食。在游玩时经常休息，不要让幼儿感到太疲惫。出行时一定把安全放在首位，可以给幼儿穿色彩鲜艳的衣服，这样在人群中很容易找到他。

335. **幼儿外出旅行饮食应注意什么?**

　　在外旅游最怕幼儿发生肠胃问题，出门前一定要备一些肠胃药及干净的饮用水，且要随时注意幼儿的饮食情况和餐具卫生。不要给幼儿饮用乳制食品；口味尽量清淡，并避免让幼儿食用调味品过多的食物；避免给幼儿吃高纤维食物（水果、蔬菜），过多的纤维反而会加速肠胃的蠕动，使腹泻更严重。

336. 幼儿午睡多长时间合适？

午睡分为浅睡和深睡两个阶段。幼儿刚躺在床上时还没有真正入睡，处于浅睡阶段，80 ~ 100分钟后，进入深睡阶段。午睡时间如果太长，大脑各中枢抑制过程会加深，脑血流量会相对减少。此时，幼儿突然被叫醒或被外界事物惊醒，大脑会出现暂时性供血不足，神经会发生紊乱，感到非常难受，因此，午睡时间不宜太长。另外，幼儿午睡过久会打乱胃液分泌规律，影响消化功能。幼儿睡太久，正常的生物钟错乱，生理机能也会发生混乱，长期下去，抵抗力会变弱，免疫力会下降。妈妈们最好让幼儿养成良好的午睡习惯，不要睡太久，也不要不睡午觉，午睡时间为1 ~ 3个小时最佳，根据年龄调整午睡时间。如果幼儿因为生病而睡太久，妈妈也不必过早叫醒幼儿，生病期间多睡觉反而有利于身体恢复。

337. 幼儿午睡前应注意什么？

忌睡前过度兴奋，幼儿早上玩得非常开心，中午就迟迟不想睡觉，即使家长用各种方法哄，也不愿睡。一旦超过午睡时间，幼儿想睡估计都睡不着了。即使睡着了，睡眠质量也不好，因为生物钟已打乱。

忌睡前吃得太饱，午睡前吃得太饱，腹部会有饱胀感，睡时感觉不舒服。

忌睡前被强光刺激，幼儿视觉很敏感，睡前被强光刺激，会不适应闭眼后的状态。睡觉时，关好窗帘也非常重要。中午的阳光猛烈，会刺激到幼儿的视觉，不利于幼儿入睡。

338. 如何教幼儿区分早上和晚上？

早上起床时，妈妈说"宝宝早上好"。让幼儿说"妈妈早上好"。边起床边向幼儿介绍"早晨天亮了，太阳公公也快出来了，咱们快穿好衣服出去看看"。要打开窗户和窗帘，使幼儿享受新鲜空气。白天可以出去玩，也可在家中玩，白天天很亮，不必开灯。到晚上要向幼儿介绍"天黑了，外面什么都看不见了，要开灯才看得见，咱们快吃晚饭，洗澡睡觉"，使幼儿能分清早上和晚上，并让幼儿学习说"晚安"后才闭上眼睛。此时妈妈应留在幼儿身边，因为他会睁开眼睛看看，如果妈妈还在，他才能安心入睡，不妨多说几回"晚安"，让他将词汇学熟练了。

339. 如何教25个月的幼儿画圆圈？

用一张大纸放在桌上，让幼儿右手握蜡笔，左手扶纸在纸上涂写。家长示范在纸上画圈，握住幼儿的手在纸上作环形运动，幼儿就开始画出螺旋形的曲线。经过多次练习，渐渐学会让曲线封口，就成了圆形。

二十六个月

340. 26个月幼儿体格发育的正常值应该是多少?

男孩：体重10.0 ~ 15.8kg，身长82.5 ~ 95.2cm，头围48.2cm，胸围49.4cm。

女孩：体重9.4 ~ 15.4kg，身长80.8 ~ 94.1cm，头围47.1cm，胸围48.2cm。

牙齿18 ~ 20颗，多数孩子已出齐20颗牙。

341. 26个月幼儿智能应发育到什么水平?

幼儿现在能单腿做金鸡独立了，可以不扶东西单脚站立2秒以上；能从最后一级台阶上跳下来，也能双脚同时做立定跳远；幼儿可能会把一只脚先向后伸，然后向前使劲对准球把球踢出去；幼儿已经可以用完整句子来表达意思了，他的词汇量已接近一千个，基本上能够用较完整的句子表达自己的意思了；幼儿最先认的颜色是红色，到现在已经能分清2种以上的颜色了，而且对大和小的概念也非常明确，知道大人和小孩子的区别，也知道小盒子可以放在大盒子里面。见图15-1a，图15-1b。

图 15-1 26个月踢球

342. 26个月幼儿语言发育能力应达到什么水平?

这个阶段幼儿词汇量快速积累,每天可记忆20～30个单词,能学会2～3个完整的句子。已经掌握近千个词汇,基本上能用较完整句子表达自己的意思。掌握的词汇都与生活经验密切相关,还能掌握一些较抽象的词汇。掌握的顺序一般是实词中的名词、动词,其次是形容词,随后是虚词中的连词、介词、助词、语气词。此时的幼儿已经能接听电话并与人沟通了。

343. 26个月幼儿身体发育技能应达到什么水平?

这个阶段的幼儿已经能自己穿袜子和松紧裤了。爱玩拼图的幼儿,还可以拼出4～6块图片,幼儿开始喜欢制作,一般都是从折纸开始，然后是用橡皮泥捏各种形状的东西，他可能还会把一块布包在玩具娃娃或玩具小动物身上，给它们制作衣服。

344. 26个月幼儿运动能力应达到什么水平?

这个阶段的幼儿已经能单腿做"金鸡独立"了，他可以不扶东西单脚站立2秒以上，当家长带着他外出时，会发现幼儿已经能从最后一级台阶上跳下来，也能双脚同时做立定跳远，这些大动作的发育都说明幼儿的四肢协调能力有了突飞猛进的进步。

345. 26个月幼儿的情感发育到什么水平?

从2岁开始，幼儿逐渐从惧怕中分化出羞耻和不安，从愤怒中分化出失望和羡慕，从愉快中分化出希望，幼儿的情绪变得丰富起来，开始有了喜、怒、哀、乐。这个时候的幼儿还会出现高级情感，如同情心、羞愧感、道德感等，成为幼儿社会性行为产生、发展的内部动力和催化剂，但幼儿的高级情感不是随着月龄的增加而自然拥有的，在很大程度上需要父母的引导与培养。

346. 26个月幼儿认知能力发育到什么水平?

随着记忆和理解能力的增强，幼儿能熟练地背诵简单的唐诗还能认识"大、小、山、水"等笔划少的字,可以跟随音乐哼唱3个音阶以内的歌曲,幼儿已经有了轻重的概念,并且自己就能够判断物品的轻重了,这是日常生活中一项基本技能的建立,让幼儿在自理和帮助别人完成一些事物时都具备了一定的判断力。

347. 26个月幼儿社交能力发育到什么水平?

26个月的幼儿已经有了较强的自我意识,表现在对喜欢的食物或玩具上的占有欲,自己的妈妈不许抱别的小朋友这一方面表现的尤为突出,幼儿对自己的形体越来越感兴趣,照着镜子跳舞就是对自我形体的一种赏识。

348. 26个月的幼儿如何合理喂养?

这个阶段的幼儿有时会表现出不喜欢吃主食,吃饭时不专心,可以将他不喜欢吃的食物掺进爱吃的食物里,掺入的量要根据幼儿敏感性来调整,以他感觉不到不爱吃的食物和不拒绝为止,适当改变食物的形状和做法,使外观和口味都有一些变化,使幼儿比较容易接受也是一种办法。食量时多时少也是正常的,不能要求幼儿每顿都吃够量,还要注意过甜、过咸的食物不要给他吃,否则会干扰他的味觉发育。家长表现出吃饭很香的样子,一定是会影响到孩子的,只不过这种方法是潜移默化的,并不立竿见影,不过这种潜移默化对幼儿长期饮食习惯的培养也是非常重要的。可以给幼儿多吃富含卵磷脂和B族维生素的食物，如大豆、鸡蛋、肉类、花生、海鲜等，可以促进幼儿大脑发育，增强幼儿的记忆力和思维能力。

349. 26个月的幼儿日常养护要点是什么?

（1）不要过多看电视：幼儿每天看电视不要超过20分钟，否则会影响幼儿的视力和智力发展。还有，如果家长不希望孩子整天看电视，那你就需要做到离开电视机，事实上幼儿对做游戏比电视更感兴趣。

（2）家长可以带幼儿尝试做手工，虽然这个阶段幼儿基本还不会做什么，但现在接触手工的幼儿，能提前学会这些，如果现在没有学习的机会，那就需要等到3岁后才能具备这个能力了。

（3）避免幼儿"周一病"：双休日父母休息，往往会带幼儿到处游玩，走亲访友，周一父母上班了，幼儿却病了。预防的方法就是带幼儿活动的时候要保证正常休息节律不被打乱，不暴饮暴食，合理安排生活节奏。

（4）幼儿有权利决定吃什么：幼儿有自己的饮食爱好和胃口大小，不能因为不接受家长的某种食物就说幼儿挑食，偏食，厌食等，只要幼儿的营养均衡，能保证生长发育的需要就可以了。

（5）养成良好的午睡习惯：幼儿比以前更爱活动了，他整天都是那么有活力，有精神，仿佛浑身有使不完的力气。午睡是一个比较好的习惯，不仅可以恢复上午消耗掉的体力，也能在下午时拥有一个好的精神状态，家长可以尝试着陪孩子一起午睡。

350. 26个月的婴儿必须要喝牛奶吗?

一般来说，2岁多的幼儿每天还应该喝250ml牛奶，因为牛奶是比较好的营养品，既易消化又含有多种营养成分，是婴幼儿生长发育不可缺少的食物。但是有的幼儿2岁多，尝到其他美食，便不爱喝牛奶了。对不爱喝牛奶的幼儿也不要勉强，可用豆浆、豆乳等喂孩子以代替牛奶。

351. 如何培养幼儿的生活自理能力?

幼儿的生活自理能力和其他方面的能力一样，都是从小培养和训练出来的。一些幼儿的生活自理能力差，原因主要在家长身上，正是由于父母的包办而剥夺了孩子锻炼的机会，在家长眼里孩子总是"小孩子"，总认为他们什么也干不了，因此，什么都代替孩子干。也有些家长因怕麻烦，嫌孩子做事慢、干得不好就替孩子干所有的事，其实这些做法都是不对的，家长应放手让幼儿干自己的事，如自己吃饭、自己穿脱衣服和鞋袜、自己洗手洗脸、自己整理玩具等力所能及的事，一般幼儿都非常乐意干这些事，家长要因势利导，放手让他们做，刚开始他做得不好，如饭洒得满地，洗手洗脸时把衣服弄湿了等，家长千万不要训斥孩子，因为这样会扼杀幼儿独立动手的意识和从小就应树立的自信心。正确的做法是给予引导、鼓励和支持，并用一些恰当的方法，耐心地教给幼儿生活自理的技能。例如把做每件事的顺序、要领、方法解释给幼儿听，边讲边示范，然后再让他自己练习，自己在一旁予以纠正；还可通过让他练习搭积木、穿珠子等来训练幼儿手的动作，使他在实践中提高生活自理能力，只要家长放手，训练得当，2岁的孩子是能够自己吃饭、穿脱简单的衣服的。（见图15-2）

图15-2　26个月自己吃饭

352. 26个月大的幼儿还会尿裤子正常吗？

幼儿2岁了，白天可以不用尿布了。不过，有的幼儿到了2岁半才会在大小便时呼叫家长，从这里也可看出处于幼儿时期每个人就已经有了很大的差异了，有时候孩子玩得太累，就会尿在裤子里，碰到这种情况，骂孩子没用，要紧的是赶快换掉脏裤子，这么大的幼儿晚上尿床还是会存在的，不过，孩子在这方面也有差异，并非个个都会这样，但不管怎样应有意识去引导他养成很好的排便意识。

353. 如何教幼儿爱护玩具？

在给幼儿买一个新玩具后，家长要教会幼儿掌握正确的玩法，培养幼儿自己动手的兴趣和信心，这样才能使玩具发挥应有的教育作用，切忌由家长在一旁演示，只让幼儿看而不让他们自己动手，家长不仅要教会幼儿如何使用玩具、爱护玩具，还要教会幼儿如何收拾和保管玩具，家庭中要为幼儿准备一个固定放置玩具的地方，幼儿玩玩具时可以拿出，玩后要由他自己放回原来的地方，反复几次训练就可以让他养成良好的习惯，不乱扔乱放，不随意损坏，家长还可以带他一起维修玩具，教给他们一些简单的维修技术，这样既培养了幼儿的动手能力，也会让他对自己修理过的玩具更加爱惜，2～3岁的幼儿由于好奇心的驱使，常常爱拆玩具，家长见状不要妄加训斥，而要善于引导，对于某些能拆的部件，应利用这个机会启发他的思维力，把拆下的部件让他自己再装好，不能让他们养成只拆不装或以拆玩具为乐的坏习惯。

354. 家长应如何为幼儿挑选玩具?

玩具以它独有的魅力，吸引着千万个幼儿，它既是儿童生活中的伴侣，又是儿童认识事物的工具，它能促进幼儿的语言、动作和智能的发育，并使幼儿获得美的感受和初步的审美能力，但是各种各样的玩具并不见得都适合幼儿玩，因此在给他选择玩具时应该考虑下列几个方面：

首先，要根据幼儿身心发展的特点去选择玩具，这个阶段的幼儿，可以选择较复杂的拼图、可拆卸的玩具，以促进其思维和想象力的发展，其次，应选择符合卫生要求的玩具，无任何毒性，无锋利的边边角角等，而且要结实耐用，再次，

选择玩具时应考虑其教育性和艺术性，同时还要物美价廉，理想的玩具，价钱并不一定昂贵，只要能引起和培养幼儿的兴趣，并能发展其智力的东西即可，若能让他自制玩具，则更能增添情趣，启迪心智和开发创造能力，所以更值得推荐。

355. 26个月大的幼儿冬季应该外出活动吗?

冬季，天气寒冷干燥，但是幼儿外出活动好处多。首先外出活动可以晒太阳，因为阳光能促使人体维生素D的形成，调节体内钙和磷的吸收，避免小儿骨质生长出现障碍和骨化不全，以及佝偻病的发生。其次阳光中的紫外线，接触皮肤后能使体表发热、深部组织温度增高，有利于血管扩张和充血，提高心脏的收缩力，扩大肺的呼吸量，促进新陈代谢和细胞增生，并能增进神经活动，加强小儿的生理调节功能，所以，冬季外出活动是十分必要的，家长在外出前做好幼儿的保暖工作即可。（见图15-3a，图15-3b）

a   b

图15-3　26个月冬季户外活动

356. 家长如何陪26个月的幼儿读书?

这个阶段的幼儿有的能够背一些简短的儿歌,但也有的幼儿刚刚学会说话,每个幼儿都有他不同的成长轨迹,家长要精心诱导,对待幼儿的每一点进步都要表扬,不要对比别人家的孩子。另外,培养情商和智商俱佳的幼儿的一个关键因素,就是家长的陪伴时间,每天家长都应该腾出一定的时间陪幼儿读书,他会不厌其烦地一遍又一遍地听与读,正是这一遍又一遍地重复,将幼儿自己的想象力和家长的参与揉为一体,使得讲故事成为影响幼儿思维的最好方式,家长这样持之以恒循序渐进,幼儿一定会更加聪明可爱。(见图15-4a,图15-4b)

a   b

图15-4 26个月幼儿读书

357. 家长如何正确看待"乖宝宝"？

常听有人说"哟，这孩子真乖"。那么，什么是乖呢？有的幼儿老老实实坐在角落里，玩一个皮筋、一块手帕或一张纸，可以玩上几个小时不动，很少说话，也很少哭、很少笑，对什么都不感兴趣，这些都是"乖"的表现，如此"乖"的孩子，不让父母操心，是不是好呢？

其实不然，这个阶段的孩子应该是活泼好动的，语言发育也较好，很爱和大人或别的小朋友讲话，相反，很少和大人游戏或与别的小朋友交往的幼儿，他的大运动、精细动作、语言发育都较晚，对于这样的"乖"孩子，家长要注意不要用过激的语言指示他的行动或禁止他的行动，这样容易造成他错误地理解人与人的关系，促使他打自己或打别人，形成不关心别人也不关心自己的不良性格和行为，要给予这类幼儿更多的关爱，多与他在一起玩游戏、多给他讲故事，让他多和小朋友接触，使他感到大家的温暖，这样才能促使他健康成长。

358. 家长如何教26个月的幼儿使用筷子？

家长可以给幼儿一双小巧的筷子作为玩具餐具，同幼儿一起玩"过家家"时，让幼儿练习用手握筷子，让幼儿用拇、示、中指操纵第一根筷子，用4、5指固定第二根筷子，练习用筷子夹起碗中的枣子和纸包的糖果，一旦幼儿能将东西夹住就要给予表扬，以后在用餐时为幼儿准备筷子，使他同家里人一样，都用筷子吃饭，只要能将食物送到嘴里就应得到赞扬，从而锻炼幼儿手的技巧。

359. 如何教26个月的幼儿正确洗手？

对于这个阶段的幼儿，因为他完全具备了洗手的自理能力，所以家长就不需要给予帮助了，只需要带幼儿走到洗手池边，帮他将袖子挽起，后续的动作都应该由幼儿独立完成，包括打开龙头，把手冲湿，打肥皂，用手搓洗手掌、手背、指缝和指尖，洗净手的各个部位，再打开水龙头将手冲净，然后关上水龙头，用毛巾将手擦干，家长可以在一旁提醒他洗手动作，但是要让幼儿自己完成洗手的过程，以后每次饭前便后都让幼儿自己洗手，逐渐养成习惯。

360. 如何教会26个月的幼儿洗脸？

对于这个阶段的幼儿，每天早晨的清洗步骤都是他要学习的课程，如何教幼儿自己洗脸呢？先将手洗干净，学习将毛巾拧干，先洗双侧眼角，再将毛巾在水龙头下洗净，清洗双侧耳廓耳背，然后洗净脸颊和颈部，家长可以一面示范一面看着幼儿做，洗完后看看是否将各部位都洗干净了，最后告诉他将毛巾洗净挂好。幼儿可以不必用洗面奶洗脸，以免泡沫进入眼睑而发生刺激，当幼儿自己洗脸做得很好时，家长应该大力表扬，鼓励他保持个人清洁卫生的好习惯。

361. 如何开发幼儿的智力？

爸爸妈妈们希望自己的孩子聪明一点，会刻意去发展他的左脑功能，例如从小就不断地给幼儿讲故事、听音乐等，这样的做法固然有作用，但也存在偏颇。专家认为，要想幼儿左右脑均衡发展，要掌握适当的时期，对幼儿的左右脑进行以下三步骤：首先是保证营养，也就是注意食物的"益智配方"，幼儿从出生起大脑就开始不断地需要吸收各种帮助大脑发育发展的营养元素，ARA 和 DHA 成分对脑部和视觉发育非常重要；其次是多进行益智游戏，通过科学的训练和学习方法，向他输送精神营养，最大限度地开发幼儿的脑部潜能，升级孩子的智力；最后是家长和幼儿的积极交流，在他玩游戏的同时，家长的参与很重要，因为家长的爱心和耐心能够很好地引导幼儿投入到游戏当中，对他智力开发有很大的帮助。

362. 26个月大的幼儿喜欢玩什么亲子游戏？

好动是孩子们的本性，跑跳、玩耍使他的肌肉骨骼更强壮、抵抗力更强、心肺功能更健全，也能使身心平衡。但是很多时候家长为了减少麻烦、预防幼儿发生意外，有意无意地减少了他活动的机会，这无疑是浪费了锻炼幼儿身体发育的机会，家长应该尽量让幼儿玩得开心又有意义，下面介绍一些幼儿左右脑开发小游戏。

（1）平衡木

在房间里的地板上，按一定的间隔摆放8块墙砖，然后再在上面放一块15厘米宽的木板，搭成一个简易的平衡木，鼓励幼儿在上面来回行走。爸爸妈妈要注意在旁边用手保护，以防幼儿摔倒。通过反复练习，幼儿逐渐行走自如，这对日后更好地跑起来很有益处。

（2）追动物玩具

为幼儿准备几个能够拖拉的玩具小动物，如小鸭或小鸡等，让幼儿和几个小朋友一起坐在场地的一端。爸爸妈妈告诉小朋友，小鸭或小鸡都跑了，现在请跟在我身后去追，看看谁跑得快。然后，爸爸妈妈手里拉着拖拉玩具在前面跑，让小朋友在身后追，追上两三圈。通过这个游戏，锻炼幼儿的全身大肌肉的活动能力，使他可以在指定的范围里跑，并在跑的时候相互不碰撞。

（3）配对游戏

幼儿两岁时可以玩配对游戏了，摊开几张字母卡，让他将2张相同的字母卡配对。如果他把外形相近的2个不同的字母混淆，家长可在纠正的同时形象地指出它们的区别。如，在解释字母B时可将其描绘成人的一只耳朵，而把字母P解释为爷爷的一根手杖。

随着幼儿年龄的增长，逐渐将配对游戏发展为归类游戏。如：可要求2周岁以上的孩子将不同姿势的同一种动物的图片配成一对；要求2岁半的孩子将图片或实物中的水果、饼干等分类。

（4）经历新鲜

尽量不要让幼儿老走同一条路、老看同一本书、老跟同一个小伙伴玩，送他上亲子课时不妨故意改变路线，为他选择的书本不妨种类多些，努力创造条件让他有机会结交各种性格和爱好的小朋友。新鲜的经历对激活右脑功能好处多多。

（5）仰望星空

带孩子仰望星空，讲述"牛郎织女"类的神话传说，同时还可以要求幼儿张开想象的翅膀，自己编织有关月亮或星星的故事。专家认为，想象本身就是一种"右脑体操"。

363. 为什么要培养幼儿的坚持性?

幼儿做事时有个特点：刚开始时认认真真，时间稍长就会马马虎虎，不耐烦起来了。有时幼儿刚吃饭时很香，没吃两口就东张西望；积木搭了一半丢在地上不管，做多了就不做或一拖再拖。缺乏坚持性是很多幼儿的通病，但也有些幼儿虽然小，但做事情已经能够持之以恒了，可见幼儿的坚持性是可以培养的，良好的坚持性会促进幼儿未来健康人格的发展，后续激发的综合发展因素也会加深幼儿认知能力的发展，拥有良好的坚持性，幼儿更容易成长为一个独立性强、有毅力、自信开朗、社会适应性强的人。

364. 如何培养幼儿的坚持性呢?

首先，给幼儿的任务难度要适当，任务太多太难，幼儿望而生畏，就会产生对抗情绪或者干脆没做就放弃了。家长可以将任务分解成一个个小目标，家长把做完的题目点评一下，给幼儿一点鼓励，幼儿可能就乐于接受了。

其次，家长要以身作则，要有坚持性，家长做事的态度很大程度上影响着幼儿做事的态度，一个三天打鱼两天晒网的家长很难培养出有恒心的孩子。

再者，家长对幼儿提要求的语气要坚定，让幼儿知道这是一件重要的事情，不可以随随便便对待，但也不可总在幼儿身边不停地唠叨，甚至训斥打骂幼儿，培养幼儿的坚持性是个需要耐心教导的过程。

365. 冬季如何预防幼儿流感?

秋冬季节是流感病毒多发季节，尤其是0~3岁婴幼儿群体，免疫力差，极易成为流感侵袭的群体，做好有效预防是避免幼儿免受流感侵害的最佳途径。给幼儿穿衣要灵活，根据天气的变化随时为幼儿增减衣物；适量的室外运动，室外运动不仅能够增强幼儿身体抵抗力，也能够呼吸新鲜空气，加速身体新陈代谢；给幼儿一个良好的室内环境，定期开窗通风，减少大量流感病毒积存在室内；幼儿饮食要合理，此时的幼儿饮食可以多样化，蔬菜、水果、牛奶等需要全面摄入，保证幼儿良好睡眠，幼儿睡眠充足也是提高免疫力的方法之一，避免幼儿接触病原体，流感流行期间，不要带幼儿到公共场所活动，更不要让幼儿接触流感病人。

366. 家长如何护理患流感的幼儿呢?

家长可以在幼儿发烧24小时去医院检查，不足24个小时可能检查不会全面，医生会取检鼻腔内分泌物做检查，判断是否是流感还是普通性感冒。家长应先在家采取几招简单的退烧法：

（1）多休息、多喝水、多排尿、多出汗；

（2）物理降温，用37℃左右的温水擦拭孩子身体；

（3）吃清淡饮食，保持大便通畅；

（4）衣着被褥要适宜，脱掉过多的衣物。

同时密切关注孩子的精神状态，有没有出现呼吸道、消化道等其他表现，一旦症状加重，应及时就医。

367. 幼儿发烧用什么退烧药?

一般，幼儿体温超过38.5℃，才需要考虑用退烧药，用药后，要让孩子多喝温开水，以利药物吸收和排泄，减少药物毒性。注意：儿童或家庭成员有退热药过敏史者，不要用退热药，需要提醒的是，尽量少打退烧针，一方面会损伤臀大肌，另一方面降温太快、出汗过多，可导致虚脱。目前临床最常用的有两种药，一种是泰诺林混悬液，用于儿童普通感冒或流行性感冒引起的发热。另外一种是美林混悬液，美林混悬液用于儿童普通感冒或流感引起的发热、头痛。按说明使用，两次用药间隔要大于4～6个小时，观察用药后反应，如有不适请及时就医。

二十七个月

368. 27个月幼儿体格发育的正常值应该是多少?

男童：体重10.1 ~ 16.1kg，身长83.1 ~ 96.1cm，头围48.2cm，胸围49.4cm。

女童：体重9.5 ~ 15.7kg，身长81.5 ~ 95.0cm，头围47.1cm，胸围48.2cm。

牙齿18 ~ 20颗，有少数孩子尚未出齐4颗后臼齿。

369. 27个月幼儿智能应发育到什么水平?

这个阶段的幼儿已经分得清大小了，并且认识更多的颜色，随着幼儿运动能力的发展，幼儿已经不耐烦整天待在家里，非常喜欢外出，家长可以借此多多锻炼幼儿的运动能力和平衡能力了。幼儿这时能说出至少七个身体部位的名称，在运动方面幼儿能够独自跨越障碍物了，在语言方面已能熟练背诵简单的唐诗了。

370. 27个月幼儿语言发育能力应达到什么水平?

这个阶段的幼儿已经能用200 ~ 300个字组成不同语句了，词汇量增长很快，几乎每天都能说出新词，这让家长会感觉很惊讶，不知道什么时候学的，因为很多并不是家长教的。当有人问他冷、饿、渴、困时怎么办? 幼儿很快能说出穿衣服、吃饭、喝水、睡觉。他的语言开始走向一个"妙语

连珠"的阶段，常常说一些让家长惊讶、捧腹大笑的话语。

371. 27个月幼儿身体发育技能应达到什么水平？

这个阶段的幼儿的自理能力明显又加强了，能自己穿脱简单的开领衣服，并且知道一些日常用品的用途，还会自己洗手洗脸，虽然有时洗的不干净，幼儿喜欢把所有能够拆卸的玩具都拆得七零八落，探究内部结构，喜欢拆卸是这时期幼儿的特点，幼儿拆卸玩具，体现了对事物的探索精神，对于能发声玩具，幼儿更是希望探究它为什么会发声，所以这类型的玩具此阶段尤其受幼儿的青睐。

372. 27个月幼儿运动能力应达到什么水平？

此阶段的幼儿会一脚一个台阶地上楼，但一脚一个台阶地下楼显得不是很灵便，幼儿能自由地蹲下做事，能够比较快速地从蹲位变成站立位，而不再需要一只手撑地，或两只手扶着膝盖了，他已经能够把腰弯得很低而不向前摔倒，弯腰时，如果有人叫他的名字，幼儿会在弯腰状态下把头扭过来看，此时期的幼儿喜欢爬到高处，有的幼儿还会从高处往下跳，以此寻求新的刺激，幼儿很喜欢和爸爸妈妈赛跑，并且以自己能赢而自豪不已。家长可以和他玩耍时在地上放一根木棍或小塑料棒，当幼儿走近障碍物时，会轻松地抬起脚跨越过去，如果幼儿不敢，或还不能独自跨越，家长应给予鼓励让他在跑步行进时有胆量尝试自己跨越。

373. 27个月幼儿的情感发育到什么水平?

幼儿开始有了强烈自我意识和权利意识，开始坚持自己的意见，并主动要求做事。但幼儿往往以任性的形式表现他的进步，让家长头痛，给家长"难以管教"的印象。此时家长要学会理解幼儿，理解幼儿的举止行为，理解幼儿在成长过程中的"异常"，用另一种眼光解读幼儿。

374. 27个月幼儿认知能力发育到什么水平?

幼儿的变化一日千里，此阶段对空间的理解力加强，搭积木时能砌3层金字塔，幼儿已经能辨认出1、2、3，分清楚内和外，前和后，长和短等概念的区别，并对圆形、方形、三角形等几何图形有了认识，许多幼儿对几角形划分还不明确，常用"三角形、圆角形、方角形"等来表达。如果家长说给幼儿自己的电话号码，幼儿会突然能说出这个是妈妈的电话号码。

375. 27个月的幼儿如何合理喂养?

幼儿已经2岁3个月了，这个时候他的体质可能会比较容易上火，除了一些饮食上的搭配，家长需要给幼儿搭配一些下火的营养品。选购清火营养品的时候，要根据自己孩子的上火情况来选购。

（1）要将幼儿的食物做得软些，早餐时不要让幼儿吃油煎的食品，如油条、油饼等，而要吃面包或饼干、鸡蛋、牛奶等，每天的奶量最好控制在250毫升左右。

（2）每天要给幼儿吃两次加餐，时间可以安排在下午和晚上，但不要吃得过多，否则会影响幼儿的食欲和食量，时间长了，会引起幼儿营养不良。点心可以是水果，也可以是饼干、点心等，当然家长可以根据幼儿的营养需求自己制作，样式会更多样化。

376. 27个月的幼儿日常养护要点是什么？

此阶段要培养幼儿用杯子喝水了，小孩长牙后，便应把吃奶嘴、吃手指、含奶瓶睡觉等习惯戒掉，以免对乳牙造成影响，产生"奶瓶性牙齿"和"奶嘴性蛀牙"。家长平时要注意观察幼儿的牙齿，必要时每隔半年做一次口腔检查，如果发现幼儿有食物塞在牙齿洞里，这就是明显的龋洞了，一定要及早带他到口腔科做检查。

家长不要在幼儿做事的时候打扰他，例如家长急于带幼儿去公园感受美丽的景色，但他正在研究花花草草的行程，那么就要请家长改变一下计划，尊重幼儿的意愿，让幼儿尽情观察，这有益于幼儿的探索力和专注力的培养。

幼儿吃水果不宜过多，因为水果中的主要成分是果糖，果糖摄入太多可造成幼儿的身体缺乏铜元素，从而影响骨骼发育。

377. 27个月的幼儿为什么坐不住?

有些家长很诧异:幼儿除了睡觉的时候是安静的,其他时间一刻不停地动,他每天来回跑跳,拆卸玩具,还爱打人,注意力也不集中,只有玩玩具的时候比较专注……难道我家孩子有多动症?其实,大部分幼儿在2周岁时性格活泼、好奇心强、精力过剩,这并不是多动症的表现,只不过他们能够集中注意力的时间很短暂罢了。家有好动的幼儿,家长可以这样做:适当加大他的运动量,这既可促进他的身体健康,也可帮助他消耗过剩的精力。给他一些有"障碍"的游戏,或向他提出较难的问题,保护他的"独立性",因为过多的干涉与限制容易激发精力过剩幼儿的反抗。扩大他的视野,经常带他去博物馆、图书馆、植物园等地方,使他的心灵有广阔的发展空间。鼓励他与大孩子为伴玩耍,更好地满足他的求知欲。

378. 如何锻炼幼儿手指的精细动作?

锻炼手的精细动作和手的灵巧性,可以促进大脑的发育。让幼儿学习穿珠是锻炼手的精细动作的一个很好的方法。家长可预先准备一些不同颜色的木制或塑料珠子若干,直径2厘米左右,中央有空,再准备一根塑料绳子或鞋带,教他按不同颜色将珠子穿起来,边穿边认颜色,家长可先示范,然后让幼儿模仿穿。

让幼儿练习扣扣子，不但可锻炼幼儿手的精细动作，还有助于培养幼儿的独立生活能力。家长可准备一块小布，一个硬纸板，5个1厘米×1厘米大小的扣子，然后在硬纸板上钉一排扣子，用布做成衣服式样套在硬纸板上，让幼儿练习解扣子。扣扣子，家长也可先示范。一般幼儿先学会解扣子，然后学会扣扣子，除了让幼儿专门训练解、扣扣子外，平时在日常生活中也要为幼儿多提供练习机会，尽量让幼儿自己穿、脱衣服，自己解、扣扣子。

379. 如何正确处理幼儿乱扔东西的行为？

幼儿渐渐长大，家长心里也十分喜悦，但有时却发现小家伙有时不免惹人生气，比如乱扔东西就是常见的例子。他可能坐在那里也不是生气，相反显得很高兴，就把你给他的玩具、图画书，甚至是吃的东西一个接一个地扔出去，扔的时候特别高兴，可扔完了却又要你去帮他捡回来，等捡回来给他了，他竟又扔起来。为此，有的家长很气愤，幼儿也可能为此遭到斥责，结果呆坐在那里，想扔可能又不敢扔。但这并非是幼儿淘气，故意惹父母生气，而是其身心发展的自然而正常的需要，这时幼儿脑、肌肉、眼手协调都有较大的发展，他的潜意识里就想把这一发展表现出来，有一种想要证明自己力量的意识，通过扔东西，幼儿手眼协调能力得到锻炼发展，对视、听、触觉、身上的肌肉也都有促进作用，对脑的发育也至关重要，一方面脑支配控制手的动作，手的动作又对脑神经形成刺激反应。

另外，扔东西还促进幼儿对事物之间关系的认识、概括，对自我意识的萌发也有很大好处。当家长了解这些后，幼儿再乱扔东西时就不应加以斥责了，而应考虑给幼儿一些耐扔的摔不坏的东西，家长可以用一段线或细绳将它同床栏拴住，这样幼儿扔出后又可自己拉回来，为了安全考虑，绳子不要太长，以免缠住幼儿。另外，不要让幼儿扔吃的东西，当发现他扔食物时就应把食物拿开，如果拿开后幼儿哭要时可再给他并劝慰吃东西，如果他不吃，就再拿开，否则容易影响幼儿的食欲，养成不好好吃东西的坏习惯。

380. 如何看待27个月幼儿的"自私"行为？

幼儿已有27个月了，但有时仍显得很"自私"，有强烈的占有欲，例如，在别人家做客时，会不声不响地抓住一些好吃的东西或一个好玩的玩具不放，若强行从幼儿手里拿走，幼儿便会大哭不止。在和小朋友一起玩时，总不愿把自己的玩具与他人分享，并会去抢夺别人有趣的玩具，家长可语气温和地跟他讲一讲简单的道理，不过有时可能也无效，若是幼儿在小伙伴玩耍中经常抢夺别人的玩具，可让他多和稍大些的孩子们一起玩，让他学会收敛自己，假如幼儿的玩具经常被别人抢夺，则可让他与较小一些的孩子一起玩，以减少受侵犯的机会，利于自我意识的发展。家长也不要强迫他将自己喜爱的玩具让给别人，这样做并不好，不仅不会让幼儿懂得礼让，而且会让他误会大人也要抢夺他的玩具，从而护得更紧。随着他自我意识的进一步发展，对"我"、"你"、

"他"的概念便会有进一步的认识，这种强烈的占有欲、"自私"就会明显好转，他在对别人的玩具感兴趣时会懂得借，也会把自己的玩具与小伙伴分享。（见图16-1）

图16-1　27个月分享玩具

381. 家长如何培养27个月幼儿的绘画兴趣？

用一张大纸放在桌上，家长先教幼儿正确握笔，让他自由地在纸上涂抹，当幼儿无意中画了一个近似圆形的封口曲线时，先竖拇指给以"真棒"的表扬，然后家长在幼儿画的图中添加几笔，如果它是扁的或椭圆的，加上盘子的底部就成

图16-2　27个月幼儿绘画

为盘子；如果它是圆形带尖，加上一柄便成梨子；如果是圆形带凹，加上一柄可成为苹果；如果几乎成圆形加上光芒便成为太阳。家长帮助幼儿作画，会使他对画画有更大的兴趣，渐渐由乱涂而成为有目的的学画。幼儿总是先画一个开头才让成人帮助它变成某件东西，善于画画的家长，有丰富的想象力，能完成幼儿无意画出的线条构成简要的图画，这种本

领很快会被幼儿模仿，而出现画画的神童，画画也离不开基本功，如画线要直，画竖线和横线要垂直，画圆要近似圆形，家长经常同幼儿一起练习，一起作画，在快乐的游戏式的练习之中学会这些必要的基本功，慢慢从乱画过渡到画图画，提高兴趣。（见图16-2）

382. 为什么营养过剩也是一种病？

"只要吃好、喝好身体就会好"这句话从过去到现今一直是很多家长信奉的法则，更多的人认为只要有"营养"就不怕多！ 有的家庭在饮食上倾向于选择肉类或高脂肪食物，以及较为精致、太甜的食物，高纤维的食物却又摄取得太少，这样的饮食习惯就造成营养过剩。目前我国婴幼儿肥胖发生率已超过10%，而研究表明，6个月左右的肥胖儿在成年后的肥胖几率为14%；7岁的肥胖儿为41%，10 ～ 13岁的肥胖儿为70%。由此可见，婴幼儿时期营养过剩将是成人期肥胖的"潜伏杀手"，并成为糖尿病、高血压、高脂血症及冠心病等疾病的"隐形炸弹"。

383. 如何预防幼儿营养过剩？

父母是孩子的楷模，全家健康的生活方式和良好的饮食习惯可以从小给幼儿以影响，帮他形成好习惯。从小培养孩子热爱运动，参加各类体育活动，或帮助家长做家务，而不要长时间看电视、玩游戏。定期去儿保门诊检查，测量体重、身高，当发现体重增加过快时，应及时引起家长的注意，并要适当控制孩子的饮食，尤其是饮料、冷饮、甜食和油炸食品等的摄入。

384. 家长应该什么时候带幼儿做口腔检查?

一般来说，2岁半左右，20颗乳牙长齐后，可做一次口腔检查，便于及早发现口腔疾患，正常幼儿可半年检查一次，发现蛀牙要及早填补，防止龋病深入，侵犯牙髓或感染牙根周围组织，引起根尖周围炎症，早些发现龋齿，补上窟窿，是防止龋洞扩大的好办法。不过也有的医生不给幼儿补龋洞，是因为他还没有感到疼痛，乳牙不久就要换的原因，这样的话，每隔3～4个月就要进行口腔检查一次。

385. 什么是幼儿牙齿涂氟?

牙齿涂氟，就是牙科医生用一种含氟的物质，对每一颗牙齿表面进行氟化处理，经过这种处理后，氟化物可抑制口腔中的细菌生长，同时阻止它们对牙齿、齿缝中的残余食物进行发酵。因此，不产生对牙齿钙质腐蚀的酸性物质，还有助于修复刚有脱钙的牙齿。这是一种预防龋齿的非常有效的方法，它在国外早就开展多年了，已成为一种常规的儿童牙齿保健的方法。

386. 牙齿涂氟有哪些好处?

坚固牙齿,对幼儿刚萌出的牙齿加强钙化,使它们变得坚固,可预防牙齿发生不完全钙化。修复蛀牙,如果幼儿的小乳牙发生早期龋齿,涂氟后可有再钙化的作用。因此,有修复龋齿的作用,也可减少治疗牙齿的费用。减少过敏,有很多幼儿的牙齿,对冷、热、酸等味道的食物过敏。经过涂氟,可防止牙本质发生过敏。

387. 为什么要让幼儿自己选择穿什么衣服?

经研究认为2岁的幼儿已开始对自己有了一些形象认知,越来越表现出他的个性并存在强烈的"自我意识",会开始感到自己和家长是两个个体,这时,应该开始有意识地培养幼儿的独立性,逐渐给幼儿一些自主权,例如他的衣物虽然是家长买的,但物权是幼儿的,可由幼儿自由穿用,这能使幼儿感受到家长对自己的尊重,幼儿行使权利会增强其自豪感和责任感,自信心也会增强,让幼儿决定自己今天穿什么,还能培养幼儿生活自理的能力,在给幼儿穿衣服时,妈妈可以和幼儿讨论衣服的颜色,如果妈妈不看好的衣服,幼儿非要穿,妈妈不应该制止,而是偶尔夸夸幼儿选的衣服真好看。当然妈妈可以多给幼儿讲解一些穿衣常识,如要看天气穿衣,衣物应该怎样搭配,颜色如何才算协调,使幼儿获得许多有用的生活常识提高审美观念。

388. 妈妈应如何给27个月的幼儿挑选衣物?

对于这个阶段的幼儿服装应便于穿脱，衣服不要有许多带子、扣子，内衣可为圆领，外衣可钉2～3个大按扣即可，使得幼儿容易穿脱。并且衣领不宜太高太紧，以免影响幼儿呼吸，限制头部活动。上衣要稍长，以免幼儿活动时露出肚子着凉，但不宜过于肥大或过长，使幼儿活动不便，也不宜太瘦小，影响动作伸展。女孩不宜穿长连衣裙，最好穿儿童短裤，以免活动时摔跤引起伤害。

389. 妈妈如何给胆小的幼儿"壮胆"?

（1）不要总对幼儿说"不"，有些妈妈对幼儿限制过多，比如当幼儿拿茶杯时，就会嚷道："别动，小心摔碎了。"当幼儿摸扫帚时她又会喊道："小心弄脏衣服，快放下。"两三岁的幼儿，对新鲜事物处于信任和怀疑的阶段，如果妈妈过多使用限制性语言，幼儿就会对周围的一切产生怀疑，也不敢再去尝试其他东西，胆子会变得越来越小。因此，在日常生活中，妈妈应尽量给幼儿多些鼓励，少些限制。

（2）少些责骂和恐吓，当幼儿做错事时，很多妈妈会忍不住发火责骂他，有的妈妈甚至吓唬幼儿说："不听话，我就不要你了。"这样的话说多了，幼儿会因为害怕妈妈不要他了而变得很胆小，什么事也不敢做，生怕犯错了，妈妈就真的不要他了。

（3）找出闪光点，多鼓励幼儿，妈妈要善于发现幼儿的闪光点，即使再胆小的幼儿，偶尔也会有大胆的行动，虽然在别人看来只是微不足道，但是做妈妈的要努力抓住这些"亮点"，及时表扬鼓励。

多请小朋友到家里做客，扩大幼儿的生活范围，带幼儿多与大自然接触，多参加一些集体活动，开阔他们的眼界。鼓励幼儿与同龄小伙伴多接触，有意识地请小朋友来家里做客，让幼儿做小主人，全方位得到锻炼。

390. 如何培养27个月幼儿的个性创造力?

创造力是智力活动高度整合的结果，表现为思维和行为不受固定位置、角度、习惯的束缚，善于形成新观念，产生新想法，寻求解决问题的新途径，发现事物之间的新关系，看到发展的新趋势，预见到新结果。鼓励幼儿提问，帮助幼儿在活动中学习和积累知识，是培养幼儿创造力的必要条件。

培养幼儿的创造力，就要拓宽思路，引导幼儿进行发散思考。可以选定一种常见的东西，问幼儿除了基本用途之外，还有什么新用途，幼儿讲得越多越好。在习惯性思维的影响下，妈妈可能会要求幼儿按规定的顺序玩积木或其他造型游戏，但也可以用现有的东西加以合并或组合，看能出现什么样的效果，这样可以养成幼儿独辟蹊径的思维。此外，归纳事物的共同点，是对幼儿思维整合能力进行培养的好方法，如让幼儿归纳出动物有什么共同特点，蔬菜又有什么特点等。

391. 幼儿为什么喜欢玩"过家家"？这个游戏有什么好处?

幼儿喜欢玩"过家家"，即自己扮大人，让洋娃娃扮宝宝，然后给洋娃娃洗澡、喂饭等或跟其他小朋友一起扮演家庭里的一些角色。这类游戏不仅能给幼儿带来快乐和满足感，还能使幼儿渐渐学会与人和平共处，得到点滴的人际关系经验。家长应该多鼓励幼儿玩这种游戏，甚至可以参与其中，这会让幼儿更快乐，家长可以利用游戏教会幼儿如何跟人相处、如何谦让、如何照顾别人等。

392. 妈妈为什么要陪幼儿阅读绘本?

阅读是对一个人的心灵塑造最温和也最有效的方式。不论识字、情感感知的获得、还是科学常识的获取，都可以在阅读中得到充分的满足。对幼儿而言，阅读习惯的培养更是尤为重要。因此，当幼儿对书本展现出强烈兴趣的时候，不要因为忙碌而忽略孩子发出的请求，今天的怠慢，明天要花十倍的代价去培养孩子的好奇心和阅读习惯。高质量的陪伴离不开每天固定时间的亲子阅读时光，睡前看书读故事的15 ～ 30分钟将成为家长与幼儿之间最重要睡前仪式和珍贵的成长经验。

393. 家长如何指导27个月的幼儿正确看电视?

家长到家后的第一件事是不是打开电视? 是不是边吃饭边看电视? 如果家长都不能正确地使用电视, 那幼儿也就不能健康的利用电视了。如过长时间看电视, 躺着看, 熬夜看, 吃东西看, 音量过大等, 都是不良的看电视的习惯, 让电视仅作为一项额外的娱乐活动, 而不是唯一的休闲方式, 才是正确的使用电视的方法。家长对于这个阶段的幼儿要设法使他多进行户外活动, 远离电视, 让幼儿尽可能多地与小朋友交往玩耍、多参加体育锻炼等, 告诉他除了电视外, 还有其他许多娱乐选择, 鼓励幼儿自己控制时间, 对幼儿看电视规定的时间并不是绝对的, 重要的是让他有选择性地看电视, 没必要强硬规定让他在特定的时间看电视, 而是要培养他自己掌握电视时间的积极态度, 让幼儿控制电视, 而不是电视控制幼儿。

只要有可能, 家长可以陪幼儿一起看电视, 在他看动画片时不妨陪他一起看, 一起笑, 并讲出自己对节目的看法, 不要让看电视成为孤独的游戏, 在看其他节目时, 更需要家长对节目的挑选和讲解, 家长也可以有针对性地给幼儿分析电视中的片段及情节, 指出其中的善恶美丑。

二十八个月

394. 28个月幼儿体格发育的正常值应该是多少？

男孩：体重10.2 ～ 16.3kg，身长83.8 ～ 97.0cm，头围48.2cm；

女孩：体重10.2 ～ 16.3kg，身长82.2 ～ 96.0cm，头围47.1cm。

牙齿18 ～ 20颗。

395. 28个月幼儿智能应发育到什么水平？

这个阶段，幼儿掌握的词汇和句子增长很明显，月平均新增词汇200个左右，多数幼儿掌握了100 ～ 200个口头用语，半数幼儿掌握了400 ～ 500个左右的口头用语，多数幼儿词汇量可达100 ～ 700个左右，半数幼儿能够说出包含7个字以上的句子。

这个阶段的幼儿能正确复述3 ～ 4个字的话，能重复家长说出的3个以上的数字。

幼儿在运动时可以用脚尖较自如地在一条线上走，拐弯时能保持平衡不摔倒。幼儿已经能够做到把一只脚先向后伸，然后向前使劲对准球把球踢出去。

396. 28个月幼儿语言发育能力应达到什么水平？

这个阶段的幼儿已经会说一些简单短句了，但有时发音还不准确，例如常会把"哥哥"说成"得得"。大部分幼儿已经掌握了一些礼貌用语，如"谢谢、您好、再见"等，一些简单英语单词如香蕉、苹果、桔子等已能正确发音，还会说出几种喜欢的动物名称，这个时候的幼儿喜爱背诵，基本上能熟练地背诵1 ~ 2首唐诗。

397. 28个月幼儿身体发育技能应达到什么水平?

幼儿此时最喜欢的玩具是搭积木，有时能够把近10块的积木摞在一起，家长会发现幼儿用笔涂鸦的能力也大大增强了，他不再

图 17-1　28个月搭积木

是胡乱画，似乎有些得心应手了，不但能画一条直线，还能连续画几条平行的直线，这对于幼儿来说是一个不小的进步。（见图17-1）

398. 28个月幼儿运动能力应达到什么水平?

这个阶段幼儿可以不扶任何物体单脚站立3 ~ 5秒，一部分幼儿或许早就能自己双脚跳，单脚跳了，家长会发现他的足部运动能力越来越强，喜欢用脚做事，见到地上的东西总是喜欢踢一踢，喜欢蹦来蹦去，从高处往低处蹦，也逐渐开

始从低处往高处蹦，喜欢听踩水的声音，所以地上有水坑的时候幼儿总是会忍不住的去踏水。

399. 28个月幼儿的情感发育到什么水平?

幼儿此时还不能体会父母是多么疼爱他，他通常是从父母态度上去感受疼爱，幼儿对这样的疼爱比较容易感知到，比如把他舒舒服服地抱在怀里，对着他开心地笑，轻声细语地和他说话，很投入地陪着他玩耍，这些幼儿可以很直观地感受到父母的爱，也非常有利于他的情感释放。

400. 28个月幼儿认知能力发育到什么水平?

这个阶段的幼儿很爱提问，突出反映了他思维发展进程很快，表明他好观察、善于捕捉周围环境中新异的事物或现象。一般来说，爱提问的幼儿总比不爱提问的幼儿学得更多一些。

401. 28个月幼儿社交技能发育到什么水平?

幼儿这个阶段会表现的非常喜欢和同龄小朋友一起玩耍，但还有点羞涩，不是很主动地去接近，一起玩时，会表现得缺乏合作精神，但是对小朋友的玩具非常感兴趣，并且不情愿把自己的玩具分享。外向型幼儿对小朋友会热情和友好，会主动打招呼，内向型幼儿开始注视着小朋友，经过一段时间的熟悉，如果小朋友主动过来和他玩，幼儿也会友好接纳，但在陌生成人面前会表现出害怕，会躲到家长背后，把头探出来观察陌生人。

402. 28个月的幼儿如何合理喂养？

合理安排幼儿的一日三餐，这个阶段家长可以在早餐的时候给幼儿喝菜粥、牛奶，吃包子、鸡蛋；午饭可以是米饭、鱼汤、香菇炒菜花等；晚饭可以是西红柿鸡蛋面、猪肉白菜馅包子或者是猪肉菠菜馅水饺。但是要做到粗粮细粮都要吃，避免维生素B_1缺乏症，主食可以吃米饭、粥、小馒头、小馄饨、小饺子、小包子等，吃得不太多也没有关系，每天的摄入量在150克左右即可。

403. 28个月的幼儿日常养护要点是什么？

这个阶段的幼儿养成刷牙的习惯很重要，应该每天早晚刷牙，尽管幼儿还不能正确地清洁牙齿，但养成一个好的卫生习惯，对他是非常有益的，当幼儿刷完牙，家长可以协助幼儿再进行一下口腔清理。

2岁多的幼儿奔跑起来速度很快，反应敏捷，家长一不留神就可能跑到危险地带，所以要加强看护，提高警惕性，尽量避免在公路、高压线、河沟水塘等危险的地方玩耍。

404. 对28个月的幼儿，家长应该预防哪些意外发生？

这个阶段的幼儿容易发生脱臼，家长要做好防护，给幼儿穿衣服或拉着他小手散步时，或者幼儿上下楼梯突然跌倒，猛然牵拉孩子的胳膊后，都会发生牵拉肘，这时孩子会骤然间啼哭不止，或喊叫被牵拉的胳膊疼痛，那么极有可能就是发生了脱臼，一旦幼儿发生肘错位，家长不必惊慌失措，应立即就医。

2岁多的孩子活泼好动，正是各种事故多发的年纪，摔跟头、碰撞而弄伤头部，突发的刀伤、烫伤的情况也可能会出现，因为此时的幼儿很想使用剪刀、筷子这些物品，所以确实存在很多的安全隐患。但是，家长也不可因为过分地害怕出事，让幼儿不接触生活中的这些用品，导致他丧失很多学习的机会，因此，可让孩子用没有尖头的剪刀，也可让幼儿用筷子，只不过家长要用心看护才好。

405. 28个月的幼儿可以看动画片吗？

这个阶段的幼儿可以短时间看一些电视节目了，也可以定时看一些合适的动画片，家长要注意，电视和动画只是幼儿了解世界，开发智力的辅助手段，还是要多让幼儿参加社会活动。幼儿看电视、看动画片一定要定时定量，否则会伤害他的视力，此时幼儿已经能分清阴、晴、风、雨、雪，天气预报会是一个很好的教材，可以让他看看天气预报，家长会发现他会对屏幕上的标志图案特别感兴趣，这标志着他图形感知建立的重要时期。

406. 家长如何培养28个月幼儿的自理能力？

这个阶段家长会发现给幼儿穿衣时，他会很配合地伸出胳膊，穿鞋时也知道拉上脚后跟，这说明幼儿的生活自理能力在慢慢变强，家长也可以有意识地培养孩子的生活自理能力，比如，让他学习自己刷牙，自己去卫生间大小便，也可以培养幼儿成为家长的得力助手，让他帮你摘菜，让他帮忙饭后收拾碗筷等，会发现他

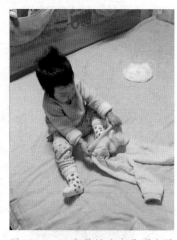

图17-2 28个月幼儿自己穿衣服

都会很乐意做这些事情，因为家长让他感觉到了自己的价值。（见图17-2）

407. 一般幼儿期在一年当中什么时候长得最快呢？

世界卫生组织的一个研究小组调查发现：一年中幼儿在5月份生长最快，这个月里平均会长高7.3mm，10月份长得最慢，平均只有3mm。为此，专家们将5月称为"神秘的5月"，并建议家长在5月里给幼儿增加营养，有利于其生长发育。

408. 为什么幼儿在5月里生长得最快呢?

人的生长速度除了种族、遗传、内分泌、生活习惯等因素外,还与营养状况、地理气候和体育锻炼密切相关。

5月份,大地回春、万物萌生、花香鸟语、一派生机。美好的大自然给人类带来了朝气,这个时候儿童体内各个器官和细胞的功能都特别活跃,体内生长激素分泌增多,生长发育加快,尤其是在经历了漫长的冬季后,幼儿们都喜欢到户外活动,因而生长速度加快得更为明显。

由于幼儿在5月里生长速度加快,所以必然要消耗更多的营养物质。因此,家长应掌握他生长的最佳时机,及时补充各种营养,以促进幼儿生长发育并增强抗病能力。见图17-3a,图17-3b。

a   b

图17-3 28个月户外活动

409. 在5月里应怎样给孩子增加营养呢?

（1）补充蛋白质

蛋白质是生命的基础。骨骼细胞的增生和肌肉、脏器的发育都离不开蛋白质，幼儿生长发育越快，越需要补充蛋白质，瘦肉、鱼虾、禽蛋、花生、豆制品中都富含优质蛋白质，因此，应注意多补充。

（2）供给维生素

维生素是维持生命的要素，其中最重要的是维生素A、维生素B、维生素C，动物肝、肾、鸡蛋、胡萝卜、菠菜中富含维生素A，各种新鲜绿叶蔬菜和水果中含有丰富的维生素B和C，应多给幼儿食用。

（3）增加矿物质

人体的长高决定于骨骼的生长发育，其中下肢长骨的增长与身高最为密切，只有长骨中即软骨细胞的不断生长，幼儿才能长高，钙、磷是骨骼的主要成分，因为在每年的5月要多给幼儿补充牛奶、豆制品、虾皮、紫菜、海带、排骨、骨头汤等含钙、磷丰富的食物。同时，要让他到户外多晒太阳，增加紫外线照射机会，以利于体内合成维生素D，促进胃肠对钙、磷的吸收，保证骨骼正常生长。

410. 为什么要培养幼儿的幽默感?

心理学家认为，幽默感在人的社交能力发展过程中起着举足轻重的作用，幽默的孩子童年时代就在人际交往中比较成功。

和其他情商技能一样，幽默本领因人而异，然而每一个孩子都等同地享受幽默，并获得社会承认，用来应付无法避免的心理矛盾和焦虑感。因而，作为家长应鼓励幼儿的幽默感，这样不仅可以使家庭气氛和谐愉悦，同时还可以使他学会应付特定的精神问题和矛盾。幽默感还能培养幼儿的价值观与宽容品性，作为家长，在这方面需要牢记的情商要点是：幽默是一个重要的社交技能，是人类最受推崇的品质，尽管幼儿讲笑话使别人发笑的能力因人而异，但每个孩子都有欣赏幽默的才能，不同的年龄，幽默的作用也不一样，但它在人的一生中，自始至终都能有助于社会交往，从而应付一系列问题。

411. 如何培养幼儿的幽默感？

作为家长首先要鼓励幼儿讲笑话，在困难中发现幽默因子，笑话能表达人的情绪，幼儿会用幽默来表达对他人的正面或负面情感，以维护自己的尊严，鼓励幼儿幽默感的最简单有效的方式，就是玩，这个阶段的幼儿喜欢玩，完全忘我，有些游戏看上去有点愚蠢，如打水仗、过家家、拍水花等，总之，家长应该鼓励他们尽情地玩，就像鼓励他们努力学习一样，当然要适可而止。

在幼儿感到有压力，精神紧张时，家长要注意利用自己的幽默感，比如说话间插个笑话，对幼儿做个鬼脸等，另外，也要帮助幼儿区别敌意的和非敌意的幽默，这样会有助于培养他的容忍力和尊重他人的品质，同时家长要鼓励幼儿了解自己愤怒情绪和霸道心理的源头，也要告诉幼儿尊重他人的感情是很重要的。

412. 什么是所谓的"春捂秋冻"？

"春捂"就是说春季气温刚转暖，不要过早脱掉棉衣，以免气温下降，难以适应，使身体抵抗力下降，病菌乘虚袭击机体，容易引发各种呼吸系统疾病及冬春季传染病。"捂"是个相对的概念，应当根据室外温度来增减衣服，不是穿得越暖和越好。春季，幼儿在户外的活动量加大，穿得过多容易出汗，一遇冷风会导致感冒。最好在此基础上进行少穿训练，增强孩子对外界气流变化的适应能力，提高肌体免疫力。

"秋冻"就是说秋季气温稍凉爽，不要过早过多地增加衣服。"薄衣之法，当从秋习之"，"薄衣"的习惯应从秋天开始养成，慢慢适应，到冬季再略加衣服即可，这样既锻炼了幼儿的耐寒力，又不致使其受风寒。

413. "春捂"有哪些注意事项？

（1）从生理学的角度来讲，幼儿经由体表散发的热量，有1/3是由头部发散，头热容易导致心烦头晕而神昏，"上火"，幼儿患病更是头先热，所以要保持头凉，才能神清气爽，气血循环顺畅。背部保持适当温暖可预防疾病，减少感冒机会，保持腹部温暖很重要，因为幼儿脾胃功能发育不是很完善，当冷空气刺激腹部时，很容易引发肚子疼等各种不适，"寒从脚起"，足底是对外界最敏感的地方，幼儿的小脚暖和了，才能保证身体适应外界气候的变化。

（2）气温回冷增加的衣物，在气温回升后也不能立即就脱掉，最好再捂7天左右，幼儿免疫力弱的话，最好捂14天以上以便身体适应。

（3）当昼夜温差大于8℃时就需要捂一捂了，而15℃则可以视为捂与不捂的临界温度，也就是说，当气温持续在15℃以上且相对稳定时，就可以不捂了。

（4）春捂要把握时机，因为许多疾病如感冒、消化不良等都与降温持续的时间密切相关，在冷空气到来前24～48小时是春捂的最佳时机。因此，家长在冷空气来临的前一两天就要适当给幼儿增添衣物了。

414. "秋冻"应注意哪些内容？

（1）在秋季幼儿比成人更易患病，不过，这种功能和能力可以通过日常生活对冷环境的逐渐适应加以提高，但不要过早过度添衣保暖，使自己有暴露于冷环境的机会，这样在逐渐变冷的环境中经过一定时间的锻炼，能促进身体的物质代谢而增加产热量，从而有效提高机体对气候变化的适应性。

（2）如果天气许可，幼儿就要多到室外活动，运动不仅可以促进血液循环，而且可以促进消化和吸收，加强呼吸系统与新陈代谢的功能，还可以提高机体的免疫力，增强肌肉的耐寒及抗寒能力。

（3）幼儿应该从秋天开始进行其他的耐寒锻炼，以进一步提高机体的冷适应能力，最简单的方法是养成用冷水洗手、洗脸及喝凉开水（以25℃左右为最宜）的习惯，即使到了冬天也不放弃。由于这是一个逐渐降温的过程，幼儿一般都能适应，并且效果显著，如能再坚持每天用冷水擦拭身体则更好。

（4）我国南北方气候差异较大，南方秋凉来得较晚，昼夜温差变化不大，甚至入冬后也不太冷，因此不必过早添衣，应适当延长"秋冻"的时间，而北方秋凉来得较早，昼夜温差变化大，早晚气温较低时应及时增添衣物，以防着凉。

（5）幼儿为稚阴稚阳之体，正处在生长发育阶段，自身调节能力较差，遇到寒冷刺激，身体不能很快适应，感受风寒邪气后，极易诱发上感、急性支气管炎、肺炎等。所以，幼儿在"秋冻"问题上应当慎之又慎。

415. 幼儿患了麻疹在家中应怎么办？

幼儿患了麻疹应与其他小朋友进行隔离，居室应常通风，因为在阳光下或流动空气中20分钟麻疹病毒会失去致病力，但要避免被风直接吹到，家长可在室内泼些水，保持一定温差，用深色窗帘遮盖，避免阳光直晒，由于疾病消耗较大，应鼓励幼儿少量多餐，进食一些流质、半流质饮食，多喝开水。

416. 什么是手足口病?

手足口病是由多种肠道病毒引起,最常见的是柯萨奇病毒A16型及肠道病毒71型。其感染途径包括消化道、呼吸道及接触传播。表现为急性起病,发热、口痛、厌食、口腔黏膜出现散在疱疹或溃疡,位于舌、颊黏膜及硬腭等处为多,也可波及软腭,牙龈、扁桃体和咽部。手、足、臀部、臂部、腿部出现斑丘疹,后转为疱疹,疱疹周围可有炎性红晕,疱内液体较少,常见部位手足部较多,掌背面均有,皮疹数少则几个多则几十个,消退后不留痕迹,无色素沉着,部分病例仅表现为皮疹或疱疹性咽峡炎,多在一周内痊愈,预后良好,部分病例皮疹表现不典型,如单一部位或仅表现为斑丘疹。

417. 如何预防手足口病?

饭前便后、外出后要用肥皂或洗手液等给幼儿洗手,不要让幼儿喝生水、吃生冷食物,避免接触患病儿童,看护人接触儿童前、处理粪便后均要洗手,并妥善处理污物,幼儿使用前后的水杯、碗筷等均要充分清洗消毒。

本病流行期间不宜带幼儿到人群聚集、空气流通差的公共场所,注意保持家庭环境卫生,居室要经常通风,勤晒衣被。幼儿出现相关症状要及时到医疗机构就诊。

418. 如果幼儿出现了手足口病家长应该怎么办?

本病如无并发症，预后一般良好，多在一周内痊愈，主要采取对症治疗，首先隔离患儿，接触者应注意消毒隔离，避免交叉感染。对症治疗就是要做好口腔护理，对于口腔内疱疹及溃疡严重者，用康复新液含漱或涂患处，也可将蒙脱石散调成糊状于饭后用棉签敷在溃疡面上，在使用前也应严格遵循医嘱。衣服、被褥要清洁，衣着要舒适、柔软，经常更换，剪短幼儿的指甲，必要时包裹幼儿双手，防止抓破皮疹，待有疱疹形成或疱疹破溃时可涂0.5%碘伏，臀部有皮疹的幼儿，应随时清理其大小便，保持臀部清洁干燥。

二十九个月

....

419. 29个月幼儿体格发育的正常值应该是多少?

男孩:体重10.4 ～ 16.6kg,身长84.5 ～ 97.9cm,头围48.2cm,胸围49.4cm。

女孩:体重9.8 ～ 16.2kg,身长82.9 ～ 96.9cm,头围47.1cm,胸围48.2cm。

420. 29个月幼儿智能应发育到什么水平?

这个阶段幼儿说话时开始在句子中使用介词,常用的有:里面、上面、下面、外面、前面、后面,幼儿开始理解物品的单位,会说"妈妈给我一块饼干""给我两个苹果",那么它所反映的不仅仅是幼儿对数字的理解,还有对物品"单位"的理解,但2岁半的幼儿,大多还是说"一个"饼干,而不是说"一块"饼干。

421. 29个月幼儿语言发育能力应达到什么水平?

这个阶段幼儿月平均新增词汇200个左右,多数幼儿掌握了100 ～ 200个口头用语,半数幼儿掌握400 ～ 500个词汇,多数幼儿词汇量可达100 ～ 700个左右,半数幼儿能够说出包含7个字以上的句子,并开始在句子中使用介词,过去他习惯说狗狗、猫猫等,现在开始说带有形容词的语句,如大狗、小花猫,甚至会说"一只小花猫"。

422. 29个月幼儿身体发育技能应达到什么水平?

29个月的幼儿剪纸的能力有所提高,在纸上画一条线,他可能会沿着线把纸剪开,当然不会严丝合缝的,很早就练习使用剪刀的幼儿,到了这个月龄可能会用剪刀剪布了,而且家长会发现他可以玩一些复杂的组装玩具了。(见图18-1,图18-2)

图18-1　29个月玩过家家　　　图18-2　29个月骑三轮车

423. 29个月幼儿运动能力应达到什么水平?

29个月的幼儿大多数能拉着妈妈的手在马路牙上自由行走,幼儿不但走得很稳,还会甩开两臂行走,在他奔跑的时候,如果遇到障碍物会及时停止,或减速绕过去继续跑起来,这个时候上年纪的老人已经追不上他了,幼儿现在会向后退

着走好几步，但不像成人那样回头看，因为他还不知道这样
会有危险，所以家长在看护时要格外注意。

424. 29个月幼儿的情感发育到什么水平?

幼儿不希望被父母忽视，因此总是希望爸爸妈妈不离左
右，同时又感觉自己长大了，有独立的强烈愿望，不想受爸
爸妈妈的限制，独立性与依赖性并存，是这个阶段幼儿身心
发育的特点。

425. 29个月幼儿认知能力发育到什么水平?

29个月的幼儿有一部
分可以说出6种以上的交通
工具，还可以指出它们的用
途，对多与少的概念已经非
常明确，摆放两堆5个以内
的物品，幼儿已能分清哪个
多哪个少，画圆圈时已经能
做到封口，能按秩序摆放好
玩具，对数字有了实际认
识，会从1连续数到几十，
甚至几百，如果家长从没教
过幼儿数数，他可能至今还不会。(见图18-3)

图18-3 29个月画圈圈

426. 29个月的幼儿如何合理喂养?

2～3岁的幼儿活动量大，体能消耗很大，从来看不到他们休息的时候，所以家长必须给幼儿补充能量，可以给幼儿吃些甜食，但是家长要控制好量，糖分摄取过多会使幼儿变成小胖子的，因此，这个时候幼儿的零食以饼干、蛋糕、面包等为主，吃零食的时间也最好安排在两餐之间，吃完零食后最好给宝宝漱口，以免糖分损害幼儿的牙齿。

幼儿的食谱中，应该加入含碘的食物，如海带、紫菜等，需要注意的是，虽然此期孩子的牙齿已出齐，但咀嚼功能不完善，要将此类食物泡发好、切碎炖烂才易于咀嚼。

427. 29个月的幼儿护理要点是什么?

（1）29个月幼儿的行为能力也更强了，家长再给幼儿选玩具时要注意选安全而合适的玩具。

（2）养成上厕所排便的习惯，除了最基本的控制尿便以外，还需要给幼儿养成上厕所的习惯，这是社会文明的秩序感培养，最好不要忽视。

（3）现代家庭无论是冬天取暖，夏天制冷，都喜欢采取空调，然而让幼儿长期待在空调房间里对健康是不利的。正确的做法是，至少4～6小时开窗通风一次，不要让室内外温差过高，避免冷热风直吹幼儿。

（4）给予幼儿足够多的关爱，只有让幼儿体验到父母爱的温暖，他才会有意识和理念去爱他人和外物，教会幼儿正确的交往策略，逐渐让他掌握良好的人际交往技巧，让他慢慢学会运用多种方式来化解困境，尤其是要让幼儿学会控制情绪，懂得忍耐宽容，加强自我约束力和控制情绪的能力。

428. 29个月的幼儿适合玩什么游戏?

（1）谁是改错大王?

这个游戏是让幼儿在幽默轻松的氛围里体验学说话的愉悦和自信，有助于他语言的发展。

游戏方法：首先家长将准备好的卡片拿出来，然后让幼儿认一认后，将卡片装进纸盒里，告诉他："现在我们来玩一个好玩的改错大王的游戏。"幼儿自己是改错大王，要听出家长哪里说错了，再帮助他改过来，家长从盒子里拿出一张小乌龟的图片，自己故意说："这是小鱼。"然后问："宝宝，爸爸说错了吗？"引导幼儿说出正确答案，家长再抽出小猫的图片，然后说："小猫汪汪叫。"这时同样请幼儿改错。

（2）夹豆豆

这个游戏能培养幼儿的求胜信念，锻炼他的精细动作，同时巩固其对1～3的数的概念。

游戏方法：往盛满黄豆的碗里加水，爸爸和幼儿面前各放一个小碗和一个汤匙，妈妈做裁判员，由妈妈发出口令，要求幼儿和爸爸用汤匙从水中取豆，从1粒到3粒，能完全按口令取出正确数目的，为胜利者。

（3）学数数

2岁半左右是幼儿计算能力发展的关键期，数数，就是让他熟悉数字的序列，这是数字概念形成的基础。可是，教幼儿学数数，他是不肯合作的，那么家长得用巧妙方法，让他觉得好玩有趣才行。

方法：上楼梯的时候，上一步念一下，十步梯子刚好从1～10，经常念给他听，反复多次幼儿就认得了，第二天看他是否还记得，不记得再翻来覆去认几遍，加强一下，第三天再继续。

429. 29个月幼儿会对性别有意识吗?

据了解，2岁半左右的幼儿开始对自己的性别有明确意识，即明白自己是男孩还是女孩，这对家里有男宝宝的父亲尤为重要，当男孩子确认自己的性别后，他就开始寻找这个性别的模仿对象，在一个家庭里，这个角色当然是自己的父亲，这个时期父亲对男孩的成长来说非常重要，他将会模仿父亲的所有行为来确认自己的性别身份，但是如果这个时期孩子接触不到父亲或者很少有机会接触父亲，那么在家里的角色模仿对象就会转向母亲，所以为什么我们会发现身边有些男人很女孩子气甚至像女人，这与幼儿从小建立的成长模仿对象有关系。

430. 如何培养29个月幼儿的同情心?

家长在日常生活中的一言一行，会直接地影响到幼儿，正所谓是"言传身教"。让幼儿和家长参加有组织的活动，定期帮助他人，不仅能培养幼儿关心他人的品质，也能教会他许多社会技能，使他们懂得合作的重要性及坚持不懈、持之以恒的价值，这些都是高情商的重要组成部分。

要想让幼儿关心爱护他人，亲身经历是必不可少的，光靠说是绝对不够的，某些情商技能，尤其是人际关系，只有通过亲身体会才能有效地在情感大脑中发育出来。

431. 父母应如何看待29个月幼儿的贪玩行为?

这个阶段的幼儿贪玩是难免的，这是他生活中不可缺少的一件事情。健康的孩子，在吃饱睡足之后，总是在不停地玩。

玩耍可以促进幼儿身体的新陈代谢和血液循环，给他带来极大的快乐和满足，有利于他的身体发育和健康，促进身心正常的发展，使幼儿的智力在玩中得到发展，玩还可以培养他活泼开朗、勇敢机智的性格，克服胆小害怕的心理，家长要注意在玩的过程中培养他良好的道德品质和行为习惯，并让他增长一定的知识。同时，玩对培养幼儿的观察力、想象力、记忆力、注意力等方面均有很大益处，因此，家长应认真对待孩子玩的愿望，让他在玩中学习、玩中成长，度过幸福的童年。

孩子好玩，表示他对所接触的事物产生了极大的乐趣和感情，对此，家长不要过分担心和紧张，更不能压抑他们的这种天性，一些家长为了惩罚孩子贪玩便不与他共同玩耍，这种做法不可取。不过，有些幼儿玩起来表现的什么都可以不顾，甚至到了废寝忘食的程度，在这种情况下，家长就有必要采取一些措施进行引导了，对孩子贪玩的最好办法就是因势利导，鼓励他除了玩以外，还要对他提出适当的限制。

总的来说，贪玩的幼儿性格坚强，动作干练，反应比较快，对家长提出的要求容易接受，也容易忘掉，这就需要家长反复提醒，最好每天都对他的行为认真给予评价，及时对进步给予肯定和表扬，并提出新的要求，同时要安排一些有益的活动，寓教于玩，使幼儿在玩耍中获益。

432. 家长如何正确对待幼儿"孤僻"性格？

这个时期的幼儿长得聪明又活泼，就是有一点不太好——不太合群，家长要逐渐让幼儿把这个缺点改过来，教育他懂得友谊的重要性，珍惜友谊。

对于年龄较小或内向孤僻的幼儿，有一点很重要，就是邀请性格相近或有共同爱好的小朋友一起参加活动，活动刚开始，幼儿如何相处是不重要的，重要的是他们有机会在一起，一起进行体育活动，这对于幼儿来讲是一次重要的共同经历，并为日后的社交技能打下基础。还有一点很重要，家长在这方面要起表率作用，当幼儿有了来往密切的小朋友以后，家长就要鼓励他，拥有一个"好朋友"是一件非常幸福的事情，交朋友是幼儿成长过程中的一项重要任务，会为他日后拥有良好的人际关系打下基础。

433. 如何教29个月的幼儿认识不同的职业？

这个阶段家长要有意识地给幼儿介绍不同职业的人，所做的工作和作用。如乘公交车时，告诉他司机开汽车，售票员给乘客卖票，医院里面的医生、护士是给病人看病的，修路的是筑路工人等，使幼儿学会尊重做不同工作的人，如早晨看到清扫马路的清洁工人时，告诉他不要随便扔物品到地上，要扔到垃圾箱里等。

434. 如何培养29个月幼儿对时间概念的理解？

这个阶段的幼儿习惯于有规律的生活，他懂得每天早饭后可以玩耍，到10点吃过加餐后可以到外面去玩耍，午饭后要睡觉，起床后吃一点水果再去玩耍，然后等家长下班回家，很快就要吃晚饭，饭后全家人在一起玩耍，然后洗澡睡觉。当他有一些额外要求时，家长经常告诉他"吃过午饭"，或"爸爸下班回来后"，"午睡之后"等，他会以此作为时间概念，也能耐心等到应诺的时间，幼儿的时间概念，就是他经历的生活秩序，因为他还不认识钟表，也不知道几点钟是什么意思，如果突然换环境，或改变了生活规律，幼儿就会感到不习惯，不睡觉，甚至哭闹不安，因此，在3岁前应少变更生活环境，要让幼儿在充满安全感的环境中健康成长。

435. 如何对待29个月幼儿爱臭美的表现？

虽然幼儿才2岁多，但已经知道爱美了，尤其是女宝宝，有时候她会不肯穿家长为他准备的衣服，会很喜欢穿新衣服、新鞋袜，每当买了新的衣服、鞋袜，会兴高采烈地穿上不脱，如果家长告诉她这是新给她买的衣服，她就会乖乖地穿上，还会指着衣服说"漂亮"。而且这个阶段的幼儿会很喜欢听别人夸自己漂亮，在不高兴时还会说句："宝宝漂亮，妈妈丑。"这类的语言，好多家长担心幼儿过分爱美，将来在这方面花的时间太多，会影响学习和其他方面的能力发展，因此，家长可以在不与幼儿发生争执的前提下，采取一些适当的措施，稍稍控制一下他的爱美之心，让他对美有一个正确的认识，以免过分爱美误导幼儿价值观的建立，家长要让幼儿认识美的真正内涵，慢慢让他明白，漂亮不只是衣服好看，还有很多方面，如关心他人、爱劳动等心灵的美丽更值得骄傲，家长可以平常多对幼儿进行一些艺术教育，带他欣赏美的作品，如画作、音乐等，当他做出一些体现内在美的事情时，如做家务，关心亲人等，要及时给予鼓励和赞赏，妈妈更要注意自己不要经常在幼儿面前试衣服、化妆、炫耀奢侈品等，这样会给他带来潜移默化的影响，当幼儿穿上某一件漂亮的衣服时，家长经常会夸奖他，甚至很夸张的赞美，这会给他一些暗示，"穿漂亮衣服是一件非常容易获得赞美的事情"，久而久之，他就会过于关注外在美、服饰美，家长在这方面应该尤其注意，正常对待即可。

436. 在家庭生活中如何讲究沟通技巧?

（1）学会接纳孩子：接纳是沟通的前提，接纳就是在跟幼儿沟通时，注意接受、容纳，解读他传达出的各种信息，然后利用这些信息做出更妥当的回应。当需要说服幼儿的时候，接纳的语言表述应是："我很理解你现在的感受（委屈、伤心等）。"同时家长重复他说过的话表示接纳，还可以用肢体语言和表情来接纳。

（2）建立良好的家庭环境：温馨而充满关爱的家庭环境将有助于良好亲子关系的建立，反之，则为极大障碍，因此作为家长应该为幼儿营造温馨而充满关爱的家庭环境，家庭成员性格要开朗，有乐观向上的生活态度，家庭成员之间应关系融洽，彼此心里相容，团结互助，气氛温馨。幼儿在这个环境中无须很高的物质享受，因为与家人在一起便已经是很大的享受了，这种家庭氛围为他提供了很好的学习动力，幼儿在其中可发展出完善的信念和价值观，内心充满自信、自爱和自尊，也必将有助于建立良好的亲子关系，家长要通过鼓励的方式渐进式地与幼儿沟通，就比较容易调动他的积极性，而且能够把握住幼儿思想和行动的方向，家长也要善于将幼儿的行动目标分成许多个小台阶，每一步都具体而又相对容易地能够达到，让幼儿从每一点进步中体会到成功的乐趣。

（3）家长是幼儿的终身榜样，要求他做到的，家长首先要做到，这就是心理学强调"阳性强化"，家长对幼儿要做到最多地欣赏优点，尽量地包容缺点，不要用放大镜看他的缺点，要知道世界上没有完美的孩子，再完美的孩子都有自己的缺点，并且纠正幼儿关键性缺点时也要讲究地点和时机，常规的沟通方式往往不会引起他的兴趣和能动性，家长可以推陈出新，常常和他一起参加亲子游戏、旅游活动、讨论问题等，能更有效地增加与孩子之间的情感。

三十个月

437. 30个月幼儿体格发育的正常值应该是多少？

男孩：体重9.86 ～ 19.13kg，身高82.4 ～ 105.0cm，头围45.3 ～ 53.1cm。

女孩：体重9.48 ～ 18.47kg，身高81.4 ～ 103.8cm；头围44.3 ～ 52.1cm。

牙齿：大多数幼儿长出12颗乳牙。

438. 30个月幼儿智能应发育到什么水平？

（1）幼儿会自如地蹲在地上玩，并且不需借助外力自己可以直接站起身来，幼儿行走自如的同时开始玩起花样来，或横着走，或倒退着走……总之他的平衡感觉已经相当好了，站在离地100厘米的高台阶上，能保持平衡向前走上几步，喜欢玩更刺激的游戏。

（2）玩动手的游戏可以使幼儿专注时间延长，在反复搭积木、系扣子和拧瓶盖时，都可以使他注意时间延长。幼儿的精细动作更加熟练，在家长的鼓励下，可以画"十"字和正方形，可以解开衣服上的按扣。

（3）幼儿开始对父母使用的东西感兴趣了，喜欢穿妈妈的高跟鞋在屋里走来走去，还会站到镜子前面欣赏，尤其是女孩会拿着梳子在镜子面前给自己梳头，会拿着妈妈的口红往自己的口唇和脸上涂。

（4）初懂人事的幼儿脑子里蕴藏着无数个鬼点子，让家长应接不暇，家长会有自己跟幼儿时刻斗智斗勇的感觉。

（5）幼儿的记忆力和联想能力都有明显进步，他不但认识身体上的器官，还能说出一部分器官的功能，而且还能够举一反三，他还有了联想能力，会把不同形状的石子、树枝和一些物品联系起来，此时幼儿已能再认相隔几十天或几个月的事物，还能表现出较好的回忆。（见图19-1a，图19-1b）

a   b

图19-1　30个月锻炼手部精细动作

439.　**30个月幼儿语言发育能力应达到什么水平?**

幼儿还不会熟练使用量词，会说送妈妈一张"花"，但他在努力学习着，如果幼儿说"一块饼干"、"两个苹果"，那就表示他对单位的理解开始用语言来表达了。并且这个阶段的幼儿会在假装不高兴时说"我生气了"，这表示他已经学会用陈述来伪装情绪了，是他语言发展的一个标志性阶段。

440. 30个月幼儿身体发育技能应达到什么水平？

这个阶段的幼儿已经可以穿脱简单的开领衣服，自己解开按扣，开合末端封闭的拉锁，家长会发现他总是把鞋和袜子都脱下来，光着脚在屋里走来走去，有的家长怕孩子脚底着凉，经常会训斥他，其实这只是幼儿技能增长后总想表现自我的一种方式，家长应正确理解，理智对待。（见图19-2）

图19-2　30个月学大人装扮

441. 30个月幼儿运动能力应达到什么水平？

这个阶段的幼儿经常喜欢一脚踩在一根方木上，一脚踩在地上，一高一低地往前走，因为此时他的腿部肌肉已经有些力量了，平衡感也已相当好，所以他经常会炫耀他的"小杂技"。他现在已经不满足于正常速度的跑步，总是快速奔跑，跑得太快，但在奔跑中突然想停下来，因为没有控制惯性的技巧，脚收住了，身体却收不住，常常会摔个大前趴，所以家长要格外注意他的安全。

442. 30个月幼儿社交技能发育到什么水平？

随着幼儿活动范围的不断扩大，认知能力也相应地提高，他特别需要朋友，从其他小朋友那里他可以得到许多生活经验，这是从家长那里学不来的，所以幼儿特别喜欢与小朋友一起做游戏，尤其喜欢过家家的游戏，非常愿意和小朋友一起玩扮演各种角色，但在游戏中也经常会出现不愉快的"小插曲"，所以还需要家长的引导和培养。

443. 30个月的幼儿如何合理喂养？

由于这个阶段幼儿消化吸收能力发育已相当完善，乳牙也基本长齐，此时，粗粮也应正式进入幼儿的餐谱，因粗粮中含有丰富的营养物质，如B族维生素、膳食纤维、不同种类的氨基酸、铁、钙、镁、磷等，偶尔吃粗粮、杂粮对这阶段的幼儿来说十分有好处，比如玉米粥，山芋粥，黑米，小米（最有营养，而且健脾），还有，各种豆类坚果也都是不错的选择。

对于这个时期的幼儿，水果的进食不应过多，每天以100～200克水果为宜，相当于一个中等大小的橘子或半个大苹果，因水果中的主要成分是果糖，果糖摄入太多可造成幼儿的身体缺乏铜元素，从而影响骨骼发育。

444. 30个月的幼儿日常看护要点是什么?

（1）帮助幼儿纠正偏食，幼儿偏食不利于成长发育，家长要及时纠正，以保证幼儿健康成长。

（2）这个阶段的幼儿是不应该有口腔异味的，幼儿睡眠之前要刷牙漱口，注意口腔卫生，如果出现口臭可能是幼儿消化不良，建议带他及时就医。

（3）正常情况下，这个月龄的幼儿的囟门已经闭合，大多数幼儿已经出齐18颗乳牙了，如果幼儿还没达到这个标准，需要到医院检查一下，如果检查没有异常的话，家长也不必过于担心。

445. 适合30个月幼儿的亲子游戏有哪些?

在此，推荐给各位家长一个非常方便可行的小游戏：大家来传悄悄话，这个游戏使幼儿了解说话发音不清楚会使人误解。

游戏方法：妈妈在幼儿耳边讲一句话，幼儿听懂了以后，让他把这句话悄悄地告诉爸爸，幼儿会高兴地趴到爸爸耳边把话传给爸爸，然后爸爸再悄悄地告诉爷爷，爷爷再悄悄地告诉奶奶，奶奶最后大声地讲出悄悄话的内容，让大家听听是否走样了。幼儿认为在人耳边说悄悄话不让别人听到是十分神秘而新奇的事，他会认真地听大人说话，然后传给第二个人。幼儿参加到传话行列，由于他发音不清楚，话又未全懂，就更容易走样，这样，幼儿不仅能锻炼语言能力，而且还会明白说话时发音清楚的重要性。

446. 如何给30个月的幼儿选择裤子？

给这个阶段的幼儿挑选裤子，应以宽松、合身，有利于安全、发育为标准。随着时代发展，各种样式的裤子也层出不穷，对家长而言，这可是一件不小的工程，既要挑选时尚、合身的裤子，更要挑选适合幼儿生长发育的裤子，那么该怎么给孩子挑选合适的裤子？

（1）不宜穿合成纤维制成的内裤：合成纤维吸水性差，出汗后汗水留在皮肤，微生物容易繁殖，发生腐败、发酵，婴幼儿皮肤娇嫩，可因此诱发过敏和湿疹。

（2）如果是女孩子，要根据女孩特殊的生理特点，不宜穿太紧的内裤，女孩的阴道口、尿道口、肛门靠得很近，内裤穿得太紧，易与外阴、肛门、尿道口产生频繁地磨擦，使这一区域污垢（多为肛门、阴道分泌物）中的病菌进入阴道或尿道，引起泌尿系统或生殖系统感染。

（3）如果是男孩子，不宜穿拉链裤，男孩穿拉链裤时，他们自己拉动拉链，有时不注意，可能误将外生殖器的皮肉嵌到拉链内，上下不得，遭受皮肉之苦，甚至发生更为严重的后果。

（4）幼儿不宜穿健美裤，孩子处于生长发育旺盛阶段，健美裤紧紧束缚臀部和下肢，直接妨碍生长发育，另一方面，幼儿活泼好动，代谢旺盛，热量多，紧缚的健美裤不利于散热，影响体温调节，另外，健美裤档短，臀围小，会阴部不易透气，裤裆与外阴部磨擦增多，容易引起局部湿疹或皮炎。

（5）婴幼儿不宜穿喇叭裤，喇叭裤大腿处特别瘦窄，紧裹在肢体上，使下肢血液循环不畅，从而影响幼儿生长发育。而且臀部紧包，裤裆反复磨擦外生殖器，容易发生瘙痒，诱使幼儿抚弄生殖器，极易形成不良习惯。此外，又长又肥的裤腿不利于小儿活动，学步行走时更不安全。

（6）如果穿背带裤时，背带要相对长些，可随时挪动扣子，以防幼儿长高后勒着肩部，这种样式既可防止衣裤分离，又便于运动和保暖。

447. 如何给30个月的幼儿挑选鞋子？

合适的鞋子能帮助幼儿的骨骼健康发育，一般幼儿这个阶段以透气、舒适为挑选标准。

（1）一定要选择安全舒适的透气材料，比如羊皮、牛皮、帆布、绒布等。因为幼儿新陈代谢快，脚丫出汗多，长时间穿不透气的鞋子，容易滋生细菌，因此透气最重要，其次才是款式。

（2）幼儿鞋子的适合尺寸是以妈妈的一根手指头能塞进去为准，一般来说，幼儿的鞋子一年要更换两个尺寸，家长平时要注意观察幼儿的脚趾有没有被压红、有没有出现水疱、是不是不愿意穿鞋、鞋子是不是偏大等，这些都是衡量鞋子合不合脚的重要指标。

（3）如果穿皮鞋最好选择圆头的，幼儿除了脚背宽度、厚度不相同之外，就连五个脚趾排列的情况都不一样，因此，家长在为幼儿选择鞋时，最好选择圆形或宽头的鞋头，由于较宽的圆形鞋头，不会束缚幼儿的脚，这样就能避免脚趾在鞋中相互挤，而影响生长发育。

（4）鞋底厚度为 0.5 ~ 1.0 厘米，经研究表明，童鞋适宜的鞋底厚度应为 0.5 ~ 1 厘米，鞋跟高度应在 0.5 ~ 1.5 厘米之间，对幼儿脚部发育比较有利，因为，鞋随着脚部的运动需不断地弯曲，鞋底越厚，弯曲就越费力，尤其对于爱跑爱跳的幼儿来说，厚底鞋更容易引起脚部疲劳，进而影响到膝关节及腰部的健康，另外，厚底鞋为了表现曲线美，往往加大后跟的高度，这会令整个脚部前冲，破坏脚的受力平衡，长期这样会影响幼儿脚部的关节结构，甚至导致脊椎生理曲线变形。

（5）鞋底不可过软或过薄，如果鞋底太软，就不能起到支撑脚掌的作用，穿软底鞋下踩时，脚心窝外侧就会着地，引起小趾向外排挤，影响脚外侧纵弓的生长；同时软鞋底薄，隔热效果差，没有减震作用，对跟骨震动大，幼儿的脚踝容易受伤害。

448. 如何提高30个月幼儿的免疫力？

（1）高质量的睡眠

高质量的睡眠可促进人体多产生一些睡眠因子，睡眠因子可促进白细胞增多，同时加强肝脏的解毒能力，从而可以消灭侵入人体的细菌和病毒，因此，高质量的睡眠可有助于提高人体免疫力，有助于秋季养生。

（2）乐观的情绪

压力会使人体产生一种抑制因子，这种抑制因子会直接影响到免疫细胞的正常工作，所以要教会幼儿调节情绪，利用这种乐观情绪提高免疫力。

（3）适量运动

研究表明，运动不仅可以使免疫系统的功能增强，而且还会增加免疫细胞的数量，从而增强免疫力，运动也不一定要做一些特别剧烈的活动，例如爬楼梯、餐后散步也是不错的活动。

（4）多补充维生素和矿物质

维生素和矿物质可以影响各类免疫细胞的数量和活力，因此，建议家长给幼儿多吃新鲜蔬菜、水果等健康食品，以补充他所需的维生素和矿物质。

（5）学会利用益生菌

益生菌是一类微生态制剂，对提高免疫力效果还不错呢，例如常见的肠道双歧杆菌可刺激身体内的淋巴细胞分裂增殖，产生多种抗体，加强人体免疫力，同时还可消除各种外来的致病微生物。

（6）保证营养均衡

增强身体的免疫力，最重要的莫过于吃得健康，家长要保证幼儿每餐都要吃一些蔬菜水果，饮食要呈现多样化，保持营养均衡。

449. 30个月的幼儿血铅超标是怎么回事?

众所周知,铅是一种重金属,如果人体内的铅不能代谢出体外,就会影响到人体各器官的机能,对于正在发育的幼儿来说就更严重了。

铅是一种对人体危害极大的有毒重金属,因此铅及其化合物进入机体后将对神经、造血、消化、泌尿、心血管和内分泌等多个系统造成危害,若含量过高则会引起铅中毒。金属铅进入人体后,少部分会随着身体代谢排出体外,其余大部分则会在体内沉积。对于幼儿,由于大脑正在发育,神经系统处于敏感期,在同样的铅环境下吸入量比成人高出好几倍,受害极为严重,因此,幼儿铅中毒会出现发育迟缓、食欲不振、行走不便和便秘、失眠,还有的伴有多动、听觉障碍、注意力不集中和智力低下等现象,严重者造成脑组织损伤,可能导致终身残废。

450. 血铅超标吃什么排铅?

如今工业发达,人们的体内避免不了会沉积一些铅,但其实日常的一些饮食是可以帮助我们排铅的,那么,血铅超标吃什么排铅?下面,就来介绍几种食物吧:

首先要提醒各位家长,不要盲目使用药物排铅,这是因为排铅药物具有较大的毒副作用，在治疗过程中还会排出钙、铁、锌等微量元素，甚至会出现严重低钙，导致惊厥甚至死亡，所以必须要经过专业医师的指导才可以服药。

（1）牛奶

它所含的蛋白质成分能与体内的铅结合成一种可溶性的化合物，从而阻止人体对铅的吸收。

（2）虾皮

每100g虾皮中含钙量高达2g，研究表明增加膳食钙的摄入量除了对幼儿骨质发育有益外，还能降低胃肠道对铅的吸收和骨铅的蓄积，可有效减少幼儿对铅的吸收，降低铅的毒性。

（3）海带

海带具有解毒排铅功效，可促进体内铅的排泄。

（4）大蒜

大蒜中的某些有机成分能结合铅，具有化解铅毒的作用。

（5）蔬菜

油菜，卷心菜，苦瓜等蔬菜中的维生素C与铅结合，会生成难溶于水且无毒的盐类，随粪便排出体外。

（6）水果

猕猴桃、枣、柑等所含的果胶物质，可使肠道中的铅沉淀，从而减少机体对铅的吸收。

（7）酸奶

可刺激肠蠕动，减少铅吸收，并增加排泄。

三十一至三十三个月

· ·

451. 31～33个月幼儿体格发育的正常值应该是多少?

男孩：体重13.13 ～ 13.53kg，身高91.7 ～ 93.38cm。

女孩：体重12.55 ～ 13.13kg，身高90.3 ～ 91.77cm。

452. 31～33个月幼儿智能应发育到什么水平?

2岁末，幼儿脑的重量约为1000克左右，整个幼儿期脑容量只增长了100克左右，但是脑内的神经纤维却迅速发展，在脑的各部分之间形成了复杂联系，神经纤维的髓鞘化继续进行，尤其运动神经锥体束纤维的髓鞘化过程进行更显著。为幼儿的动作发展和心理发展提供了前提保障。

此时幼儿神经系统的抑制过程明显发展，但兴奋过程仍占优势，所有幼儿会表现的容易兴奋。幼儿期大脑皮层活动特别重要的特征，就是人类特有的第二信号系统开始发育，为幼儿高级神经活动带来了新的特点，幼儿会借助语言刺激，形成复杂的条件联系，这是幼儿心理复杂化的生理基础。

从2岁半开始，幼儿的感情和情绪动荡不安，会表现出反抗妈妈、和小朋友吵架、缠着家长撒娇等，因此，家长要注意锻炼幼儿的胆量，不要过分地迁就他，同时可以帮助幼儿建立有章可循的规律生活，让他感觉到很多事物都在他的掌握之中，他对这个世界就不再有陌生的感觉，使幼儿的身心发展处于最佳状态。

453. 31～33个月幼儿语言发育能力应达到什么水平?

这个阶段幼儿的词汇量突飞猛进，使用修饰词的能力显著增强，几乎达到成人的一半，幼儿语言的发展总体上说是渐进式的，但在这个时期，会出现一次飞跃，他会愿意主动接近别人，并能进行一般语言交往，他慢慢地学会了复述经历，学会用较复杂的语言来表达自己的心情。幼儿这阶段好奇心强，喜欢提问，个性表现的很突出，喜爱音乐的孩子会经常自己哼唱。也非常喜欢听故事，自己复述故事的时候表情会很丰富，语言比较流畅，能充分地表达自己的意思，甚至有的幼儿已经会编简单的谜语了。

454. 31～33个月幼儿身体发育技能应达到什么水平?

这个阶段的幼儿大部分能较熟练地吃完一餐饭，可能还是会弄得到处都是饭菜，很多幼儿已经可以熟练地使用筷子进餐了，使用筷子进餐可促进大脑发育，锻炼手指灵活性能，会大大加强幼儿的心理自信程度。此时幼儿已经具备自己洗脸洗手的能力，会穿上外衣，但可能部分幼儿还不会

图20-1　31-33个月帮家长干活

系纽扣儿，或者即使系上了，也常对不齐，这是很正常的情况，家长不要过分的要求。虽然幼儿会穿袜子和鞋，但大部分孩子还不能辨别左右脚，家长需要耐心地教他分辨方法。这个时期的幼儿可以画四方形，并能封上口，但四个角都比较钝，家长不妨试试经常和他一起作画。家长要鼓励幼儿参加家务小劳动，虽然他常常越帮越忙，但还是要爱护他的积极性，并适当地分配给他一些力所能及的工作。（见图20-1）

455. 31 ~ 33个月幼儿运动能力应达到什么水平?

这个阶段的幼儿能一步一步双脚交替上下楼梯，基本不用大人牵着手，所有孩子在此时都可以双脚离地跳来跳去，能从椅子或比椅子更高些的地方往下跳，大部分孩子能够轻松地摆布小三轮车、会抛球、踢球，喜欢荡秋千、滑滑梯、蹦蹦床等运动量比较大的活动。这个时期幼儿已能非常利索地跑步，还能用单脚跳着走，即使端着易碎的东西走路，也不会出事了，家长此时可以带他到游乐场，鼓励他参与跳、踢球、攀登、玩沙、玩泥等各项运动，提高动作能力，尤其是一些有难度的攀登架，要让他自己向上爬，这对于他日后的体格发育非常重要。（见图20-2，图20-3）

图20-2　31～33个月
荡秋千

图20-3　31～33个月
吊单杠

456. 31～33个月幼儿的情感发育到什么水平?

这个阶段的幼儿主要特点是自我意识开始发展。自我意识就是人对自己和自己心理的认识，人由于自我意识的发展，才能进行自我观察，自我分析，自我体验，自我控制以及自我教育等。

自我意识是人的意识的一种表现。人的意识形成是和参与社会生活及言语发展直接联系的，幼儿能够自由活动，可让他广泛参加社会活动，同时又掌握语言，为意识发展创造了条件，自我意识发展，使幼儿作为独立活动的主体参加实践活动，自己提出活动目的，并积极地克服一些障碍去取得吸引他的东西，或做他想做的事，这种积极行动如取得成功，能激起他愉快的情感和自己行动的自信心，从而又促进了他独立性的发展。此阶段的幼儿，喜欢自己做事，自己行动，成人应尊重他独立性的愿望和信心，同时要给予帮助。

当他开始出现的"自尊心"受到戏弄、嘲笑、不公正待遇或在别的孩子面前受到责骂时，可引起愤怒、哭吵或反抗行为，这就是自我意识的发展具有复杂的内容，需要经历很长的过程，在幼儿期只是开始发展，所以家长要顾及幼儿的心理感受，尽量克制自己的情绪，避免情绪波动，这时期提醒家长要注意，幼儿在一边玩耍，如果大人聊天提及到他时，他可能会竖起耳朵听，尤其是听到表扬时，他会有得意的面部表情，这意味着幼儿开始学会自我肯定了。

457. 31 ~ 33个月幼儿认知能力发育到什么水平？

这个阶段的幼儿能够认识5种以上的颜色，顺序是：红、绿、蓝、黄、黑，但并不是所有的幼儿都按这样的顺序，有的幼儿认识颜色还可能更多。这时期如果家长妥善地将正方形、长方形、圆形等形状的概念教给他，那么他在这个阶段认识物体的形状，就没什么问题了，幼儿非常喜欢简单的乐器，尤其爱听乐器发出叮叮咚咚的悦耳声音，所以家长可以利用这个时期好好发掘一下他的音乐天赋。

458. 31 ~ 33个月的幼儿如何合理喂养？

这个阶段的幼儿完全可以和成人一起进餐了，可以丰富他的饮食结构。花生米、瓜子、脆饼干等硬的食物不宜给幼儿多吃，这是由于幼儿的后槽牙长得较晚，即使有些幼儿后槽牙长出来，也要过一段时间才能用力咀嚼花生米等硬的食物，这会引起食物误入气管的现象发生。可以每天给他吃半个苹果，可以帮助幼儿预防龋齿，清除黏在嘴里和牙齿上的食物残渣，帮助幼儿口腔健康。这个阶段的幼儿对零食会非常感兴趣，吃零食有自己的选择性，非常喜欢吃甜食，这时家长可以尝试用水果代替，比如苹果、香蕉、橘子等，要切片或切块，但一定要注意卫生。糕点、蛋糕等由于含糖量较高，最好在下午给幼儿食用，零食安排的时间要有讲究，应在早中饭之间，下午在午睡之后，晚上睡前可适当吃些水果，不应进食难消化的零食，以免影响睡眠，一定要让幼儿养成进食定时定量的习惯，不能让饮食没有节制，要科学合理地喂养。

459. 31～33个月的幼儿日常养护要点是什么？

（1）规律的生活习惯带给幼儿安全感

规律的生活习惯不但有益于幼儿的身体健康，更有助于幼儿心理发展，有规律的生活让幼儿觉得外界是他所熟悉的、了解的、可以掌控的，有助于建立幼儿的安全感。

（2）给幼儿积极的评价

这时期的幼儿非常关注周围人对他的评价，如果听到夸奖或鼓励，他会很开心，如果总是听到指责，他会觉得沮丧，同时丧失自信心，放弃努力。

（3）幼儿太小不宜接触电子产品

荧光屏的辐射对幼儿的眼睛、身体发育都有不良影响，一旦让幼儿沉溺于其中，将来上学都很难自拔，而且幼儿在没有接受规范的教育和理论前，接受网络理论容易产生严重的叛逆心理。

（4）教会幼儿自己动手刷牙

幼儿到了两岁半，20颗乳牙都萌出后，就可以开始教他学刷牙了，刷牙首先要坚持"早晚"刷牙，饭后漱口的好习惯，并注重晚上睡前的那一次，牙齿的3个面（颊、舌、咬合面）都要刷到，每次刷牙要认真、仔细地刷3分钟，家长还可以和幼儿一起选购他专用的幼儿牙膏和牙刷，提高他对刷牙的兴趣。

（5）堆积木开发智力

这个阶段的幼儿用一些小玩具去开发他的智力和动手能力是家长这个时候应该重视的事情，积木助于开发智力，训练孩子手眼协调能力，积木中的排列，接合，环形，对称等都对他的智力有好处，搭积木时，一定要涉及到比例，对称等问题，这就有利于他数学概念的早期培养，更能够让他发挥想象，综合运用多种不同种类的积木共同搭建实物，有利于幼儿的想象力和创造力的培养。

（6）尽早纠正斜视

有斜视的婴儿在3岁以前矫正了斜视，其立体感就能恢复，如果错过这个时机，就会成为永久性的立体盲。

460. **如何培养31～33个月幼儿的社交能力？**

这个阶段的幼儿开始对同龄人产生兴趣，并愿意与小朋友建立友谊，分享玩具，为培养他的社交能力，家长可以在家中举行聚会，邀请小朋友的家长，带着孩子来参加聚会，让孩子们在一起做游戏，可以将他们分成不同的小组，每个小组都要玩积木游戏，看哪一组堆得又快又好，选出几位家长来做裁判，要注意的是，不要因为是自己的孩子，就有任何偏袒之心，一定要秉着客观公正的原则，这样也增加了聚会的趣味性。

461. 如何指导幼儿成为有爱心的孩子？

家长要发掘幼儿的爱心，需要父母为他做好榜样，首先父母要彼此相爱，为幼儿营造一个美好而又温馨的生活环境，其次，要尊敬自己的长辈，尊重并赡养老人能够教育幼儿长大后好好赡养自己的父母，最后，礼遇宾客，不论是什么样的客人，只要是到访做客，父母都要尽待客之礼，教育幼儿为人处世以礼为先。

462. 幼儿撒谎怎么办？

对这个阶段的幼儿来说，现实与幻想的界限还很模糊。家长切不可在这时表现出生气或烦躁，要鼓励他说出来到底发生了什么事，然后向他说明撒谎比他可能做过的任何事情都更加糟糕，让幼儿觉得说出真相并没那么可怕，这样家长就会帮助幼儿把这种小谎扼杀在萌芽状态了，家长同时要学会放手和鼓励，幼儿尝试去做某一些事情的时候，家长的放手是最大的支持，就算他做得还不够好，但来自父母的一句表扬"你真棒！"都能带给他极大的鼓舞，如果幼儿不小心摔倒，但摔得并不严重时，你应该鼓励他自己爬起来，自己拍去身上的土，然后继续向前走，这是一个老被用来举例子的教育方式，可见它的确比较重要，幼儿会有种战胜软弱的成就感。

当幼儿茫然不知所措的时候，家长的示范是最好的指导，没有什么比父母言传身教的力量更强大了，要幼儿去做的事、让幼儿学习的技能，父母也可以参与其中，亲自示范并提供一定的帮助，会让他觉得自己不是孤身一人在探索，还有父母时刻陪伴在自己的身边，幼儿会勇敢地向前冲，表现的积极大胆。

463. 适合31～33个月幼儿的亲子游戏有哪些？

（1）宝宝来讲电视

这个游戏可以让幼儿知道人们某些行为的动机和原因，增强幼儿的语言表达能力。

游戏方法：和幼儿一起看他最喜爱的电视节目，一边谈论电视里发生的事情，侧重谈论角色做某些事的原因。如"看看某某，他正在整理床铺，因为他在离家前必须把房间打扫干净。"鼓励幼儿向你讲述正在发生的事情。

（2）粘粘贴贴真美丽

这个游戏可以培养幼儿的动手能力、想象力和语言表达能力。

游戏方法：事先在纸上画上小房子、云彩之类的东西，让幼儿根据自己的想象，撕下不干胶小贴画，贴在不同的位置上，让他根据自己的想象，涂上颜色，或画一些简单的图形，完成之后，让幼儿讲一讲自己的作品。

464. 如何教幼儿学会对事物共同处总结概括?

家长可根据不同事物之间相同的属性让幼儿概括出一些性质概念，比如，让幼儿寻找麻雀、蜻蜓、飞机等事物的共同点，并引导幼儿说出"他们都会飞"等类似的答案。还可把各种颜色的东西归成若干类，让幼儿从中概括出有关各种颜色的概念，如将白色的鞋袜、手帕、玩具等放到一起，将红色的鞋袜、手帕、玩具等放到一起，问幼儿"这些东西有什么一样的地方啊？"引导幼儿总结出这些东西的颜色。

465. 家长如何教幼儿学会平等交换的小游戏?

刚开始的时候，家长可先充当"另一个幼儿"，拿一个幼儿很喜欢的玩具鸭子，如果幼儿想玩家长的玩具，那么家长不要马上给他，而是说："把你手里的青蛙给我，我就把鸭子给你。"当幼儿主动将自己手里的青蛙交给家长后，家长再给幼儿他想要的鸭子，让他懂得想要得到什么东西，就要付出自己的东西。

带着幼儿和其他小朋友一起玩耍，当幼儿想玩别人的玩具时，家长可让幼儿拿一件玩具与其他的小朋友交换，告诉孩子："把你的小熊给某某，某某会把鸭子给你玩。"看幼儿会不会拿着自己的玩具去交换。这个游戏可以教会幼儿学会用适宜的方式来解决问题，得到自己想要的东西。

466. 家长如何教会幼儿按数目要求拿东西？

这时期的幼儿不但会数数，还能理解数字的意义，在日常生活中家长要经常说出一个以上个数的东西，并让幼儿拿来，以训练他的数字理解能力，例如妈妈和幼儿两人在一起时，可以说："宝宝咱们去拿橘子，妈妈2个，宝宝2个。"看幼儿能否拿来4个橘子。

当一家三口人在一起，妈妈可以说："我们每个人吃1个苹果吧，宝宝去给咱们每人拿1个好吗？"幼儿会知道这是需要3个苹果。

幼儿玩积木时，爸爸可以说："宝宝给爸爸拿2块积木来。"看他是否会拿起2块给爸爸，这时爸爸还可以说："宝宝给爸爸拿1个大积木和1个小积木。"看幼儿会怎么拿，这是在此时期训练幼儿很好的方法。

467. 家长应如何清除掉水果上的农药残留？

将水果洗净后连皮一起吃掉，可以摄取果皮中许多的养分，吃法从单纯的营养价值观上来说是科学的，但是，近年来，为了防止害虫或促进生产，水果和蔬菜喷洒了农药，药物会长期留在果皮和蔬菜上，这样吃水果时，除了洗净就要削皮了，有些水果，如桔子本身就要剥了皮才可吃，但在吃桔子时，也应将皮冲洗净，否则在剥皮的过程中，手上会沾有细菌和农药，再去拿桔子瓣来吃，就很不卫生了，像杨梅和葡萄之类的要先用专用洗涤剂浸泡，再用清水洗净食用，农药是有机化合物，只用水冲洗不易溶解，可用专用洗涤剂将油溶物洗净，再用清水冲洗，桃子因表面有毛，可用盐水刷掉毛，这样才可将果皮洗净。

468. 家长如何避免幼儿被动高盐饮食？

一些家长在给儿童烹饪食物时，常以大人的口味来调剂孩子的日常饮食，让幼儿长期处于被动高盐之中，这对他的健康极为不利。

美国一个医学组织对一些幼儿进行调查发现，吃含盐量过多的食物幼儿有11% ~ 13%患了高血压，此外，食入盐分太多，还会导致体内的钾从尿中丧失，而钾对于人体活动时肌肉的收缩、放松是必需的，钾丧失过多，能引起心脏肌肉衰竭而死亡。当然，适量的食盐对维护人体健康起着重要的生理作用，这不仅因为食盐是人们生活中不可缺少的调味品，又能为人体提供重要的营养元素钠和氯，且能维持人体的酸碱平衡及渗透压平衡，是合成胃酸的重要物质，可促进胃液、唾液的分泌，增强唾液中淀粉酶的活性，增进食欲，因此，幼儿不可缺食盐，但小儿机体功能尚未健全，肾脏功能发育不够完善，没有能力充分排出血液中过多的钠，而过多的钠能滞留体内水液，促使血量增加，血管呈高压状态，于是发生血压升高，心脏负担加重。

469. 过多食用奶糖会对牙齿有哪些损害？

不少幼儿都非常喜欢吃奶糖，而许多家长也投其所好，孩子喜欢吃什么，就买什么，这样做的后果恰恰是害了自己的孩子。

人一生要长2次牙，先长出来的是乳牙，后长出来的是恒牙。幼儿的乳牙骨质比恒牙脆弱得多，最怕酸类物质腐蚀，而奶糖发软发黏，很容易在牙缝里留存，这些残留的糖经口内细菌作用，很快转化成酸性物质，加上工厂在制糖过程中为了促进蔗糖转化，也加有少量有机酸，这样一来，大量的酸性物质就会腐蚀牙齿，使牙的组织疏松、脱钙，形成龋齿。由上可知，家长还是少给小儿吃奶糖为好，而且在吃糖后要漱口、刷牙、以防止糖分残留，最大限度减少残留成分。

470. 家长如何通过饮食调节避免幼儿遗尿？

专家通过对幼儿遗尿病因的研究发现，饮食中牛奶、巧克力和果汁过量是造成一些幼儿遗尿的主要原因，当给这些幼儿停止供给上述食品后，遗尿现象便可消失。专家们分析，这些食品在其体内可以产生一种过敏反应，能使膀胱平滑肌收缩，膀胱容量减少，并可引起膀胱平滑肌的痉挛，同时，这种过敏反应也能加深幼儿的睡眠，使他们不能在产生排尿反射时醒来，因此，对遗尿的患儿，要少吃这类食物。当孩子进入青春期后，对这些食品不会再产生过敏反应，遗尿病症则不治自愈。

471. 家长如何培养幼儿饭前便后洗手习惯？

幼儿到了2岁以后，手的动作比较灵活，这时候可以培养幼儿自己洗手，并告诉他们为什么饭前便后要洗手的道理，幼儿一般也容易明白这样的道理，但幼儿往往坚持不了多久，在这个时候家长要提醒幼儿，只要持之以恒，他就会养成良好的洗手习惯，与此同时，家长应为幼儿准备好肥皂、擦手毛巾，并放在幼儿自己容易取到的地方。有条件的地方应用流动水洗手，这样符合卫生要求，家长还要提醒他，把袖子挽起来，以免弄湿衣服。幼儿从小养成爱清洁、讲卫生的好习惯，可以预防各种肠道传染病、寄生虫病等。

472. 幼儿大便干燥应怎么处理？

大多数幼儿大便干燥不是由疾病引起的，但家长也应注意，以免小小年纪形成习惯性便秘，给他造成终身的痛苦，幼儿大便干燥的原因有几个方面，多数是因不良的饮食习惯，如挑食，偏食，不吃新鲜的青菜，此外食量极少，也可引起大便干燥，还有不规律的排便习惯，运动量过少也是造成大

便干燥的原因。

因此，家长应让孩子多吃青菜、水果，多喝水和多吃些脂肪类食品，多参加体育运动，养成定时大便的习惯，这样大便干燥会好转的。若经常便秘，可在医生指导下服一些中药调理。若幼儿因便干而3～4天都排不出，家长可采取一些临时性措施，如可用小儿开塞露塞入肛门或挤入少量甘油，要注意开塞露开口处应剪得光滑，以免划伤肛门，在挤入甘油后一定要停留几分钟，待幼儿有便意时再排便。如果没有开塞露，可把肥皂头捏成小炮弹状塞入肛门，但这只是在不得已的情况下所采取的方法，在对待幼儿大便干燥的问题上，家长应立足于预防为主，合理喂养，帮助幼儿养成良好的生活习惯，加强体育运动等。

473. 如何培养幼儿午睡的好习惯？

这个阶段的幼儿活泼好动，生长发育也非常迅速，足够的睡眠是保证他健康成长的先决条件之一，在睡眠过程中氧和能量的消耗最少，生长激素的分泌旺盛，这种生长激素的分泌可促进幼儿的生长发育，如果睡眠不足，他就会精神不振，食欲不好，从而影响生长发育。

为保证幼儿的充足睡眠，除了夜间睡眠外，午睡也是很重要的一个方面，因为午睡正好是白天的间隙时间，可以消除上午的疲劳，同时又为下午的活动养精蓄锐。怎样才能培养幼儿的午睡习惯呢？首先家长要合理安排好他的一天生活，使幼儿生活有规律，每日定时起床，定时吃饭，午饭后不让他做剧烈运动，以免过于兴奋，不易入睡。午睡时间的长短因人而异，这个阶段的幼儿一般午睡2～3小时，但注意不要让他午睡时间过长，以免影响幼儿夜间的睡眠。

474. 家长如何坚持纠正幼儿睡觉磨牙的问题？

磨牙动作是在三叉神经的支配下，使咀嚼肌持续收缩来完成的，夜间磨牙对幼儿的发育很不利，一般认为磨牙的原因有以下几种：一是肠内寄生虫病，尤其是肠蛔虫病在儿童中相当多见，由于肠寄生虫能在体内分泌多种毒素，这些毒素和肠寄生虫排出的代谢产物，在幼儿睡觉后可能刺激大脑的相应部位，通过三叉神经而引起磨牙的动作。二是胃肠道的疾病、口腔疾病，或是临睡前给幼儿吃不易消化的食物，这样在他睡觉后都可能刺激大脑的相应部位，通过神经引起咀嚼肌持续收缩。三是神经系统疾病，如精神运动性癫痫、癔病等，以及小儿白天情绪激动、过度疲劳或情绪紧张等精神因素，都可以使大脑皮层功能失调而在睡觉后出现磨牙动作。有些幼儿因磨牙时间较长，虽经相应的治疗，但因大脑皮层已形成牢固的条件反射，因此夜间的磨牙动作不会立即消失，特别是胃肠病虽有好转，但胃肠功能紊乱依然存在，所以磨牙动作不能在短时间内纠正过来，必须坚持较长时间的治疗才能好转。

475. 什么是幼儿积食?

积食是指中医的一个病症,主要是指幼儿饮食过量,损伤脾胃,使食物停滞于中焦所形成的胃肠疾患。积食一病多发生于婴幼儿,主要表现为腹部胀满、大便干燥或酸臭、矢气臭秽、嗳气酸腐、肚腹胀热,食积日久,会造成小儿营养不良,影响生长发育。积食时最好让小儿适量做运动,吃一些清淡的食品。

476. 家长应如何发现幼儿是否是积食?

积食的幼儿往往会出现食欲不振、厌食、口臭、肚子胀、胃部不适、睡眠不安和手脚心发热等症状,甚至引起发烧,幼儿在睡眠中身子不停翻动,有时还会咬咬牙,就是所谓的食不好,睡不安。幼儿大开的胃口又缩小了,食欲明显不振时,表现为舌苔白且厚,还能闻到呼出的口气中有酸腐味。

如果幼儿出现上述症状,那就是积食的表现了,积食还会引起恶心、呕吐、食欲不振、厌食、腹胀、腹痛、口臭、手足发热、皮色发黄、精神萎靡等症状,家长需要认真观察,及早就医。

477. 幼儿如果发生了积食应该怎么办?

(1)俗话说:"要想小儿安,三分饥和寒",意思是说要想幼儿不生病，就不要给他吃得太饱、穿的太多，无论是哪一种食物再有营养也不能给他吃得太多，否则不但不能使他健康，反而会造成"积食"，从而给身体带来不同程度的损害。家长可以通过调整饮食来恢复，给予清淡饮食，如果是长期消化不良导致的积食，幼儿体内的菌群会失调，建议服用一些儿童的益生菌进行调整，中成药也是不错的选择，如果口服药以后效果不是很佳，建议尽快带幼儿到医院就诊。

（2）折叠按捏疗法

让幼儿面孔朝下平卧，家长以两手拇指、食指和中指捏其脊柱两侧，随捏随按，由下而上，再从上而下，捏3～5遍，每晚一次，足底心即是涌泉穴，家长以拇指压按涌泉穴，旋转按摩30～50下，每日两次。

（3）坚持户外运动

让幼儿做户外活动，天气冷的话，可选择太阳好，风轻的时候，每天让他出去活动半小时到1小时，吃完饭后，带着他温和地散步半小时到1小时。

478. 如何为31～33个月的幼儿选择合适的玩具？

我们都知道智慧来源于指尖，这正所谓心灵手巧，而通过让幼儿玩玩具就可以达到这样的目的。这个阶段的幼儿还不能自己挑选玩具，买什么样的玩具多是由家长做主，这时家长就要知道一件适合这个阶段幼儿的玩具都应该具备一定的功能，要么能够刺激幼儿的思维，要么能够开发幼儿的潜能，要么能够培养幼儿的动手能力，才能适合这个阶段幼儿智力的发展。特别是对2～3岁的幼儿，是以尝试错误法获取知识的时期，家长都希望幼儿自己能够来选择各种各样的玩具，并自己动脑筋想办法玩，比如，玩堆沙的时候可以有铁锹和铅桶、绘画用的蜡笔，总之，这阶段的幼儿选择玩具应该偏重于锻炼智力。

479. 如何培养31～33个月幼儿的生活自理能力?

这阶段有一部分幼儿已经会帮助家长做一些家务了，对于自理方面，已经会自己洗手绢、刷牙，这些都是持续锻炼的结果，有些时候小家伙虽然常常帮倒忙，但家长还是要爱护他的积极性，并适当地分配幼儿做一些力所能及的工作，这会让幼儿感到自己的重要性，还能调动幼儿对劳动的热情。家长可以根据幼儿的年龄特点来培养幼儿的自我服务技能。培养幼儿生活自理能力不是一朝一夕就能完成的，家长要从生活的小事中开始培养，注意持之以恒，幼儿刚开始劳动时，往往做得很慢，有时甚至"闯祸"，家长不要因此就不让他动手，而要给他示范正确的动作，耐心教他们怎样做，鼓励他坚持劳动，养成习惯。对于正确的自理行为要及时地鼓励，错误的行为要耐心地给予帮助。家长也可采用多种形式，形象地教幼儿学习各项生活、劳动技能，通过讲故事，形象的教幼儿学习做简单的事情，也可以通过游戏来调动幼儿的积极性。

480. 冬季如何护理幼儿的嘴唇?

冬季气候寒冷干燥,嘴唇与其他部位的皮肤一样容易干裂,嘴唇干裂后,幼儿往往喜欢用舌头去舔,形成恶性循环而引起皮炎,医学称为舌舔皮炎,而且由于反复的唾液浸渍,引起唇周皮肤炎症,出现红色小斑疹,皲裂,最后形成黑褐色的色素沉着。家长要适当多给幼儿喝水,补足维生素A、B族维生素,如已经发生干裂者,要制止幼儿用舌头舔吮嘴唇,严重时要立即就医。

481. 冬季如何护理幼儿的小手?

冬季空气干燥,气温低下,与幼儿体温相差较大,容易引起幼儿皮肤失水,进而导致皮肤起皱、发红、脱屑,甚至出现裂口,幼儿要注意补水,以白开水为妙,少喝果汁型饮料,一旦小手皲裂了,可先把小手放入温水中浸泡几分钟,待皲裂的皮肤软化后,再用无刺激的香皂洗净污垢,擦干后涂上护手霜,同时要让他多吃新鲜果蔬。

482. 家长如何为幼儿选购护肤品?

(1)挑选幼儿专用产品

成人润肤产品对幼儿而言,不但针对性不强、不合适,还可能含有一些激素和抗衰老成分,非常不利于幼儿的健康。

（2）看清产品成分

不少家长对护肤品说明书上的"精华"、"活性成分"等词汇不了解，其实，幼儿护肤品有个特点，就是成分比较简单，不会出现太多陌生的字眼。如果有重点推荐的某个成分，就要关注一下它是否为油性的（比如维生素E、脂溶性氨基酸等），如果是，说明针对性强，对幼儿皮脂膜有一定补充作用，效果也会比较好。

（3）重点阅读产品使用说明书

幼儿皮肤娇嫩，每次使用新的润肤品前，家长都要先看清楚说明书，看看有无含曾经引起过敏的成分，如果不太确定，最好先在幼儿皮肤上小范围地试用两次，然后再全身使用，另外，还要留意一下产品的保质期。

（4）注意涂抹的技巧

给幼儿搽润肤用品时，裸露在外的皮肤由于水分蒸发较大，要多涂点，皮脂腺分泌少的四肢两侧、手足等处，可以稍微涂厚一点，多涂几次，其他部位可薄涂，以便皮肤通畅地呼吸。

483. 什么是幼儿过敏性鼻炎？

由于过敏引起的鼻部黏膜发炎，症状表现为流鼻涕、鼻部瘙痒、鼻塞等，与感冒症状表现非常相似，但是没有发热、咳嗽、喉咙疼痛，短期内不会好转，幼儿如果出现流鼻涕、鼻塞等症状，很难判断是否为过敏性鼻炎，只有等到2岁后才能系统检查后确诊，常见的过敏原有蜱螨、灰尘、宠物的毛、皮屑、花粉等，如果是花粉引起的过敏性鼻炎、过敏性结膜炎都可以称为花粉症，此种过敏反应常常是过敏原第二次进入体内才出现症状，持续流透明水状鼻涕、打喷嚏、鼻塞，幼儿还不太会用口呼吸，如果鼻塞严重就会感觉呼吸困难，还会影响睡眠，幼儿如果鼻子感觉到痒可能还会伴有擦拭鼻子的动作，眼部出现瘙痒或充血的现象。

484. 幼儿患过敏性鼻炎家长应该怎么办？

首先是要去医院确诊，医生如开一些减缓症状表现的抗过敏药物、抗组胺的口服药，家长一定要按照用法用量谨遵医嘱给幼儿服用，治疗的同时一定还要注意保持周围环境的整洁，主要是清除干净可能成为过敏原的壁虱、灰尘，还要经常晾晒被褥，因为被褥里可能存留灰尘或蜱螨的尸体，清洁时最好使用吸尘器，另外在室内摆放空气净化器也能减少空气中飘浮的过敏原。

在饮食方面，禁食以下食物，如含咖啡因饮料、乳制品、蛋、燕麦、牡蛎、花生、鲑鱼、番茄、小麦等，多吃含维生素C及维生素A的食物，如菠菜、大白菜、香菜等暖性食物。

485. 如何预防过敏性鼻炎呢？

（1）首先家长需要了解幼儿对什么过敏，然后远离过敏原。过敏原并不一定是特定的物质，我们身边的食物、灰尘都可能称为过敏原，虽然我们的肉眼看不到，但是却在空气中飘浮，通过鼻、口的呼吸进入体内，除此之外，比较常见还有特定的食物过敏以及对于宠物的皮屑过敏。

（2）避免灰尘及有害气体的长期刺激，积极防治急性呼吸道传染病。

（3）最好不要让宝宝亲近猫、狗等宠物。

（4）室内保持适宜的温度和湿度，保证空气流通。

（5）在花粉播散的季节，不带幼儿去花草树木茂盛的地方。

（6）从夏天开始给幼儿用冷水洗脸，提高身体对外界气候变化的适应能力和抵抗力。

（7）避免给幼儿吃辛辣食物、烹炸食品及海鲜，少喝含碳酸的饮料。

总之，充分注意食物的选择、保持皮肤清洁，减少环境周围可能引发过敏反应的过敏原都可以有效预防过敏性疾病。

三十四至三十六个月

486. 34 ~ 36个月幼儿体格发育的正常值应该是多少?

男孩：体重12.55 ~ 13.13kg，身高90.3 ~ 91.9cm。

女孩：体重12.1 ~ 12.68kg，身高88.45 ~ 90.69cm。

487. 34 ~ 36个月幼儿智能应发育到什么水平?

这个阶段的幼儿现在爬高下低，跑跑跳跳都非常熟练，已经成了一个小小的运动专家，而且，幼儿开始迷恋用"健身器材"，这个健身器材可和大人的不一样，幼儿是很有创意的，妈妈或爸爸的一双大鞋，他把小脚丫往里一塞，就能玩的兴高采烈。锤子、剪刀都要用一用，拖把、扫帚都要试一试，破坏东西一流高手，不会修理却有修理整个地球的愿望，捏橡皮泥、折小飞机、拼七巧板、玩电动玩具……一切都不在话下。幼儿的空间感提高很快，能成功地把水和米从一个杯中倒入另一个杯中，而且很少撒出来。可以用积木搭成复杂的结构。

488. 34 ~ 36个月幼儿语言发育能力应达到什么水平?

这个阶段的幼儿基本上掌握了口语的表达，提问会变得更全面，对新鲜事物的探索精神常让家长疲于应付，他会完成从爱问"为什么"到"怎么样"的转换，说明此时幼儿的求知欲更加强烈，那么家长则需要拿出自己最大的耐心为幼儿提供准确的答案。3岁以后的幼儿开始逐渐向连续性语言发展，能离开具体情景表述一些意思了，3岁以后，幼儿的思考就渐渐不直接说出来了，他会静静地思考，并作出某作决定和行动。

489. 34～36个月幼儿身体发育技能应达到什么水平?

这个阶段的幼儿眼、手、脑的协调能力也进一步增强，可以用剪刀剪碎纸，握笔时懂的用左手按纸，并能画出圆形和四边形，能自己吃饭，会自己穿衬衫，双手能合作系扣子，并分清左右。而且吃饭时幼儿已经会摆饭桌了，能帮着擦干净桌子，并放上几个人用的碗筷。部分幼儿现在开始学用剪刀、按划线剪，会将纸剪开小口或剪成纸条，会将纸对折成三角形，幼儿还能把馒头或面包一分为二，总之，他现在会的技能越来越多了，需要家长的帮助也逐渐减少了。

490. 34～36个月幼儿运动能力应达到什么水平?

这个阶段的幼儿的各项运动能力都有发展，他可以接住从1～2米处抛过来的球，家长可以继续锻炼幼儿单足跳跃，左右都可以，此时的幼儿走路时像大人一样摆动双臂，能够跳过10～15厘米高的纸盒，由于运动能力非常强，运动量大，幼儿的肌肉变得非常结实有弹性，他已具备良好的平衡能力，家长可以经常带他玩秋千、翘翘板和滑梯等，这些都能提高幼儿对自己身体的信心。

491. 34 ~ 36个月幼儿的情感发育到什么水平？

父母或看护人的态度，会给幼儿留下深刻的影响，尤其是在3岁前，这种影响非常重要，性格开朗、豁达、宽容、富有爱心的父母或看护人，会让幼儿拥有稳重、自信的品格，如果父母或看护人心胸狭窄、斤斤计较、怨天尤人，就算对幼儿同样精心照料，仍可能会使他形成多愁善感、神经敏感的性格，父母和看护人性格怎样，人品怎样，怎样对待幼儿，都深深地在幼儿人格发展的道路上留下印记，甚至影响他一生的发展轨迹，如果父母总是向幼儿发脾气，幼儿就会把发脾气"看成是一种敌视，他就会相应地养成用敌视"的眼光看待世界的，如果父母总是否定幼儿，批评话语不断，他就会对自己产生怀疑，缺乏自信。

快3岁的幼儿喜欢独立做一些事情，他们的感情很丰富，对待父母比以前体贴和乖巧多了，他特别想为大人做点事，但往往成事不足，败事有余，父母不妨给他们提供一些机会好好表现，比如让幼儿自己穿脱衣服、上厕所、自己吃饭、收拾玩具等，总之让他从一些力所能及的事情做起，不断地增长自己的自信心，再挑战有难度的事情，那么他的心理状态就会很健康地去接受成功与失败了。

492. 34 ~ 36个月幼儿认知能力发育到什么水平？

快3岁的幼儿思维能力有了很大提高，他常能触类旁通，比如说起熊猫，他会联想到熊猫是国宝，它的食物是竹子，在动物园曾经看到过等，家长经常与幼儿做一些联想的游戏可以开发他的想象力，锻炼其思维的活跃性，幼儿虽然知道自己是女孩还是男孩了，不过这种认识还仅停留在女孩与男孩的生理差异上，当他看到小朋友手中的饼干比他的多，他马上就会意识到自己比小朋友的少，这就证明幼儿已经有了很明确的多与少的概念。幼儿此时开始喜欢将他的年龄、生日、电话号码等数字告诉周围人，对数字表现出浓厚的兴趣，利用这一发展特点，家长可以教幼儿学习数学了，培养他对数学的敏感，有的幼儿可完整地画出人的身体结构，虽然比例不协调，但是基本位置已经找准了，幼儿记忆力这时候会很好，尤其是短暂记忆，会经常描述刚刚发生的事。

493. 34 ~ 36个月幼儿社交能力发育到什么程度？

这个阶段家长可以开始教幼儿社交基本礼仪了，这不仅是礼貌的行为和用语，还是一种正确的为人处事的方法，并且要求无论是在家中还是外面，都要保持一致的原则，幼儿渐渐变得更独立了，对其他小朋友也更加放得开，开始出现不自私的意识，会与好朋友建立牢固的友谊，为人变得更慷慨，这时家长就要教会幼儿交往用语、交往技巧，了解一些行为规则了，要让他尽早懂得做人必须诚实，当孩子承认错误时，首先要奖励他的诚实，千万不要因为幼儿诚实认错而惩罚他。

494. 34 ~ 36个月的幼儿如何合理喂养？

3岁左右的幼儿正是长身体的时候，为了维持幼儿的正常生理功能和满足生长发育的需要，每日必须供给幼儿六种人体不可缺少的营养素，例如蛋白质、脂肪、碳水化合物、矿物质、维生素和水。

这个年龄的幼儿有可能患上便秘，家长需注意不要给他吃太多的奶制品，而水果、蔬菜和水的摄入相对不足，如果此时幼儿排便的时候感觉疼痛，大便干结或有一到两天的时间没有排便，应立刻改变他的饮食结构。

一些幼儿习惯边吃边玩，还有的喜欢边吃边看电视，这些不良进餐习惯都易造成幼儿吃饭分心，影响食欲。有的幼儿吃饭中间会离开桌子跑一圈再回来，只要他马上回来，是允许的，但千万不要追在孩子后面喂饭。

幼儿由于运动量大增，家长要特别注意肉类蛋白质的补充，鸡肉、鱼肉、鸡蛋的营养价值很高，营养丰富，当然，正餐还要多食谷类食物，除了米饭、面条外，可以给幼儿吃带馅的包子和饺子、云吞等，幼儿在补充能量的同时，也可以享受多样的食物。另外，依然要避免给幼儿食用油炸的食物和刺激性的食物，以免影响幼儿的正常发育和消化系统，要防止垃圾食品对幼儿健康的侵害，全麦饼干和低温烘烤的饼干幼儿可以吃，但是香肠、火腿、冰激凌、烧烤食品、可乐、罐头鱼等都是垃圾食品，会损害幼儿的健康，尽量不让幼儿吃。

495. 34～36个月的幼儿日常养护要点是什么？

（1）这个阶段的幼儿现在有可能经常对着布娃娃或者其他物品嘟嘟囔囔说个不停，家长不必担心，这是幼儿语言发育过程中的一个过程，随着幼儿语言能力，思维能力的不断发展，这种现象会减少，直至消失。

（2）要时刻注意幼儿安全，现在幼儿快要3岁了，他比以前更好动，家长可能需要把一些东西放进碗橱或安装一个楼梯安全栏等，这些都是很必要的。要经常检查幼儿的汽车安全座椅是否还适合他的尺寸、安装是否牢靠等等。

（3）3岁大的幼儿通常每天需要睡12小时，其中晚上要睡10～11小时，白天睡1～2小时，3岁幼儿日间小睡的差异比起2岁的幼儿要大很多。

（4）3岁时幼儿乳牙已经全部长齐了，这个时候幼儿的口腔中有20颗乳牙，从龋齿的发病来讲，上前牙是比较多发的，到了3岁就开始出现后牙的龋齿了，所以这个过程中家长除了刚才说到一个是口腔刷牙习惯的养成，另外，要鼓励幼儿自己刷牙。

（5）家长要注意了，不要过早地给孩子戴上近视眼镜，他可能仅仅是假性近视，作为家长的你要多关注幼儿的视力情况，做好预防工作，多让幼儿休息，保证他充足的睡眠时间，多带他去室外做做有氧运动，这样可以提高幼儿的身体素质和抗疲劳能力，保持健康的视网膜视力，当然也别忘了，纠正幼儿的不良用眼习惯也很重要，允许幼儿看电视时，幼儿的眼睛要与电视机保持一定的距离，同时要注意限制时间。

（6）这个时候的幼儿会出现攻击行为，他会动手打比他小的孩子，甚至也会打比他大的孩子，同龄的孩子之间冲突相对小一些，面对幼儿的攻击行为，家长要正确地教育孩子。首先，不管是什么事情，家长都要告诉孩子攻击行为是一种错误的行为，其次，要跟幼儿说明道理，也许是对方的错才导致孩子打人，但是要学会谦让，同时也要教育另一个孩子，两个人一起玩时，要开心和睦，不可随便起争执。家长在处理孩子间的争执时，尽量要公正合理，不要偏袒任何一方。

496. 34～36个月年龄段的幼儿有哪些体检项目？

幼儿3岁了，要去医院进行第十次体检，体检项目包括：称体重、量身高、量头围、验视力、口腔检查。

温馨提示：幼儿乳牙20颗已出齐，要注意龋齿和牙龈发炎。

3岁还需要给幼儿接种流脑疫苗（第三剂）。

流脑疫苗：按照最新扩大免疫程序规定，流脑疫苗接种4剂，第3、4剂次为加强免疫，用A+C群流脑疫苗，3岁时接种第3剂。A+C群流脑疫苗接种后，可使机体产生体液免疫应答，用于预防A群及C群脑膜炎球菌引起的流行性脑脊髓膜炎。A+C群流脑疫苗一般用于2周岁以后的儿童或成人，2岁以下儿童接种流脑疫苗不得使用A+C群流脑疫苗。规格为每安瓿小瓶100μg（1人用剂量），含A群及C群多糖各50μg。

497. 34～36个月年龄段的亲子游戏有哪些?

（1）变颜色

家长可以让幼儿先好好观察一下自己，然后让他闭上眼睛，说出家长所穿戴的衣帽鞋袜是什么颜色的，家长也可以闭上眼睛，说出幼儿所穿戴的衣帽鞋袜的颜色，参与到游戏中来，把这个变成亲子游戏，可以激发幼儿对这个游戏更大的兴趣。

（2）找物品

家长可以拿出五个不同的玩具或者常用物品，当着幼儿的面把它们分别藏在不同的角落里，一声令下，让幼儿将这些物品一一找出来；也可以让幼儿把物品藏起来，家长要假装找不出来最后的一两件，让幼儿自己找出来。这个游戏既可以锻炼幼儿的记忆力，还能让幼儿增强方位空间感。

498. 34～36个月的幼儿还尿床怎么办?

对待3岁了还尿床的幼儿，家长究竟应该怎么做？建议家长们别把尿床当大事，也千万不能忽视行为训练，孩子尿床后，应该尽快为他换上干净的床褥和衣物，并可在帮他做清洁时小声、温柔地告诉他："长大了，不该尿床了哦！"切勿在其他孩子面前指责孩子尿床，如孩子在集体生活中尿床，或在老师进行教学活动时总是憋不住想小便，家长则可先与老师进行沟通，让老师告诉孩子，想小便的时候可以举手，老师会同意让他如厕，尿床幼儿的家长还应注意在日常生活中的行为训练和作息调整，如晚饭后减少喝水，不喝含有咖啡因或具有利尿作用的饮料，每天为孩子做一个小记录，如孩子这几天没有尿床，父母就应给予奖励，午睡中或半夜把孩子叫醒如厕，但不要将尿盆放在床的附近，要让他多跑几步上厕所，这样有助于他调整生物钟。

499. 家长如何指导幼儿穿套头衫？

这个阶段的幼儿简单的衣服已经可以自理完成穿脱了，家长可以增加难度，训练他自己穿套头衫了，穿套头衫时，要先教幼儿分清衣服的前后里外，领子上有标签的部分是衣服的后面，有兜的部分是衣服的前面，有缝衣线的是衣服的里面，没有缝衣线的是衣服的外面，然后，再教幼儿穿套头衫的方法，先把头从上面的大洞里钻出去，然后再把胳膊分别伸到两边的小洞里，把衣服拉下来就可以了，教幼儿学扣扣子时，家长要先告诉幼儿扣扣子的步骤，先把扣子的一半塞到扣眼里，再把另一半扣子拉过来，同时配以很慢的示范动作，反复多做几次，然后让他自己操作，进袖子时，可以说"宝宝的小手要钻山洞了"，慢慢地，幼儿就会自觉地把胳膊伸进去了。

500. 家长如何指导幼儿正确上厕所？

这阶段家长要让幼儿学会使用蹲厕，大部分幼儿园或其他公共场所的卫生间是蹲厕，使用蹲厕的方法和使用坐便器不同，因此，需要对幼儿进行蹲厕训练，家长要从心理上鼓励幼儿独立正确大小便，比如，对他说："你也是大孩子了，要学会自己尿尿，不然会被笑话。"幼儿有了动力自然学得快，便后擦洗是必须养成的卫生习惯，3岁的幼儿，一般也还做不到自己完全擦干净，所以需要进行专门训练，家长可以先将手纸撕下来叠成小方块，教他在肛门边多擦几次，注意告诉幼儿尽量不要让手碰到，也不要使太大的劲，以防将手纸弄破。

501. 儿童视力发育与饮食有关系吗?

专家们曾对患有不同程度近视眼的儿童做了检测，发现他们血清中的锌含量均低于视力正常对照组儿童，这说明体内缺锌对视力有影响。

不少幼儿平时只吃一些精制食品，对粗米、粗面却闭口不吃，这就会对视力产生不良影响，因为只吃精制食品，会导致体内微量元素铬缺乏，使胰岛素调节血糖的功能受制约，血浆渗透压随之升高，促使晶状体和眼房水的渗透压上升，导致屈光度改变而损害视力，体内铬元素的不足，还会妨碍蛋白质与脂肪的正常代谢，尤其是影响了氨基酸的转运，使血液胆固醇升高，加速动脉硬化、高血压等病变的进程，而这些病变对视力均有一定影响。

特别是不少幼儿喜吃甜食，而吃糖过多会对视力造成危害，原因是糖属酸性食物，它在代谢过程中，会消耗大量的碱性物质，那就是钙与维生素B$_1$，体内钙不足，会使血液渗透压降低，导致晶状体和眼房水渗透压改变，当眼房水的渗透压低于晶状体的渗透压时，眼房水便会通过晶体囊涌入晶状体内，促使晶状体变凸，屈光度增加，造成视力下降，而维生素B$_1$缺乏，也会促使近视眼的发生。

由此可知，幼儿偏食可致视力障碍，所以一定要使儿童的日常膳食合理搭配，食物应多样化，干稀搭配，粗细结合，适当多吃些富含钙、锌、铬及维生素B$_1$的食物。

502. 什么是幼儿弱视？

凡眼部无器质性病变、矫正视力低于0.9者称为弱视。弱视是眼科临床常见的幼儿眼病，婴幼儿时期，由于各种原因如知觉、运动、传导及视中枢等原因未能接受适宜的视刺激，使视觉发育受到影响而发生的视觉功能减退的状态，主要表现为视力低下及双眼单视功能障碍。

503. 治疗幼儿弱视的常用方法是什么？

弱视首先要配戴合适的矫正眼镜，矫正屈光不正。遮盖健眼，强迫弱视眼注视并且进行精细工作，用过矫或欠矫镜片以及每日滴阿托品的方法压抑健眼功能，用620～700nm波长的红胶片贴在旁中心注视眼的镜片上。弱视治疗的最佳时机是2～6岁，一般12岁以上患儿治疗困难，视力很难提高，这是因为2～6岁是婴幼儿的视觉敏感期，所以治疗效果最好且容易巩固。

504. 家长如何培养幼儿劳动的能力?

这阶段的幼儿喜欢和家长
一起做某件事,大人可让幼儿
充当小助手,只要是没有什么
危险的事情,都可以让幼儿动
手参与,这样可给幼儿带来劳
动的快乐,也可锻炼其动手能
力,在充当小助手中幼儿能学
会许多基本的劳动技巧及其他
的知识,养成爱劳动的习惯,
感受到自己长大了。

图 21-1　34 ~ 36个月推购物车

在超市或自选市场里,家长可让他认识各种商品,给他简
单介绍生活常用品,让他自己选一两种食物或其他的东西,增
加他的兴趣。这都会让幼儿无形中学到许多知识,这些知识能
在他以后的实际生活中发挥很大作用。(见图21-1)

505. 生活中需要给34 ~ 36个月幼儿额外增加营
养品吗?

幼儿的生长发育是各种营养素共同作用下的平衡发展,
幼儿若平日不挑食、偏食,能达到饮食的平衡,不会缺少某

种营养物质，更不会造成对某种营养品的缺乏症，若饮食结构、喂养和育儿的方法不当则会导致某些营养缺乏症，如精米精面引起的维生素B_1缺乏症，水果、蔬菜缺乏引起的维生素C缺乏症，以及缺乏维生素D引起的佝偻病，缺乏钙质引起的发育不良，这样的情况应在医生的指导下调整饮食结构，改变不当的喂养育儿方法，如粗细粮的合理搭配，冬天应多晒太阳等。

真正需要添加某一种营养素时，应在医生指导下对症下药，要明确缺什么，补什么，补多少等，应当明确营养素是不能等同于食品，而且市场上许多营养素是不合格产品，有的甚至含有激素，所以家长在选购时要认真挑选，以防破坏了幼儿的正常发育。

506. 家长应该如何培养34～36个月幼儿的社交礼仪?

快3岁的幼儿，家长带他出门的机会会越来越多，教他一些合适的礼仪，让他的举止变得落落大方，将是一项重点的工作了。

（1）微笑也是一种礼貌

如果不知道与陌生人如何讲话，微笑会非常有作用，鼓励他多在家人面前、熟人面前笑，让幼儿知道微笑是向人表示友好的一种方式。

（2）说话要说文明话

父母在和幼儿说话时要说礼貌用语，这样幼儿就能在学说话的第一时间内，接受礼貌用语，比如接受了别人的帮助或礼物时，应该说"谢谢"，需要或希望得到别人的帮助，要跟人家说"请"等。

（3）"爱"上打招呼

带幼儿外出，如果见到熟人，要主动跟对方打招呼，这样幼儿也会学着跟人打招呼，久而久之，他见了熟人就会自觉地打招呼了。

（4）学会倾听，学会等待

家长可以告诉幼儿，在家人讲话或和客人谈话时，可以安静地听，如果有事要说，可先等别人说完自己再举手，或以目光示意，得到允许后小声说出自己的想法。

（5）做个热情好客的小主人

有时亲戚朋友来家作客，父母要在客人来之前，告诉他见面后的一些基本的问候，参与迎接，如果有小朋友来，提醒幼儿主动拿出自己的零食、玩具、图画书等，和小朋友一起分享。

507. 家长如何培养34～36个月幼儿的坚强性格？

坚强的性格不是一朝一夕培养起来的，必须从幼儿抓起，只要家长引导得法，坚强的性格就一定能够培养起来。要探究幼儿性格之所以会软弱的成因，克服性格软弱的缺陷，家长对他的教育有着不可推卸的责任。

（1）过分的关怀造成孩子的软弱

经常看到一些幼儿在上幼儿园或妈妈上班时哭闹不止，原来，妈妈自己那种恋恋不舍、反复叮嘱和犹豫不定的言行，使他知道了"妈妈不忍离去。"

（2）不适当暗示、恐吓造成孩子的软弱

幼儿在雷电交加的晚上，正安静地睡在自己的床上，妈妈惊慌地把孩子抱在怀中，他会从妈妈惊恐的神情和雷电的环境中学会了害怕闪电。

（3）不适当的表扬造成孩子的软弱

表扬是对行为的鼓励和肯定，它起到心理强化的作用，不适当的表扬使幼儿的行为向不良发展，使之定型，久而久之，影响终身，要改变懦弱的性格，需要一番巨大的周折和刻苦的心理锻炼。

508. 家长如何培养幼儿大胆地去做事？

父母教育孩子，一是在幼儿未成熟期加以保护，这种保护应随着他的发育成长越来越少，二是要促进幼儿能够单独生活、早日适应社会，这种促进应随着他的成长越来越多，千万不要凡事包办，促成幼儿胆小怕事的依赖性心理。

（1）鼓励幼儿大胆地说话

一些内向软弱的幼儿不喜欢过多地说话，对这种孩子，父母应尽量少讲："你必须这样或那样做"之类的话，而应多讲"你看怎样办？""你的想法是什么？"之类的话，给他一个独立思考并发表自己意见的机会。

（2）应鼓励内向幼儿与社会打交道

有些内向的孩子到3～4岁后，只习惯于同自己熟识的人待在一起，与社会上的人打交道时会产生一种潜意识的惧怕。

因此，父母在孩子小时就要培养他们处世的能力。

（3）帮助孩子增强信心

幼儿有害怕情绪时，父母不应该嘲笑或处罚他们，如果幼儿害怕去幼儿园，家长可以提前带他去参观一下教室，让他适应新的环境。

509. 幼儿多大年龄上幼儿园最合适？

专家认为，幼儿在两岁半到三岁比较适合开始上幼儿园，因为两岁半的幼儿的身体免疫力已经有所增强，对于进入新环境和改变作息习惯不会感到焦虑和身体上产生不良反应，他们已经有足够强健的身体应付这些环境的改变。

而且这个时候幼儿经过了一段时间的培养，已经具备了一定的独立能力，幼儿的智力，理解能力和语言表达能力也都达到了一定的水平，同时两岁多的幼儿，主动探索的需求非常大，幼儿园提供的家庭之外的探索环境，正好可以满足他的探索心。

510. 幼儿上幼儿园有哪些好处？

幼儿上幼儿园不仅能够满足他对世界的好奇，也可以促使他探索新知识、新事物，同时还能学会与人相处，让他变得更乐观，幼儿上幼儿园的年龄主要应考虑身体免疫力、自身能力、自身探索能力是否都能够满足。

511. 家长如何帮助幼儿适应幼儿园生活?

家长可以提前带孩子到幼儿园走一走,熟悉一下环境,并提前让他结识一些将要一同入园的小伙伴,这样能让他对幼儿园有初步的了解,降低对幼儿园的排斥感,从而帮助幼儿更好地适应入园生活。家长要和幼儿多讲讲幼儿园的事情,他可能还不清楚幼儿园是什么,家长最好用自己的例子说说自己上幼儿园的事情,尽量讲些温馨的,不要给幼儿压力。平时可以带幼儿到他即将要上的幼儿园门口走一走,让他熟悉下环境,听听里面孩子们的欢笑声。

上幼儿园是幼儿第一次离开家庭,参与到另一个"小社会"开始生活,所以培养他的独立性很重要,因为在幼儿园的时间他是相对独立的,没有一对一的照顾。多带幼儿出去,让他结识一些新的小伙伴,还可以让他带小伙伴到家里做客,让他当个小主人,这对于他以后幼儿园的集体生活很有帮助。

512. 幼儿具备哪些自理能力才可以正常在幼儿园生活?

(1)一般的幼儿园老师是不会喂小朋友吃饭的,所以上幼儿园前要锻炼幼儿自己吃饭,而且还要让幼儿自己学会喝水。

(2)要上幼儿园了,不能再给幼儿把屎把尿了,因为在幼儿园他得自己解决大小便的问题,所以要在上幼儿园前训练好宝宝大小便的能力。

（3）幼儿园的小朋友很多，老师顾及不到那么多孩子的需求，所以幼儿一定要自己学会穿衣服。

（4）为了让幼儿能够适应幼儿园上学放学时间，最好提前就开始配合幼儿园的作息时间，给他制定一个新的作息规律，以免入园的不适应。

（5）幼儿即将要进入集体生活了，小伙伴都和自己年龄差不多，要怎样和小伙伴相处融洽，这就是幼儿的社交能力问题了，如果幼儿太内向、胆小，或者太霸道，都会让他在幼儿园的集体生活不愉快，所以培养幼儿的社交能力很重要。

（6）幼儿园的集体生活会有许多规矩纪律，例如上厕所要排队，外出要列队行走等，这些都是规则纪律，幼儿在家里一般都是集万千宠爱与一身，没有约束，也不懂什么是纪律和规则，所以在入园前要在家里给幼儿定一些小规则，例如吃饭前一定要洗手，起床后要自己叠好自己的被子等。

513. 家长哪些行为不利于幼儿适应幼儿园？

孩子上幼儿园是一个很大的转折，这是他第一次长时间离开家长，也是家长第一次把孩子长时间放到一个集体的不属于家庭的环境中，这对于双方都是一个转折，也需要一个适应的过程，但在这个过程中，除了幼儿自身因素，家长的表现也至关重要，所以需杜绝以下行为：

（1）态度不坚决

家长看到幼儿上幼儿园的时候哭闹，就会心软，然后答应他第二天再去，其实这样是非常不利于幼儿适应幼儿园生活的，他迟早要上幼儿园的，家长这样心软反而推迟了适应进度。

（2）恋恋不舍

送幼儿去幼儿园的时候，有些家长会自己先表现出非常不舍的样子，抱着孩子不放，激起幼儿上幼儿园的不良情绪，又加长了他的适应周期，家长送幼儿上幼儿园的时候，应该给他制造一个愉快积极的氛围，例如跟孩子说："今天第三天上幼儿园了，宝宝真棒！"

（3）问消极问题

很多家长在幼儿上完幼儿园回家时会问："老师批评你没有啊？"，"有没有小朋友欺负你啊？"，"饭菜有家里的好吃吗？"等让幼儿觉得幼儿园没有家里好，幼儿园是不好的地方的想法。

514. 幼儿应知道的消防安全常识有哪些?

首先，家长必须明确幼儿防火教育的内容，由于年龄和阅历的限制，不能像给大人上课那样，教他所有的防火知识，家长必须根据日常生活中常遇到的问题和他常犯的错误，有选择的教会他一些实用的知识。告诉幼儿不要玩火，不要玩弄电器设备，否则会让自己受到伤害，可以教会幼儿认识一些消防标志，让他认识到什么是安全出口，什么是疏散的方向，哪些地方哪些东西不能玩，哪些东西是危险品等，告诉幼儿在无法逃生时应该待在什么地方，如何让消防队员及时找到他等。

其次，家长必须身体力行，从自身做起，做幼儿的榜样，家长是孩子第一任启蒙老师，也是最重要的一任，在幼儿眼里，父母是自己心中的偶像，是崇拜的英雄，家长的一言一行都会在潜移默化中影响着幼儿，因而平时家长就要注意养成良好的生活习惯，做他学习的表率，不要把报纸、杂志之类的可燃物放在加热器、暖气机旁，不要把正在烧、烤、煮、蒸的东西置之不理，吸烟的家长不要卧床吸烟，刚吸完的烟蒂不要扔在垃圾桶里，不要在一个插座上使用多个电器设备，在使用完液化气或煤气灶后，要及时关掉阀门，在公共场所不要损坏消防设施和器材等。

最后，就是要掌握一些正确施教方法和技巧，比如做游戏、讲故事、实地参观、积极调动法，启发和教育幼儿掌握和记住一些防火知识。